区域开发市政工程设计

理论与实践

韩　红　刘　池　王海明　靳挺杰　董　事　著

中国建筑工业出版社

图书在版编目（CIP）数据

区域开发市政工程设计理论与实践 / 韩红等著 . —
北京：中国建筑工业出版社，2023.11
ISBN 978-7-112-29257-8

Ⅰ. ①区⋯　Ⅱ. ①韩⋯　Ⅲ. ①市政工程—设计　Ⅳ.
①TU99

中国国家版本馆 CIP 数据核字（2023）第 184144 号

责任编辑：毕凤鸣
责任校对：李美娜

区域开发市政工程设计理论与实践

韩　红　刘　池　王海明　靳挺杰　董　事　著

*

中国建筑工业出版社出版、发行（北京海淀三里河路 9 号）

各地新华书店、建筑书店经销

华之逸品书装设计制版

北京中科印刷有限公司印刷

*

开本：787 毫米 ×1092 毫米　1/16　印张：19¼　字数：350 千字

2024 年 7 月第一版　　2024 年 7 月第一次印刷

定价：**75.00** 元

ISBN 978-7-112-29257-8

（41970）

顾问委员会

按照姓氏笔画排序：

马亮亮　王　珂　王　斌　孔繁科　卢　晓　田汝明　司英明
邢召刚　吕洪途　朱忠厚　任学木　刘　毅　刘鑫锦　许　勇
孙法祥　李春林　李祥军　李树香　李雪娇　张　昊　张　琪
张　晴　张　磊　张太雷　张利民　张继省　张雪勇　陈铁雷
林　荣　周　杰　周立臣　庞和伟　郑　君　郑志超　孟凡占
姜秀荣　袁　艳　徐陆军　郭晓明　随红全　韩翔宇　程韶清
潘合斌

顾问支持单位

山东建筑大学
山东交通学院
济南轨道交通集团资源开发有限公司
济南市市政工程质量监督站
山东轨道交通勘察设计院有限公司
济南市市政工程设计研究院（集团）有限责任公司
济南城建集团有限公司
济南临港产业发展集团有限公司

序

建设交通强国是党的十九大作出的重大战略决策。作为中国现代化的开路先锋，截至2022年底，我国综合交通网络总里程超过600万公里。高速公路、机场、高速铁路等交通设施的建设与高效运营，使得城市之间、地域之间的时空距离进一步缩短，跨地域经济行为越发地相互渗透，区域经济已然超过了地域的范围。"十四五"时期，百年变局加速演进，国际环境更趋复杂、严峻和不确定，我国进入新发展阶段，必须贯彻新发展理念，构建新发展格局，推动高质量发展。

区域开发是在"以国内大循环为主体、国内国际双循环相互促进"的新发展格局背景下提出的，是开发利用区域所能支配的资源，建立高效的经济结构，消除经济发展障碍，增强自我发展能力和竞争力，促进区域经济快速、持续发展的过程。区域开发在实践中又称片区综合开发、城镇综合开发，是指在符合国家及地方规划的前提下，对具有一定规模、相对成片的区域进行系统性改造、投资、建设、运营和维护。区域开发的关键内容包括战略定位、规划设计、土地一级开发、基建公服建设、产业和内容导入、运营管理等，常见形式包括旧城改造、工业园区、产业新城、特色小镇、旅游综合体等。区域开发承担区域资源经营和管理、生态环境整治和产业发展等发展职能，最终实现政策、土地、资金、技术和智力等多要素资源的最优配置与整合，实现产业集聚、功能完善、经济增长、生态优美、就业增加等多项综合目标，真正实现合理收益的共赢共享。

市政工程基础设施为城市、区域的经济社会发展和民生保障提供基础性、综合性保障。党的二十大提出建设社会主义现代化强国，加强城市基础设施建设，打造宜居、韧性、智慧城市。市政建设投资力度将持续增加，市政工程领域不断扩展，由原来的城市道路、桥梁、停车场以及排水、污水处理、道路照明等，扩展到地下空间开发利用、基础设施维护保养、5G基站架设、大数据中心建设以及智慧城市、海绵城市、智慧道路、生态市政工程等。区域开发中市政工程的一体化设计强调对市政工程设计元素进行标准化归类和模块化组合，可以做到不同类别市政工程项目之间的良好衔接与功能的相互支持，能够有效提升区域市政工程的整体功能与全生命周期价值。

本书整体布局为三部分内容，分别为市政工程规划设计原理、区域市政工程一体化设计方法，与市政工程一体化设计案例。市政工程规划设计原理篇，从理论上系统归纳了市政工程规划设计的体系、原理与方法；区域市政工程一体化设计方法篇创新性地提出了基于区域开发建设的市政工程一体化设计理念和方法；市政工程一体化设计案例篇，针对济南新东站区域内三个片区的市政工程一体化设计进行了理念、方法与效果的总结。本书充分吸收了国内外市政工程设计方面理论研究与工程实践的成果，可以作为市政工程相关专业本科及硕士研究生的教学参考资料，亦可供从事市政工程建设与管理的专业技术人员参考。该书的出版可以在促进区域协调发展，加强城市基础设施建设，打造宜居、韧性、智慧城市等方面提供理论支持。

2024 年 5 月于哈尔滨工业大学

前　言

　　区域开发理论启蒙于19世纪初，现已创建了完整的理论体系，其在整合资源，促进平衡发展，扩大教育、医疗、文化等社会公共服务资源共享面，提高居民生活质量方面作用异常显著。市政工程亦起步于19世纪初的工业革命，覆盖了城市建设的诸多领域，包括供水、供电、燃气、通信、道路、排污、公交线路等，类别繁多。市政工程是城市正常运转的基础，是城市居民高质量工作与生活的基本保障，是吸引投资与促进产业增长的基石。尽管市政工程类别多种多样，组合也各有不同，但城市发展与居民生活中每一类市政工程均是必不可少的，而且不同类的市政工程可以在运行中相互衔接、互为补充，为城市和社会生活服务。然而，条块管理模式之下，市政工程设计与建造的分割较为严重，导致市政工程系统集成困难，降低了整个系统的功能与可靠性。

　　近20年的快速化、规模化城市建设中，大型片区建设乃至区域整体开发较为常见，为市政工程集成性、一体化设计与建造提供了平台，积累了丰富的实践资料。本书在总结城市轨道交通枢纽区域市政工程一体化设计与建造的基础上，提出将区域之内各类市政工程作为一个项目整体所进行的规划和设计的理念，统筹考虑区域开发的空间地域与时间轴线上所有市政工程项目，做到统一、高效、集约、整体最优的原则，使不同市政工程项目之间建设良好衔接、发挥功能的相互支持，提升区域市政工程的整体功能与全生命周期价值。全书共分为十一章。其中，第一章至第四章系统整理了市政工程设计的理论和方法，由韩红撰写。第五章至第八章是本书的重点创新部分，包括市政工程一体化设计的理念、一体化设计与管理的方法，以及围绕交通枢纽交叉设计的方法，由刘池、董事合作撰写。第九章至第十一章，是本书的案例部分，分别总结了济南市轨道交通东站枢纽三个片区市政工程一体化设计的案例，由王海明、靳挺杰合作撰写。

目录

区域开发与市政工程综述

第一节　区域开发的理论与发展

一、区域开发的定义与概念

学术上"区域开发"与"区域发展"是两个相近的概念，字面理解上"区域开发"，侧重于区域的初始建设阶段，而"区域发展"强调的是区域的提升发展过程。我国作为发展中国家，工业化历程较短，采用"区域开发"的概念更贴近区域初始建设的特点。我国知名的区域经济学家陆大道对"区域开发"的论断是：在宏观国民经济增长的背景下，区域开发的核心内容是区域经济的总体增长、人口增长、人均收入提升以及基础设施的持续建设提升；区域开发是在不同地区之间建立合理的经济关系，以逐步减少地区经济发展差异的有效手段。基于此论断，区域开发与国家的经济发展战略紧密相关，区域开发的策略是国家经济发展战略的具体化，甚至就是国家经济发展战略的一部分。相关研究总结得出，区域开发的实践是通过对地区内各类自然资源的开发或开采，并引入新产业、新产品、新设施和新技术等手段来达到区域经济增长的需求[①]。

其他学者也从不同角度对区域开发进行了阐释，具体如下：

张敦富认为，"*区域开发是在不损害某一特定区域环境和生态的前提下，对其自然、经济和社会资源进行综合利用，求得最大的经济发展和社会进步*"[②]。

叶裕民在深入分析区域开发与区域经济发展的区别后，提出"*区域开发就是以*

---

① 陆大道.区域发展及其空间结构[M].北京：科学出版社，1995.04.

② 张敦富.区域经济开发研究[M].北京：中国轻工业出版社，1998.11.

区域可持续发展为目标，开发主体根据当地的各种可利用资源，有计划地组织和安排生产要素的配置和产业结构，进而实现最大的经济发展和社会进步"[①]。

衣保中将区域开发视为一个人类经济活动在区域范围内扩展的过程，包括三个核心意义，"第一，其开发活动只限定于人类的经济活动。第二，它突出人类经济活动的区域性，区域是这个概念的核心要素，即开发的重点要放在特定区域之中或区域之间。第三，这个过程涉及的开发包括两层含义，即开发不只是指人类在原有基础上进行的创新性开发活动，还包括对其进一步拓展和发展的活动。"区域开发不只是短期内对某个地区进行短期改造和建设，还要将可持续性的理念纳入其中，从某片区域产生经济活动开始对其进行长期的考虑[②]。

丁生喜认为，"区域开发是指一定的开发主体对特定区域的自然、经济、技术、文化、社会等各种资源进行综合利用，在保证区域资源、环境、经济、社会和谐统一的前提下，求得最大的经济发展和社会进步"[③]。区域开发就是开发利用区域所能支配的资源（包括区内资源和可以利用的区外资源），建立高效的经济结构，消除经济发展障碍，增强自我发展能力和竞争力，促进区域经济快速、持续发展的过程。区域开发在区域经济学中，被视为一个核心研究方向并代表了其核心价值。区域开发的对象是一切可利用的区域资源。人类运用发展经济的各种手段作用于特定区域，通过开发对区域内未利用的自然和经济社会资源进行利用，对已开发利用的资源进行再利用，使区域的各种要素加入到生产中来，促进了区域增长的实现。

在国外，区域开发被称为Regional Development，直译为区域发展，其定义和概念随着时间推移而发生变化，特定的地域范围、历史背景与发展轨迹是理解区域发展概念的核心要素。20世纪初的国际冲突和20世纪30年代的经济大萧条导致区域之间的不平衡发展持续加剧，大规模的失业和贫困促使国家为受影响严重和失业率高的地区进行改革，这个时期，关于区域发展的概念开始被人重视起来。系统的区域发展概念是在20世纪50年代左右提出的，美国区域经济学家胡佛（E. M. Hoover）在其著作《区域经济学导论》中系统地阐明了区域空间结构演化的一般原理、城市空间结构模型及区域发展目标、政策和要素供需关系，为区域发展奠定了系统的理论基础。西方区域科学、空间经济学创始人艾萨德（Isard W.）在著

① 叶裕民.中国区域开发论[M].北京：中国轻工业出版社，2000.

② 衣保中.区域开发与可持续发展[M].长春：吉林大学出版社，2004.

③ 丁生喜.区域经济学通论[M].北京：中国经济出版社，2018.03.

作《区域科学导论》中系统地指出，区域发展要考虑到区域内部各部分力量的均衡和区域间的相互协调。在部分观点中，区域发展被表述为区域经济发展，持这些观点的人士将经济问题作为区域层面关注的重点，区域发展寻求经济繁荣和人民福祉，其重点是持续增加就业、收入和生产力。不过随着研究深入，人们开始追求更广泛的发展，将经济与社会、生态、政治和文化问题联系起来。表1-1给出了国外部分机构关于区域发展的定义[①]。

回顾国内外学者和机构对于区域开发理论的研究，可以发现随着区域开发的理论演进，区域开发不再仅仅是某片区域经济增长和资源配置的问题，而变化为在研究当地地理区域特征、资源和发展需求的基础上，重视区域之间的互联互通和环境以及社会的可持续性发展。

部分国际机构关于区域开发的阐释　　　　　　　　　　表1-1

机构	区域开发的涵义
英国经济发展研究所	一套旨在通过改善空间、界定经济表现以造福所有居民的政策和行动
国际劳工组织	一项通过微型和小型企业发展、支持社会对话和发展规划促进就业的战略
经济合作与发展组织	通过支持区域内的经济活动来缩小区域差距的总体努力
区域发展机构	通过在城市和农村中进行投资，改善环境质量、振兴社区、创造更多就业机会以及改善基础设施来提高人们愿望
世界银行	以建立当地的经济能力为目的来改善其经济前景和居民的生活质量

1.区域开发的典型项目

（1）美国新城市主义导向的区域开发

第二次世界大战结束后，美国启动了针对城市土地的分区利用运动，对土地的使用目的、形态和强度进行控制。伴随着城市化进程加快，城市人口和城市内部用地的不断增长，原有的土地分区已经不能满足日益增长的城市职能要求。又因土地分区的单一性，社会各阶层之间的隔阂逐渐加剧，导致了不同土地利用模式的融合变得困难，进一步加深了城市的交通和土地浪费问题，同时传统的社区特色也在逐步淡化。随着经济发展水平的提高及城市化进程的加快，人们更加重视居住环境质量与生活舒适度，而不再将目光停留于单一的城市用地类型上。土地的分区使用使传统的城市核心和主要街道的活跃度受到削弱，导致城市的活跃度和多样性明显下

① Casey J. Dawkins.Regional Development Theory：Conceptual Foundations，Classic Works and Recent Developments[J]. Journal of Planning Literature，2016，18（2）：131-172.

降。与此同时，城市的郊区化趋势逐渐增强，从单一城市向大都市和都市区蔓延，导致了城市内部的衰退、机动车流量的急剧上升和生态环境的破坏，从而引发了一系列严重的社会问题。

到了20世纪80年代后期，新城市主义理念逐渐盛行起来，这一理念以田园城市、邻里单元、新理性主义以及城市活力再生论等经典理论为基础。新城市主义主张以人为本的发展理念，强调人是城市规划建设中最重要的因素之一，尊重人性需求，以人为中心，致力于为人们创造多元化、以人为本以及具有社区特色的城市生活环境。其核心思想是强调在发展过程中注重人与社会之间的联系和互动，其中形成了"传统邻里开发"（TND）和"以公共交通为导向的开发"（TOD）两种主要模式。两种模式的实施能够提升基础设施可达性，实现不同社会阶层的和谐共存。1993年第一届新城市主义大会（the Congress for the New Urbanism）上，从三个层面对新城市主义原则进行划分：首先是区域、大都会、市和镇，其次是邻里、分区和走廊，最后是街区、街道和建筑。其中，街区发展是最重要的一个层面。

过去几十年中，新城市主义在实践过程中也面临过政策不兼容、实施代价高昂和最初目标不能实现等问题。但新城市主义理论也一直在修正与完善，通过批判反思，吸纳互融其他理论思想，不断加强实施保障体制，在理论应用方面持续创新。

（2）英国新城开发模式

新城镇计划起源于19世纪英国建筑学家霍华德（E. Howard）的田园城市理论，主要是针对19世纪工业化带来的一系列"大城市病"，计划实施的目标是减缓大城市人口拥堵和权力分散的压力。战后新城镇综合开发是大都市区域整体发展战略的重要组成部分，一般以公共开发为导向，实现特定的政策目标。从霍华德两次花园城市的实践开始，花园城市运动的历史就与城市规划运动的历史密切相关。

1946年通过的《新城镇法》更为彻底地概括了修建新城的建议，该法案与1947年的《城乡规划法》共同建立了一套更为彻底的土地控制和城镇建设机制，该举措为政府主导的新城开发提供了法律依据和制度保障。

到20世纪50年代中期，由于人口快速增长导致资源分配矛盾，再加上机动车数量激增带来的交通拥堵，大批的城市居民开始从大城市的核心区域撤离。随着时间的推移，这些人逐渐向郊区迁移，形成一个庞大而复杂的群体。这种情况导致了人口的快速增长、高流动性与就业机会、公共设施供给之间不平衡的矛盾。因此，英国时任的保守党政府提议实施新的法规来缓解城市的交通拥堵，并为未来可能出现的人口过剩问题提供了解决方案。1952年，通过了《城镇开发法》（Town

Development Act），要求各主要市镇将土地重新规划布局以适应未来需要，尽管之前已经开发的新城市难以恢复，但未来的发展方向仍需根据地方政府的意向来确定。这一政策使得许多原本已经被改造过的旧市镇重新沦为"垃圾场"，这种对于城市成长的负面做法引发了一连串的城市难题，导致其运营效率极低。此外，由于缺乏有效的管理、土地资源浪费严重等原因，许多城镇被废弃或改造成工业区、商业区、住宅区以及其他公共用途。在《城镇开发法》颁行的初始阶段，由于缺乏配套法规支持，其效果并不显著。到了20世纪50年代的后半段，仅在英格兰和威尔士地区建造了不到一万幢的住房。伦敦和利物浦等一些城市的住房供应严重不足，进一步证明了政府政策的不成功，亟须新的城市建设战略。到了1961年，"第二代"新城镇应运而生，其主要目的是解决由于人口增长导致的住房不足问题。英国执政党的更替导致了政策持续调整，先是创设新城委员会以接替新城开发公司的职能；其次议会通过《伦敦政府法》，正式提出大伦敦地区的行政区概念，并于1965年，大幅修订《城镇开发法》，授权建设更多新城。随着时间的推移，城镇的大规模扩建已经取得了显著的成果。到了70年代末，英格兰和威尔士地区累计建造近九万栋住宅，使伦敦的大量人口得以有效地疏散。《城镇开发法》经过第一个三十年的实施，英国议会对该法案进行了较为深刻的修订，最终形成了1976年的《新城镇（修正）法案》。该法案的主要思路是通过发展公司和地方议会合作，把现有的城市扩展为区域或次区域中心，并对急需升级的小城镇和村庄进行城市开发。

之后两年，英国政府又分别发布《内城白皮书》和《内城法案》，旨在向内城投入更多的资金和资源，限制人口和产业流失来恢复内城城市活力。到1980年以后，伴随着"可持续发展"观念的逐渐流行，创新性的"新社区"规划思想也随之被提出。它要求在原有旧建筑与基础设施改造之后，重新建立起一个以人为中心的公共空间环境，并以此为出发点进行规划设计。到20世纪90年代左右，新城的建设不仅需要配套完备的基础公共服务设施，还必须满足居民在生活、娱乐和文化等方面的各种需求。

2.区域开发的特征

区域开发作为一种特殊的经济社会活动，与其他经济社会活动的区别在于它具有以下特性：

（1）区域性

学者道金斯（Casey J. Dawkins）将区域定义为空间上连续的人口，受到历史文化或特定地理位置的约束。区域的形成依赖于当地文化、经济、自然资源或其他特定便利设施的共同作用。不同区域之间的历史文化、资源配置、产业结构、基础设施、自然环境等条件存在差异，导致不同区域进行开发适用的方式和方法不同。

（2）目标性

区域开发需要有明确的目标，目标的设定是制定区域发展策略和实施计划的基础。以前文所述典型项目为例，区域开发项目的目标，一个是打造城市商业中心，另一个是建设城市副中心。开发目标可以确定区域发展的重点产业、基础设施建设、社会服务等方面的优先事项，确保资源的合理配置和发展的协调性。明确的开发目标有助于吸引投资和合作伙伴，可以增强他们对区域潜力和可行性的信心，促进投资与合作的达成。明确的开发目标亦能更好地指导各利益相关方的活动，引导他们充分发挥自身作用和功能。

（3）梯次性

区域开发梯次性体现在区域内建设的梯次上，以济南医养中心项目为例，其开发是先建设部分主体，引入高校和研究中心之后才逐步在周边建设和开发相关产业，从而发挥医养中心作为区域发展核心的作用。不同地区的区域开发要根据当地实际情况和被开发区域的资源特点来确定优先投资的开发项目，逐步推动开发目标的实现。

（4）综合性

区域开发是一个涉及多方面、多资源和多利益相关方的综合性行为。区域开发涉及经济、社会和环境等多个领域的发展和改善。区域内有多种资源，例如各类自然环境资源、经济资源、社会资源和基础设施资源等，通过调动这些资源，对其进行有效地管理、配置和利用从而支撑和推动区域的发展，进而实现开发目标。区域开发涉及多个利益相关方，包括各政府部门、企业、社区组织和居民等，协调各方关系促进彼此合作是实现开发目标的关键。

基于以上区域开发的特征分析，可以明确：区域开发是遵循某种开发理念，通过对区域内各种资源进行统筹组合、综合利用和梯次建设，实现区域内以及更大范围的资源协调和开发目标的过程总称。其中，开发理念是区域开发的核心，它指导着开发活动的实施路径；区域是在自然和社会共同作用下形成的区别于周围地区，具有确定位置和范围的地理单元，范围限制是为了确保区域开发能够在一个相对集中且有限的地理范围内进行，以便更好地整合资源、规划发展，并实现经济效益和社会效益的最大化。以济南新东站片区项目的开发为例，占地46.5平方公里，在一个相对集中的地理范围进行了整体的区域开发，推动了经济、产业和城市的快速发展，之后通过交通枢纽的辐射和产业建设逐步成为济南市发展极为重要的地区。

二、区域开发的发展与演变

理论界一般认为，区域开发理论在形成系统之前，经历了古典阶段和近代阶段。古典阶段指的是从19世纪初到20世纪20年代，这个阶段德国学者的研究较为突出，以农业区位论和工业区位论为代表。19世纪德国农业逐步转向自由经营，要求经营者合理安排农耕和畜牧业，并努力提高土地资源的利用率，在这种背景下杜能在1826年出版《孤立国同农业和国民经济的关系》，后人从中提炼出了农业区位论。德国经济学家阿尔弗雷德·韦伯在1909年提出了工业区位论，使学术界开始关注企业经济活动最优区位选择的问题。

近代阶段指的是从20世纪20年代到40年代，以克利斯泰勒的"中心地理论"为代表。这是一种关于三角形经济中心（市场、聚落和城市）和正六边形市场区（销售区、商业服务区）、事业分布的区位理论。当时正值第二次世界大战期间，世界各地区面临高失业、人口下降和投资不足等问题，系统性的区域开发理论被提出。早期的系统性区域开发强调资本积累的重要性和必要性，推动农业向工业的改变来优化区域的产业结构，将提升区域生产总值作为区域开发的主要目标。以美国为例，当时资产阶级自由主义在美国社会中流行起来，群众要求美国政府通过创造工作岗位，推动农村工业化的发展，从而解决贫困问题。虽然经过一段时间的发展，一些落后的地区实现了工业化的发展，但收入分配不均、贫富两极化的情况愈发明显。

20世纪70年代中期，人们开始认识到发展和环境之间的关系，不再认为经济增长就是发展，而是注重全面满足人的需要。在此时期，区域开发理论开始重视农业或农村的作用，不再将其视为工业化的牺牲品。当然，工业化水平的提高与经济增长仍然是区域开发实践中最为重视的指标，是保障人民生活需求的基础。区域开发理论在此阶段具体分为两种演进方向：其一是关注贫困和收入分配不公平的社会问题，以改革主义思想和新古典主义思想为代表，两种思想都认为发展需要重视调节区域经济分配和把控市场机制来提高国民收入；其二是关注环境和资源协调等长期发展问题，以区域可持续发展理论为代表。不同思想之间的差异，虽然表明区域可持续发展理论尚处于创立和形成阶段，但不可置疑的是人们开始重视人与环境、资源之间发展的协调性。关注的必然结果就是各种理论创新和方式创新逐渐兴起，以追求经济、社会和环境的协调发展，并实现经济可持续性。对于经济可持续性，关注的重点是经济增长与资源利用之间的平衡，具体表现为鼓励高效利用资源、推动绿色技术和创新、促进低碳经济发展，同时兼顾社会公正和经济机会的均衡分配，确保经济发展的包容性和可持续性。社会可持续性强调满足当前和未来世代的社会需求，由此可作出判断，区域开发过程中，需要关注社会公平、人口福利、社会参与和社会资本的培育，包括提供良好的教育、医疗和社会保障体系，推动就业机会和社会融合，增强社会凝聚力和社区参与。环境可持续性强调保护和恢复自然资源，减少环境污染和生态破坏。区域开发中，通过采取措施保护生态系统，促进可再生能源利用，减少污染和废物排放，实现生态系统的健康和可持续利用。可持续发展理念强调综合规划和管理的重要性，包括制定综合性的区域开发战略、规划和政策，协调不同利益相关者的参与，建立合作伙伴关系和多层次治理机制，建立监测和评估体系，跟踪和评估区域开发的可持续性绩效，以及时跟进、调整和优化开发策略。

20世纪80年代末，知识经济对于区域开发的推动作用逐步显现，在此时期强调知识资产和知识资源的重要性，科研中心和高校等知识密集型产业带来的创新驱动力成为区域开发的最主要动力。其中，新产业区理论在此时期成为代表性的主流观点。以美国硅谷为例，硅谷凭借其在电子领域的地位，吸引到了像斯坦福大学研究所和贝尔实验室等顶级科研机构的入驻，之后更是吸引了英特尔、苹果和惠普等公司的入驻，此后互联网的兴起让硅谷的高科技产业集群迅速发展，带领硅谷占据全球的科技前端。

20世纪90年代，随着可持续发展理论的日渐成熟，区域可持续发展的研究引起了全球各国的极大兴趣。全球超200家跨国公司作为世界可持续发展工商理事会成员，共同致力于加快推进联合全球可持续发展目标的实现。包括世界资源研究所、国际环境发展研究所、联合国环境规划署等在内的权威机构已将可持续发展作为各国际机构的指导原则。随着理论研究的进一步深入，对可持续发展的研究重点逐渐转向国家可持续发展战略、行动计划和优先项目。相关研究体现了三个方面的特点，*"一是着眼于全球、强调区域之间和国家之间的联合行动；二是着眼于第三世界国家结构调整、环境与可持续发展；三是着眼于环境保护与生态平衡的研究。"*①

---

① 冯年华.区域可持续发展理论与实证研究[D].南京农业大学，2003.

三、区域开发理论与应用

1.区域开发的基础理论

（1）人地关系理论

人地关系思想的产生和发展，经历了一个漫长的历史过程，研究成果的累积使得人地关系理论与人类生态系统理论成为现代地理学的重要组成部分。该理论高度关注人类活动与地理环境之间的相互关系，强调人类社会经济活动与资源、环境之间的协调发展，认为区域开发的根本目的是实现区域人类生态系统的整体优化和持续发展。

理论中的人地关系指的是人类活动与地理环境之间动态而复杂的相互作用。地理环境是人类生存和发展的物质基础和空间场所，一定的环境只能容纳特定的数量和质量的人以及特定形式与强度的人类活动，地理环境制约着人类社会经济活动的深度、广度和速度。然而，人类活动与地理环境的协调取决于人类自身，地理环境可以被认识、利用和保护，而这种认识、利用和保护的能力随着人类科学技术的进步而不断提高。

（2）地理环境决定论

地理环境决定论是一种典型的必然论人地观，它将自然环境视为社会发展的根源和各种人文现象的决定性因素，主张地理环境是人类社会发展的主要原因，所有社会现象都受自然规律制约，都是自然环境的必然结果。

（3）或然论

或然论的核心观点是：地理学旨在研究地球表面各相关现象的因果关系；在人与地理之间，除地理直接作用外，还有其他许多因素在起作用；人地关系的重点在于人类，人类生活方式不仅受环境影响，还受多种因素的综合影响；地理环境本身蕴含着许多可能性，是否被利用取决于人类的选择能力；自然环境对人类的某些活动具有直接影响，同时人类对自然环境也有相应的适应能力，这种适应不是被动的，而是主动的；自然界到处都存在着机遇，人类是这种机遇的主宰者，可以自由支配它们，从而使自身处于环境之上。

（4）协调论（和谐论）

协调论作为一种新型的人地关系观点，虽然只有几十年的历史，但其普及速度十分迅速并逐渐被越来越多的人所接受和理解。历史上的区域开发教训使人类得出这样的结论：人类不能再做自然的奴隶，人类也不能把自然视为随意支配的对象。在人与自然、人与环境之间，需要的是两者和谐共生，人类与环境应是相互促进的关系，这种新的人地关系也可称作人地共生关系。

人地关系协调论的基本内涵有三层：一是地对地的协调，即在人地关系中强调人类利用自然时必须保持自然界的生态平衡与协调；二是人与地的协调，即在研究人地关系时，强调人类在开发利用自然的过程中要保持人类与自然环境之间的平衡与协调；三是人与人的协调，即强调在开发利用自然界时人类之间的和睦与协调，从而确保人类生态活动与生产活动的平衡与协调。

（5）可持续发展论

可持续发展论是最重要的现代人地关系理论，该理论起源于1987年，在第八届世界环境与发展委员会上，时任世界与环境发展委员会（WCED）主席的挪威首相布伦特兰发表题为《我们共同的未来》的报告，正式提出"可持续发展"观点。这份报告对环境与发展的问题进行了全面论述，受到了世界各国政府组织和舆论的高度关注。

在布伦特兰的报告中对可持续发展的定义是"*既能满足当代人类的需求，又不对环境满足后代人需要的能力构成危害的发展*"。中国学者对其在满足需求的方面进行了补充，认为可持续发展能够不断提高人群生活质量和环境承载能力，并且在满足一个地区或国家发展需求的同时又不损害别的地区或国家满足其需求的能力。美国世界观察研究所认为可持续发展的社会，其经济和社会应能保持自然资源和生命系统的持续。综上所述，可持续发展的定义主要包含两个关键组成部分，即"需要"和"对需要的限制"。

可持续发展可总结为三个特征，即生态、经济和社会的三个持续。单独追求经济持续会导致生态和社会崩溃，只追求生态持续，人类将无法生产更无法遏制全球环境的恶化，社会的持续更是必须建立在生态和经济持续的基础之上，脱离生态和经济是无法实现社会的全面繁荣和可持续性。生态持续是基础，经济持续是条件，社会持续是目的。人类应该共同追求三者的持续、稳定和健康发展。此外，可持续发展还包括三个基本内涵，分别为：公平性、持续性与共同性。

可持续发展的公平性内涵有三层含义，一是满足当代人的基本需求和获得更好生活的机会，确保全体人民的基本需求得到满足；二是代际间的公平，当代人不能为了发展与需求而损害后代人的发展能力；三是区域间的公平，一个地区或国家的发展不应以损害其他地区或国家为代价。

可持续发展的持续性内涵指的是布伦特兰论述的可持续发展"限制"因素，即发展不应损害支持地球生命的自然系统，如空气、水源和土壤等，对自然系统的消耗不能超越自然环境的承载能力。

可持续发展的共同性内涵表现在可持续发展作为全球发展的总目标，不局限于某一地区或国家，每个国家都有责任在其能力范围内为可持续发展作出贡献，它是全人类共同面临的挑战。实现这一目标需要全球各国携手合作，共同制定政策、开展合作共同推进国际规范来解决气候变化、贫困、资源枯竭和环境恶化等共同问题。

（6）经济增长理论

经济增长理论作为经济学中最重要的分支之一，其发展与演变经历了漫长的历程。人们普遍认为，经济增长理论可以被划分为两个时期，分别是早期的经济增长观点和现代的经济增长观点。经济增长理论旨在探索如何通过调整生产要素的配置来促进长期经济增长，也就是说，它探讨了长期经济增长的驱动机制。

古典经济增长理论重视经济运行的内在规律，将市场的自由性视为推进经济进步的关键因素。其中，亚当·斯密（Adam Smith）的国民经济增长模型、马尔萨斯（Thomas Robert Malthus）的国民经济增长模型、大卫·李嘉图（David Ricardo）的国民经济增长模型、约翰·穆勒（John Stuart Mill）的经济学思想、卡尔·马克思（Karl Heinrich Marx）的经济学思想以及阿尔弗雷德·马歇尔（Alfred Marshell）的经济学思想都为当今经济学提供了重大的启示。

现代经济增长理论主要集中在讨论经济稳定增长所需的长期条件，即在有效地管理所有社会经济因素的情况下，降低失业率、抑制物价上涨，保持良好的财政状况，获得更高的产出效果。在这个时期，经济增长的模型主要涵盖了哈罗德—多马模型、新古典经济增长模型、新剑桥学派的经济增长模型和新经济增长模型。

（7）区域经济均衡增长理论

区域经济均衡增长的观点产生于20世纪40年代，以罗森斯坦·罗丹（Paul Rosenstein-Rodan）、拉格纳·纳克斯（Ragnar Nax）、保罗·斯特里顿（Paul Streeten）等人为代表。相比于发达国家，发展中国家在多个方面都相对落后，其生产和消费之间是一种低水平的平衡。发达国家中，由于资本积累能力强，技术进步快，生产力水平高，呈现出一种较高水平的均衡状态。为了扭转发展中国家的低水平平衡状态，促进经济发展，以获得持续繁荣，需要改变其低效率分配方式，让更多的人都能从中受益。此即为"区域经济均衡增长"的思想。仅仅依赖局部、少数或小规模的投资是不足以解决发展滞后问题。因此，区域经济均衡增长理论主张对国民经济的各个部门进行大规模的同步投资，以实现国民经济各部门按照相同或不同比例的全面发展，进而推动整个国家的工业化和现代化进程。这一理论对于提振和发展落后地区的经济增长非常适用，为发展中国家提供了一个理论框架，有助于其迅速走出贫困和落后的困境，实现工业化和经济增长，具有深远的理论价值。区域经济均衡增长理论是西方发展经济学中最成功的部分之一，并已经在一些发展中国家的经济活动中产生了较大影响。我国西部大开发是一项宏伟而复杂的系统工程，其实施离不开区域经济均衡增长理论指导下的区域产业结构优化升级。关于区域经济的均衡增长，存在三种不同的理论模式：第一种是侧重于投资规模均衡增长的模式；第二种是要重视经济增长路径上的均衡模式；第三种是强调产业结构与技术结构的平衡，即在产业结构调整过程中实现区域经济协调发展的新模式——"三元"均衡增长模式。第三种是将前两种模式进行整合。

（8）区域经济非均衡增长理论

对于上述的区域均衡增长理论，一些经济学家则从相反的方面提出了非均衡增长的理论。非均衡增长理论也是当代西方经济学中最重要的流派之一，主要代表人物有艾伯特·赫希曼（Albert Otto Hirschman）、沃尔特·惠特曼·罗斯托（Walt Whitman Rostow）和弗朗索瓦·佩鲁等人。他们对均衡与非均衡关系问题进行了探讨，并把这一问题引入到经济学中，从多个视角深入探讨了经济增长的非均衡现象。根据不同发展阶段的适应性，非均衡增长理论大致可以被划分为两大类：第一类是没有时间变量的，主要涵盖了循环累积因果论、不平衡增长论与产业关联论、增长极理论、中心-外围理论以及梯度转移理论等多个方面；另一种类型是包含时间变量的，其主要代表是倒"U"形的理论。

（9）区域空间结构理论

广义的区域空间结构是地域结构，包括区域的自然空间结构和社会经济空间结构。狭义的区域空间结构则是指区域的社会经济空间结构，具有相对独立性，又与地理环境相互联系，与区域的自然空间结构共同制约着区域发展战略及政策制定的方向。区域空间结构理论主要有增长极理论、核心-边缘理论、点轴开发理论和圈层结构理论等。

2.区域开发理论的实践应用

（1）卫星城镇

卫星城的概念是由美国学者G·泰勒（Graham Taylor）在1915年通过其著作

《卫星城镇》第一次正式提出并使用的，他主张在大城市周边建立类似宇宙中卫星般的小城市，把工厂从大城市人口稠密地区迁到郊区，以此应对大城市因人口过密而带来的问题。1924年，阿姆斯特丹召开的国际城市会议通过了防止城市过度发展而应当建立卫星城镇的决议，之后卫星城的理论开始被人们应用到实际开发中。

在吸取国外卫星城理论经验教训的基础上，刘健阐述了卫星城的概念，"*卫星城是在大城市外围建立起来的城镇，不仅提供就业机会，也拥有完善的住宅和公共设施。卫星城的目的是在行政管理、经济、文化以及生活等方面与其母城保持密切的联系；在地理位置上，卫星城与母城保持一定距离，通常由农田或绿带隔离，但两者之间有便捷的交通联系*"。

卫星城的命名灵感来源于宇宙间卫星和行星的关系，这进一步揭示了卫星城与母城之间的相互关系。具体定义上，卫星城是指在大城市附近且具有一定规模的城市，其城市水平需要能够为大城市缓解压力、转移部分职能又能独立满足城市居民的生活需要。

卫星城在全球的发展历程可以被划分为四个主要阶段。从20世纪初英国建立的第一代以人口向郊区迁移为显著特点的卫星城，到第二代以产业向郊区化转型为特色的卫星城，再到完全独立的卫星新城和从单一中心向多中心开放式城市的转变。这些卫星城与其母城之间的关系也随着时间的推移而发生了变化，从最初被认为是母城的附属产物，到缓解母城压力的载体，最后演变为一个功能完备且相对独立的新城。可以将这个阶段进一步划分成母城型卫星城和中心型卫星城两种类型。城市分散发展的观念在两者之间的关系变化中得到了体现。虽然在定义上存在某些差异，但从某个角度看，这种变化是随着经济和社会进步而逐渐加深的[①]。

（2）功能分区开发

1923年，国际现代建筑协会（CIAM）将城市功能分为工作、居住、休闲和交通四大类，在这个基础上提出了功能分区的思想。此后，随着对空间资源需求不断增加和城市化进程加快，人们逐渐认识到城市功能不仅仅指物质层面。1999年，联合国粮农组织列出了10项土地支撑人类社会和其他陆地生态系统的功能，但没有明确定义土地功能与其内涵。直到2001年，经济合作与发展组织正式将土地功能定义为，"*通过土地利用为区域经济、环境和社会提供的私人和公共产品及服务*"。土地具有多种功能，将土地的可持续利用与其多种功能结合起来，以最大化

---

① 李宏志. 西安卫星城规划布局研究[D]. 长安大学，2008.

利用各种功能，并实现功能间的协调共存。从本质上讲，土地功能是一种资源利用的结果，它反映的是土地在一定时间内的使用状况。

功能分区的目的是在保持土地的自然结构和特征的前提下，最大限度地利用特定区域内的现有土地资源，通过合理布局和开发实现其主导功能。土地功能分区主要有生产、生态、景观功能等，需要结合用途管制要求，进行该区域的功能适宜性评价，以此为依据划分不同区域的功能分区，从而来揭示本地区已有的功能空间格局。

为了充分利用土地功能分区在土地整治过程中的潜在价值，制定分区方案时必须严格遵守功能的固有规律，确保与土地的性质相一致，并与国土的空间规划紧密结合。尽管功能分区使得分区内土地存在统一的目标，但由于土地利用的复杂性和土地实际质量、环境和开发利用等方面的属性可能存在差异，因此，应依据不同区域内各用地单元所承担的社会经济和生态环境责任来进行功能区分，这就要对这些不确定因素进行分析研究，从而为制定合理的用地政策提供依据。在功能划分时，可以基于不同的服务系统来区分功能区域，例如，根据生产系统所提供的服务，可以将功能区域细分为基本生产功能区、自然生产功能区和环境调节功能区等。

关于土地利用的分区研究主要集中在土地利用综合分区、土地利用功能分区和土地用途分区这三个核心领域。从理论的角度分析，基于土地分类与用地结构布局来进行土地利用分区的模式已经较为成熟。然而，这种方法可能会忽视系统的整体性，从而导致区域间的连接问题。因此，为了提高土地利用率和利用效率，促进区域可持续发展，需要对现有土地利用分区方法做出改进。现阶段，以生产、生活和生态的"三生"功能为核心的土地利用分区已成为当前国土资源管理的重心。这种研究是将功能分区作为土地空间规划和开发的手段，有利于充分利用土地资源以及协调土地功能和规划目标之间的实现，更好地实现土地多功能利用和区域开发[①]。

（3）综合开发

公共交通导向开发模式（TOD：Transit-Oriented Development）起源于美国，彼得·考尔索普（Calthorpe，1993）在他的著作《下一代美国大都市：生态、社区和美国梦》中首次对TOD的概念和标准进行了全面的阐述。这一概念强调政府在交通规划中对土地利用进行引导，以提高公共出行效率并促进区域经济增长。其运作主要是在人流量较大的公共交通沿线进行高密度的土地综合开发，并结合土地的混合

---

① 张家琛. 阜平县北流河区域土地多功能利用分区研究[D].河北农业大学，2021.

利用和步行环境的空间设计，从而营造人性化的就业居住空间。罗伯特·塞韦罗在1997年将TOD空间特征归纳为高密度（Density）、多样化（Diversity）和良好的设计（Design）的"3D"原则，之后在此基础上又增加了距离（Distance）和目的可达性（Destination Accessibility）形成了TOD的"5D"原则。TOD理论与现代规划理论体系中的社区规划、形态设计主义、自然生态主义、功能分区主义以及宜居性和可持续理论的发展密切相关。

目前，TOD理论已经成为城市开发中的重要理论，在全球范围内的应用也相当普及，在2002年，美国就已经在城市轨道交通和公交车站附近启动了超过100个TOD项目。这些项目逐渐或已经形成了TOD的关键节点和通道，其中旧金山和阿灵顿是最主要的代表。此外，丹麦的哥本哈根、巴西的库里蒂巴、日本的多摩、新加坡以及中国的香港等城市的TOD技术也都取得了不俗的成果[1]。

第二节　市政工程理论的发展

一、市政工程的基本概念

1.市政工程的定义

市政工程，通常译作Municipal Engineering或Urban Engineering，该称谓最初起源于19世纪工业革命及大型工业城市快速发展背景下的英国。早期，市政工程的概念受1873年创立的期刊《Proceedings Journal Municipal Engineer》的影响较大。市政工程全称为市政基础设施建设工程，狭义上讲，市政工程是指道路与桥梁、地下管线、通信、广场建设、环境美化以及城市照明等公用工程，是城市建设发展与人民生活不可缺少的基础工程。广义上讲，市政工程是指区（县）、镇（乡）规划建设范围内建立的，基于政府的责任和义务，为居民提供有偿或无偿的公共产品和服务的各种建筑物、构筑物、设备等。市政工程具有公益性、社会性和服务性等特点，市政工程种类繁多，覆盖了城市基础建设的诸多领域。由于不同地区自然地理环境差异很大，因此市政工程也有很多种分类方法。下面列举的是一些普遍存在的

---

[1] 陈宇璇. 面向城市活力的土地综合开发[D]. 浙江大学，2022.

市政工程种类：

（1）城市道路交通工程

住房和城乡建设部发布的《城市道路交通工程项目规范》GB 55011—2021指出城市道路交通工程主要包括：城市道路、桥梁、隧道、公共电汽车设施及客运枢纽等工程。其中，城市道路按照道路在道路网中的地位和功能分为快速路、主干路、次干路和支路四个等级；桥梁和隧道的设计和建设要先考虑相关道路的功能和等级的确定；公共电汽车设施及客运枢纽包括快速公交（BRT）、公交、有轨电车、无轨电车和各类交通枢纽，各种交通系统具体包括对应的专用车道、车站、车辆、停车场和运营服务等。

（2）城市地下管线工程

城市地下管线工程是指供水管线、排水管线、燃气管线、热力管线、电力电缆和通信电缆等不同类别的管线及其附属设施。地下管线是保障城市运行的重要基础设施，其中，供水管线，可按给水的用途分为生活用水、生产用水和消防用水管线；排水管线，可按排泄水的性质分为污水、雨水和雨污合流及工业废水等管线；燃气管线，可按其所传输的燃气的性质分为煤气、液化气和天然气管线；热力管线，可按其所传输的材料分为热水和蒸汽管线；电力电缆，可按其功能分为供电（输电和配电）、路灯、电车等电缆；通信电缆，可按其功能分为电话电缆、有线电视电缆和其他专用电信电缆等。

（3）城市广场工程

城市广场是指与城市道路相连的社会公共用地部分，是连接交通和行人的枢纽，也是城市居民的活动中心。按用途和性质可以分为用于居民日常活动的公共活动广场、与交通枢纽配套的交通广场、布置在大型公共建筑物前面的集散广场、以纪念性建筑物为中心的纪念性广场以及和商业中心配套的商业广场。

（4）城市照明工程

住房和城乡建设部发布的《城市照明建设规划标准》CJJ/T 307—2019指出城市照明是城市道路、隧道、广场、公园以及建（构）筑物的功能和景观照明的统称。功能照明以保障公共活动方便和安全为目的，主要包括道路、与道路相关的场所、公园、广场、标志标识等所必备的照明。景观照明以美化城市夜景和丰富公共夜间生活为目的，主要包括建（构）筑物、广场、公园、广告标识等需要的装饰性照明。

（5）城市绿地工程

住房和城乡建设部发布的《城市绿地规划标准》GB/T 51346—2019将城市绿地

定义为城市中以植被为主要形态，并对生态、游憩、景观和防护具有积极作用的各类绿地的总称。主要包括公园绿地、防护绿地、广场绿地和附属绿地四类。其中，附属绿地是指居住、公共管理、公共服务、商业服务业设施、工业、物流仓储、交通设施、公用设施等用地的绿化。

（6）城市环卫工程

环卫工程应满足垃圾分类、垃圾及时清运、市容环境清洁及质量的要求，主要包括垃圾收集设施、垃圾转运站、公共厕所和清洁维护设施等。

（7）城市防灾工程

防灾工程是指对直接用于灾害控制、防治和应急所必需的建筑工程和配套设施，主要包括防洪排涝工程、消防工程、防震工程以及城市人防工程等。

2.市政工程的特点

市政工程兼顾生产服务和生活服务的两重性。市政工程作为社会化的工程被城市各行业、千家万户共同使用和享用，市政工程提供的产品和服务，既是城市各行业生产不可或缺的，亦是城市社会生活所必需的，例如城市道路用户80%是上下班的职工，50%的城市煤气是用于生产的。

市政工程经济效益的直接性和间接性。如水、电、煤气、热力和通信等本身就是人们生活必需的产品可以直接获取经济效益，同时它们也是生产的重要原料和能源，可以通过企业生产活动产生间接的经济效益。此外，道路、桥梁等工程没有直接的产出物，却可以直接为生产和生活服务，还可以通过收取通行费或过桥费等直接获取经济效益。更重要的是它们可以产生巨大的间接经济效益，例如，重庆长江公路大桥在建成之后为工业企业节省了高额的运输成本，使得重庆市相关企业提升了80%左右的收益。

市政工程的组合具有多样性和层次性。不同类别的市政工程在城市中的位置具有明确的目的性、层次性和环境适应性，它们按照城市规划分布在城市各处，尽管类别多种多样，组合也各有不同，但可以在运行中相互衔接、互为补充，为城市和社会生活服务。

市政工程的超前性和同步性。市政工程通常规模较大、技术难度较高，需要考虑城市规划、环境保护、交通运输等多方面因素。例如给排水、供电和供气等地下工程不能随着城市生产和人口的逐步增长相应扩大，而且它们在建成之后的变更工程难度大，费用也较为昂贵。因此，市政工程的建设不仅要在时序上超前，而且在设计容量上要保留一定余量，只有这样才能保证与城市其他建设项目形成同步和协调[①]。

市政工程的公平性和辐射性。市政工程需要合理分配资源，确保公共设施对城市各个区域和社会各个群体的均等供应。一项大型市政工程其本身的影响力不仅影响所在地周围的社会生活，可能还会辐射到整座城市乃至更大范围的区域。

3.市政工程的重要性

市政工程是城市居民生活所必需的基础设施。市政工程为城市提供包括道路、桥梁、给水排水、燃气供应和电气供应等基础设施，为居民生活提供必要保障条件。完善的市政工程配套设施改善了城市居民的生活环境，提供了清洁的水源、良好的交通和舒适的居住环境，提高了居民生活质量。

市政工程是城市发展、招商引资的重要保障。市政工程供给是企业生产的基本条件，完善的市政配套设施和优质公共服务能力有助于吸引企业投资、促进产业发展和促进城市经济繁荣。

市政工程事关城乡防灾减灾能力，是保证城乡公共安全的重要组成部分。市政工程涉及城市安全和灾害防护，例如消防设施、防洪设施等，保障着企业和居民的生命财产安全。

市政工程的城乡统筹建设，有助于促进社会公平。市政工程的合理规划，特别是市政工程由城市向农村的外延建设有助于缩小城乡差距，提高了城乡各个区域的发展水平和居民生活水平。

二、市政工程的发展阶段

随着科学技术水平和经济水平的快速发展，社会赋予市政工程的功能需求也在不断变化，使得市政工程的含义变得越来越丰富。基于市政工程建设方式和技术特点，可将市政工程划分为五个阶段。

（1）初始阶段。初始阶段指的是市政工程的起始阶段，也就是人们开始有意识建设城市的阶段。在这个阶段，市政工程主要集中在最基本的城市设施的建设上，如道路、桥梁、给水排水等。技术相对简单，主要采用传统的建筑方法和设备，如人工施工和简单机械设备，致力于解决城市发展中的基础设施需求。

---

① 张玲.城市基础设施建设与区域经济发展研究[D].东北财经大学，2006.

（2）规划和设计阶段。规划和设计阶段的产生是因为世界城市化进程和城市规模的发展，使得城市规划和设计成为市政工程理论的重要领域，这一阶段关注城市发展的整体规划和设计原则，保证城市开发的性能。

（3）技术革新阶段。随着科技的进步和工程技术的发展，自动化、工业化的设备被应用于工程建设，市政工程进入了技术革新阶段。在这个阶段，新技术、新设备和新材料开始应用于市政工程中，例如，自动化施工设备、激光测量技术、远程监控系统等开始广泛应用。这些技术的引入提高了施工效率、质量和安全性。

（4）可持续发展阶段。在20世纪90年代，随着可持续发展理念的正式提出以及环境保护意识的增强，市政工程进入了可持续发展阶段。这个阶段的重点是减少资源消耗、降低环境污染和提高能源效率。例如，绿色建筑、再生能源利用、雨水收集利用等开始得到广泛应用。这些措施有助于构建生态友好型城市和可持续发展的城市环境。

（5）智能化运营阶段。随着信息技术和智能化技术的迅速发展，以智慧城市的概念为代表，市政工程进入了智能化运营阶段。智能化的特点是利用信息技术、物联网和人工智能等技术，实现市政设施的智能化管理和运营。例如，智能交通系统、智能路灯、智能垃圾处理等开始应用。这些智能化设备和系统提高了城市管理的效率和便利性。

综上所述，市政工程在发展的每个阶段，新技术、新设备和新工程的应用都是市政工程发展的最显性标志，为城市提供了更高效、更智能和更可持续的基础设施和服务。

三、市政工程的研究趋势

随着市政工程的发展，市政工程领域的研究正在经历一个过渡阶段，从而适应快速变化的城市环境和新兴的挑战。在未来的发展中，可以预见一些研究趋势的出现。

（1）新兴技术的应用。随着科技的进步，市政工程和智能技术之间的联系将变得紧密起来，如人工智能、物联网和大数据等，通过这些智能技术来提高城市基础设施建设的效率、安全性和可持续性。以大数据技术为例，大数据和数据科学的兴起能为市政工程提供科学严谨的数据模型，这些模型可以帮助管理人员更好地理解城市系统的复杂性，支持工程决策和辅助规划过程。

（2）强调社会和人文因素。除了传统的技术和经济考虑，市政工程将更加关注社会和人文因素的影响。包括考虑社会公平、社区参与和文化保护等，追求实现更人性化和更包容的城市。

（3）灵活性和可持续性。在快速变化和不确定性的城市环境下，市政工程将追求更灵活、可适应的解决方案。这意味着设计和规划的弹性要能够适应不同的需求和未来的变化，以实现可持续发展的目标。

（4）区域一体化与全球合作。由于城市与区域之间相互关联的复杂性，市政工程研究将更加强调区域一体化和全球合作的重要性。共享知识、资源和最佳实践将成为推动城市发展的关键，跨国和跨区域的合作将发挥重要作用。

总之，市政工程研究正处于一个转型期。注重新兴技术的应用、社会和人文因素的考虑、数据驱动决策、灵活性和可持续性的实现，以及区域一体化和全球合作的推动，这些趋势将引领未来市政工程研究的发展方向，并为解决城市发展中的挑战提供新的思路和方法。市政工程和区域开发之间的问题，将随着市政工程向区域一体化发展而逐渐体现出来。

首先，市政工程对于区域开发至关重要，因为市政工程关乎城市基础设施的规划、设计和建设等，对于提升区域经济和人民生活非常关键。其次，区域开发中的区域规划和土地利用十分重要，区域开发的前提要点就是对于区域内的土地和资源进行合理规划配置，而市政工程可以优化城市结构，提高土地利用效率。例如，以交通为导向的区域开发，可以通过道路交通来引导人口和产业资源的调动，提升资源的有效流动，吸引社会投资，从而推动区域经济的发展。再次，市政工程在实现环境保护和提升可持续性方面起着重要作用，例如，处理城市废水废物、控制噪声和空气污染物的基础设施，以及推动节能减排和可再生能源的市政工程，对于实现区域的可持续发展目标也至关重要。最后，公共设施的建设和运营可以提供社会服务，便利的交通、优质的教育医疗和丰富的文化生活和体育活动等对于提高区域居民的生活质量和幸福指数有着重要意义。

区域开发的进程离不开城市基础设施的建设，而市政工程也越来越强调区域一体化的重要性，两者之间的联系将会更加紧密，但只有克服两者本身的特质引发一些特定的挑战和难点，才能确保两者之间的良好结合，实现协调发展，实现可持续发展的目标。因此了解两者联系的难点，有助于更好地规划和实施城市建设项目。

（1）区域开发与市政工程的综合性规划、可持续发展。市政工程和区域开发越来越注重综合性规划和可持续发展。综合性规划强调将不同领域和要素纳入考虑，包括市政、环境、经济和社会等，进行综合调动和配置以实现整体的协调发展。可持续发展要求在城市和地区的发展中平衡经济、社会和环境的需求，追求长期的可持续性。

（2）区域开发与市政工程的智慧城市、数字化转型。市政工程和区域开发逐渐向智慧城市和数字化转型迈进。智慧城市利用先进的信息和通信技术，提升城市管理和服务的效率与水平，改善市民的生活质量。数字化转型通过数据分析和科技创新，为决策制定和城市规划提供更准确的信息支持，促进更智能化的区域开发。

（3）区域开发与市政工程的绿色基础设施、低碳发展。市政工程和区域开发越来越关注绿色基础设施和低碳发展。绿色基础设施包括可再生能源、节能建筑、雨水管理等，以提高城市的环境可持续性和生态保护。低碳发展则强调减少温室气体排放，促进低碳交通和可持续交通模式，推动可持续的能源利用。

（4）区域开发与市政工程的协同、合作。市政工程和区域开发的发展趋势是加强区域协同与合作。城市和地区之间的紧密合作可以实现资源的共享和互补，促进经济、社会和环境的共同发展。区域合作还可以解决跨界问题，推动跨区域基础设施的建设和发展。

（5）区域开发与市政工程的社会公众参与。市政工程和区域开发越来越重视社会参与和公众参与。市民、利益相关者和社区的参与可以提供更多的意见和建议，增强决策的合法性和可行性。公众参与也有助于增强社会凝聚力和共识，推动区域发展的可持续性和包容性。

这些趋势反映了市政工程和区域开发在面对日益复杂的城市和地区挑战时的应对方式。综合规划、可持续发展、智慧城市、绿色基础设施、区域协同和社会参与等将成为市政工程和区域开发的重要发展方向。

第二章

市政工程规划设计体系

第一节　市政工程规划体系

一、市政工程规划的概念

市政工程规划是城市规划行政主管部门与各类市政工程的相应行政主管部门由宏观到微观地对城市市政进行谋划布局的过程。首先，城市规划行政主管部门结合城市实际情况编制相应的城市总体规划和分区规划，其中分区规划的地域范围一般与城市行政区划分相同，或按照街道、河湖等天然界线进行划分，其面积一般不大于县区级城市的行政区划面积。城市总体规划和分区规划的相关文件中，对于各类市政工程设定了宏观的规划或指标要求。其次，城市各类市政工程的相应行政主管部门需要根据城市总体规划和分区规划中设定的市政工程规划要求，确定城市各类市政工程控制性详细规划，并细化为各区域的市政工程修建性详细规划。

二、市政工程总体规划体系

市政工程规划体系，从宏观到微观共分为四个级别，分别为：城市市政工程总体规划、城市市政工程分区规划、城市市政工程控制性详细规划、城市市政工程修建性详细规划[①]。

1.城市市政工程总体规划

城市市政工程总体规划是城市总体规划中的组成部分之一，体现了城市规划行

---

① 邵宗义.市政工程规划[M].北京：机械工业出版社，2022.

政主管部门对于市政工程在一定时期内的建设目标。城市总体规划是城市人民政府以国民经济和社会发展规划为依据并充分结合当地自然资源情况和城市发展情况进行制定的，它确定了未来城市经济、社会等方面的发展目标，并对城市土地利用、城市空间布局进行一定时期内的部署与安排。

城市总体规划编制的前期工作是对城市发展情况进行详细调研，调研重点是城市的自然条件和历史资料，包括城市相关技术经济资料、城市人口资料、城市土地利用情况、城市的环境等。城市总体规划所形成的成果文件，包括：对整个城市市域的规划范围说明，宏观层次的城市发展目标和发展战略说明，由城市形成和发展主导因素决定的城市性质，基于一定地域范围内的城市职能说明，一定规划期内城市集中连片开发建设区域的边界说明，整个城市市域城镇体系规划说明，城市中心位置规划说明，总体规划区域综合交通体系规划说明，市政基础设施规划说明等。调研完成后，城市自然资源和规划行政主管部门应结合调研情况、相关规范标准及法律法规对城市总体规划进行拟定，并对拟定的多个城市规划方案，基于可行性和经济性的原则，从城市与区域的有机联系、城市干道系统和空间布局的协调合理等方面着手，结合工程系统和环境保护等方面因素进行方案比选。比选完成的城市总体规划须通过同级人民代表大会或其常务委员会审议后再上报行政主管部门审批。经批准的城市总体规划原则上不得随意更改，确需更改的须报请原审批机关同意。

城市总体规划审批通过后，城市辖区内各分区应以城市总体规划为指导，结合各自区域实际情况完成分区规划的编制工作，城市环境保护、市政管理等行政主管部门应以城市总体规划为指导完成相应的产业空间布局、自然生态治理、市政工程规划等工作。各类市政工程的设计中应体现城市总体规划中所确定的对应类别市政工程的主要设施、线路和规划方向，并结合相应设计规范要求和区域实际情况完成对应类别市政工程的规划设计工作。

2.城市市政工程分区规划

城市市政工程分区规划是在城市总体规划的基础上，对一定范围内的规划区域所作的进一步安排。分区规划的调研报告相比于城市总体规划的调研报告而言更加具体，更加专注于对本区域内自然条件、技术经济资料、人口情况、土地利用情况等数据的调查。分区规划的成果文件，包括：整个城市分区土地利用原则，城市规划区域不同使用性质地段的划分情况，各个区域内人口容量、建筑高度、容积率、道路规划红线位置、控制点坐标情况，绿地、河湖水面、文物古迹、历史地段的保护管理要求等。在通过分区规划方案的比选后，将确定好的分区规划文件报分区所在城市的人民政府进行审批。分区规划通过审批后，城市环境保护、市政管理等行政主管部门应依据以城市总体规划和分区规划为指导对产业空间布局、自然生态治理、市政工程规划工作做进一步布置。各专业市政工程应结合分区规划中对于区域市政工程方面的要求对本专业市政工程规划作进一步调整与完善。

3.城市市政工程控制性详细规划

城市市政工程控制性详细规划是以完成城市市政工程规划建设目标为目的，以城市市政工程现状调研结果为依据进行编制。市政工程控制性详细规划具体包括以下几方面工作：一是确定各类别市政工程规划期限内的工作内容、布置各类别市政工程关键性设施和网络系统、提出各类别市政工程的技术政策措施和关键性设施的保护措施等工作。二是各类别市政工程行政主管部门应根据城市市政工程控制性规划，完成对应类别市政工程的控制性详细规划，由城市市政行政主管部门对各类别市政工程控制性详细规划的成果文件进行核查，其目的是检验和协调各类别市政工程主要设施和主要线路的分布，根据核查过程中发现的各类别市政工程规划线路与设施布局的矛盾，提出解决办法并有针对性地对城市市政工程控制性详细规划作进一步完善。

城市市政工程控制性详细规划的调研报告内容应包含：工程规划区域自然资源资料、城市土地利用资料、对应区域内城市交通运输资料、城市建筑物现状资料等。形成的成果文件内容应包括：城市各类别市政工程的控制要点、各类别市政工程建设存在问题的应对策略、城市市政建设对应的保障措施、城市市政工程规划协调性分析、城市市政工程规划环境影响力评价、城市市政工程主要建设项目示意图表等。

通过对多个控制性详细规划的比选，城市自然资源和规划部门将最终确定的控制性详细规划提交市人民政府进行审批，审批完成的控制性详细规划应作为修建性详细规划的编制依据之一，指导各区域市政工程设施的设计和修建工作。

4.城市市政工程修建性详细规划

城市市政工程修建性详细规划是以城市市政工程分区规划、城市市政工程控制性详细规划为指导，以规划范围内的市政工程设施及管线现状和已发布实施的各类别城市市政工程详细规划编制办法为依据进行编制的规划文件。各类别市政工程行政主管部门根据城市市政工程控制性详细规划，编制对应市政工程修建性详细规划，并计算修建性详细规划范围内工程设施的负荷或需求量、布置工程设施和工程管线，提出有关工程设施和管线的布置、敷设方式及防护规定。

城市市政工程修建性详细规划的调研报告内容应包括：控制性详细规划及分区规划对规划区域的要求、规划区域的工程地质和水文地质情况、规划区域内的工程管线现状等。形成的成果文件有修建性详细规划说明书以及修建性详细规划图纸。修建性详细规划应报送市人民政府城乡规划行政主管部门审定，对于重要区域的修建性详细规划应报送市人民政府进行审批，审批完成的修建性详细规划用于指导各项市政工程设施的设计和施工工作。

三、城市道路交通的规划体系

1.控制性详细规划的编制

城市道路交通控制性详细规划的编制分为现状调研、专题研究、纲要成果、规划成果四个阶段[①]。

现状调研阶段，城市自然资源和规划行政主管部门须完成四个方面的工作。一是对城市社会经济发展现状及相关规划资料进行汇总搜集，包括：与城市经济社会有关的资料、与城市土地使用情况有关的资料、与城市道路交通设施有关的资料、与城市交通运行有关的资料、与对外交通有关的资料、与公共交通有关的资料等。二是城市自然资源和规划行政主管部门应听取各子系统相关部门的规划设想和建议，并结合设想与建议分析对应城市发展中存在的主要交通问题。三是城市自然资源行政主管部门应根据汇总搜集的城市总体规划等规划资料开展相应的交通调查，交通调查的内容包括：城市居民出行情况、车辆出行情况、公交运行情况、道路交通运行情况、停车情况、交通信息化程度以及货运情况等。

专题研究阶段是在现状调研的基础上，主要针对影响城市综合交通体系发展的重大问题所开展的专题研究。一是对规划区域交通发展趋势开展专题研究，结合对应城市区位位置情况、前期主干道建设走向、车流量及人流量情况、轨道交通发展情况、公交线路运营情况等，重点研究该城市的未来交通发展趋势。二是针对城市未来交通可能呈现的发展趋势，进行城市交通发展策略和政策的专题研究，确定各个区域的发展策略并制定相应的政策予以支持。三是对城市重大交通基础设施布局

---

① 中华人民共和国住房和城乡建设部.城市综合交通体系规划编制导则（建城[2010]80号）.2010-05-26.

开展专题研究，结合城市交通发展策略，完成对各个区域的纵横道路及环路的布局规划、对城市公交系统以及轨道交通系统的布局规划、对各类客运和货运场站的建设与更新以及周边配套设施的建设与更新的布局规划。

纲要成果阶段，一是对城市综合交通体系中存在的问题进行分析。二是结合城市交通发展的趋势与需求制定交通发展战略并相应地进行资源配置，提出城市综合交通体系框架。三是确定城市综合交通体系发展目标并提出城市综合交通体系的布局原则。

规划成果阶段，一般要同时作出五年内的短期规划和十五年内的中长期规划。对于城市道路交通而言，道路交通控制性详细规划的编制范围一般为对应城市行政辖区范围，编制依据为《中华人民共和国城乡规划法》《城市道路交通规划设计规范》等法律法规和技术规范，以及省级城镇化规划和对应城市总体规划。控制性详细规划要明确规划的短期目标和长期目标、客运交通目标和货运交通目标，并根据确定的目标制定发展策略与发展战略。常见的发展策略包括：公交引导的策略、交通枢纽引领的策略等；常见的发展战略包括：区域一体化战略、绿色都市战略等。控制性详细规划需要从规划区域和对外交通方面以及城市综合交通系统方面做出规划，其中区域和对外交通发展规划包括：航空运输发展规划、铁路系统发展规划、公路系统发展规划、港口运输发展规划等；城市综合交通系统发展规划包括：城市公共交通体系规划、道路交通体系规划、步行和非机动车系统规划、停车系统规划、货运系统规划等。控制性详细规划还需要针对道路交通规划对城市环境的影响展开环境影响评价，并相应提出预防和减缓不良环境影响的措施，最终提出使控制性详细规划顺利实施的各类保障措施，包括：强化组织保障、增强资金保障、加大土地保障等。

2.修建性详细规划的编制

修建性详细规划要落实控制性详细规划以及分区规划所提出的发展目标和规划要求，对控制性详细规划和分区规划未预见的问题进行反馈。

对道路交通而言，修建性详细规划的编制应满足以下要求：首先，要在建设区域现状以及控制性详细规划的基础上，重点对道路沿线用地、区域交通、公共交通以及慢行交通的需求进行分析，具体确定各类交通的组织方式和布局情况。其次，修建性详细规划要确定规划区域内道路的性质、功能定位和建设规模情况。再次，修建性详细规划需要对规划区内的道路进行平面布局，并相应地进行道路的竖向规划和横断面规划，道路上存在立交系统、公交站点或轨道交通站点的，还应进行这些系统和站点的详细规划。

对于道路交通而言,修建性详细规划须提交规划说明书及相应图纸。在规划说明书中:首先,要包含对应工程的概述,概述需要对道路建设的背景、委托单位的详细情况、工程建设的地点、道路修建的长度、建设红线的宽度、建设区域自然地形的情况以及道路沿线建设情况等进行说明,再对道路交通设施现状、道路性质、功能定位、建设规模的原则与标准进行说明。其次,要确定道路平面规划方案、各类交通的组织方式和周边交通设施的布局,明确道路线形走向、红线宽度、交叉口交通组织形式等。再次,要说明道路竖向规划方案、道路横断面规划方案、立交规划方案以及交通附属设施的规划方案,明确道路高程控制原则、断面布置对路面和绿化产生影响情况以及断面应采取的形式,协调立交系统与周围道路和交叉口之间的衔接关系。最后,要给出道路规划实施意见,分期进行道路交通建设的项目要对近、远期工程实施相互衔接的问题提出有关意见。为保证工程项目实施效益,要说明与本工程有关的其他区域配套工程的建设问题。

规划图纸首先要有能反映规划项目所在位置的区位图,并在区位图上标注出项目所在位置的主要自然地形和地理特征,同时标注出项目所在区域的主要道路名称以及规划范围的起止点。其次,要有项目所在区域的土地利用现状与规划图,在图中对各道路的等级和路口控制形式进行示意。再次,要包含轨道系统图和立交系统图,对项目中轨道交通线路、站点的位置情况以及立交系统的布置情况进行绘制。此外,还要包含道路规划平面图、道路竖向规划图和道路横断面图,以清楚地反映规划范围内的道路及相关设施规划布局情况、竖向控制点高程以及道路坡度等控制情况、道路横断面布置形式和红线宽度情况以及各类机动车道和非机动车道宽度情况。最后规划图纸还应包含规划结论图表,用一张图和一张表对规划道路路网关系、功能定位、交通组织以及主要设施布局进行反映,并为后续规划设计提出相对应的要求。

四、城市地下管线的规划体系

城市地下管线包括:给水管线、排水管线、燃气管线、热力管线、电力电缆、通信电缆等多种不同类别的管线。由于很多城市未形成对多种类别管线的统一规划与管理,导致各类别管线之间的规划存在冲突、城市道路重复多次开挖等情况的发生,造成了人力、物力、财力资源的严重浪费,且严重影响了当地居民的日常生活。

对地下管线工程而言，市住房城乡建设行政部门会同有关部门制定地下管线年度建设计划，地下管线年度建设计划主要说明本年度需要建设的地下管线数量、类别和规模情况。各类别地下管线行政主管部门会同市自然资源和规划部门组织编制各类管线的专项规划，经市政府批复后由市自然资源和规划部门汇总。市自然资源和规划部门依据城市总体规划、各类管线专项规划等政策文件要求，做好城市地下管线控制性详细规划的编制工作[①]。

1. 控制性详细规划的编制

近年来，全国各大中城市相继编制发布了城市地下管线控制性详细规划，这些规划文件均以《中华人民共和国城市规划法》《国务院办公厅关于加强城市地下管线建设管理的指导意见》等文件为根本依据，并结合对应省份、城市的地下管线年度建设计划以及各类管线专项规划的实际情况进行编制。

地下管线控制性详细规划编制的目的是要加强各类地下管线的统筹规划，避免因各类别工程管线之间的布置冲突引起各类安全隐患和资源浪费。同时，地下管线的控制性详细规划还要结合城市未来的发展需要，并统筹考虑军队管线建设的需求，在规划中确定各类别管线设施的空间位置、管线系统规模和管线走向等。

地下管线控制性详细规划的规划期限要与城市总体规划相一致，并兼顾城市新区与老城区的发展。地下管线控制性详细规划编制前要进行规划可行性分析，主要是结合城市人口规模、经济发展情况、地下空间使用现状、用地规划情况等，对地下管线建设的必要性与可行性进行分析。地下管线控制性详细规划成果文件应包含以下内容：首先，要对规划目标和规模进行界定，一般将规划目标划分为总目标和分期目标，并相应地确定其建设规模。其次，要依据城市总体规划和分区规划所确定的要点对地下管线进行系统布局，包括城市功能分区和空间布局、土地使用情况及开发建设现状、道路交通规划所确定的道路布局等。再次，要根据电力、通信、给水、排水、燃气等部门的专项规划确定各类别管线铺设的时间顺序和空间布置情况。又次，要结合敷设区域的地质情况、已有地下设施情况等，对敷设管线的管廊断面进行选型，划定三维控制线，同时结合地下管线工程与轨道交通工程、地下通道工程、人防工程的控制距离控制重要节点。最后，要确定变电所、控制中心

---

① 国务院办公厅.关于加强城市地下管线建设管理的指导意见[EB/OL]. [2014-06-03]. https：//
www.gov.cn/gongbao/content/2014/content_2707838.htm.

等配套设施的规划情况，为整个控制性详细规划的顺利实施安排相应的保障措施，如管理、经济、技术、政策等方面。地下管线控制性详细规划的成果文件包括：城市建设区域范围图、建设区域现状图，规划区域地下管线系统规划图、分期建设规划图、入廊时序图，管廊断面示意图、三维控制线划定图、重要节点竖向控制图和三维示意图、配套设施用地图、附属设施示意图等。

2. 修建性详细规划的编制

对地下管线而言，修建性详细规划要进一步结合各类别市政管线规划，明确对应市政管线的规模、敷设方式以及管线位置布置情况。地下管线的修建性详细规划要完成对管线现状的评价、对规划原则和标准的确定、对各类市政管线规划方案的确定、对具体实施方案提出建议等工作。在修建性详细规划的前期调研阶段，首先收集工程对应区域的分区规划、控制性详细规划、各类管线的专项规划以及已完成的往期修建性详细规划成果文件，然后进行分析。还要实地调查给水、排水、热力、燃气、通信、电力管线的敷设情况，以及规划区域沿线的用地出让情况和方案审批信息。

对地下管线而言，修建性详细规划提交的成果文件有规划说明书和相应图纸。规划说明书中要对以下要点予以说明，一是对规划项目的概述，简要说明项目的建设背景、委托单位的情况、工程建设的地点、所在区域的地形状况等。二是对排水管线与市政管线的综合规划：首先，要说明区域市政管线的现状，主要对规划区域内给水排水的方式、区域内水系水位的控制状况、区域内排水体制与排水设施的完善程度、现有市政管线的敷设种类和敷设数量、与规划道路中线的位置关系等进行说明，提出市政管线现状存在的问题。其次，要提出依据的规划原则与标准规范。再次，要对排水规划方案进行说明，对雨水系统和污水系统进行规划，明确雨水管渠设施的布局和建设规模、污水系统服务区域及主要污水收集干管的规划布局。最后，要对拟建管线和现状管线可能造成的影响进行分析，提出相应的解决方案，避免对工程产生不利影响。三是应给出规划实施意见，分期进行地下管线建设的项目，要对近、远期工程实施相互衔接的问题提出有关意见。为保证工程项目的实施效益，要说明与工程有关的其他地段配套工程的建设问题。四是对单一类别管线进行详细规划，对其情况进行详细核实，包括：单一类别管线规划编制的背景、依据的规范和标准、工程实施的方案、对管线竖向规划的情况和管线之间的交叉情况。之后确定管线之间的交叉净距，最后出具相应的规划结论，再对管线工程量进行计量。

地下管线修建性详细规划的规划图纸应包含以下内容：首先，应包含能反映规划位置的区位图和区域土地的利用现状与规划图。其次，应包含管线现状横断面图和管线规划横断面图，它们分别说明了管线位置现状和管线规划情况。应包含规划区域的排水系统图以及管线综合规划图，依次反映了规划区域排水设施的规划布局和各类管线的综合规划布局。再次，应对单一类别的管线进行详细规划图的绘制，具体表示出管线的平面位置、尺寸大小等规划要求。最后，须绘制规划结论图表，其中包含一张图和一张表，体现此次规划的结论，为后续工程提出相应的规划设计要求。

五、城市广场的规划体系

城市广场依据社会公共用地的属性与城市道路相连接，具有充当车辆和行人交通枢纽以及作为城市居民社会活动中心和政治活动中心的作用。城市广场按照用途和性质可分为：供居民进行日常文化活动的公共活动广场、与各类交通枢纽进行连接的交通广场、以各类纪念性建筑物为主体的纪念性广场以及与商业综合体共同进行规划的商业广场等。对城市广场而言，应充分结合城市的功能分区及行政区划分情况、道路交通人流量情况、城市纵横主干道及环线布设情况、城市主要河湖分布情况、城市既有道路规划情况、城市形象标志、市民活动需要、广场布局的系统性及城市广场分布的均匀性进行规划[①]。

1.控制性详细规划的编制

对于城市广场的规划，首先要获得城市人民政府对于拟规划地块作为广场用地的批示。城市广场控制性详细规划的成果中，一是要确定该广场的规划目标，主要确定广场的功能定位等。二是明确城市广场规划所依据的原则及规范标准情况，主要依据的规范标准和上级文件包括：对应城市的总体规划和分区规划、对应城市的国土空间总体规划、《城市规划编制办法》、省级和市级城乡规划条例等。三是结合批复地块的地形情况及周边环境确定广场的形状、规模、主要建筑物的形状和高度以及停车场的位置。四是根据广场的主题、功能定位合理配置各类设施，以及对广场内建筑空间和道路的围合规划，在规划用地范围内进行公共活动用地、室内建

---

① 于潇，刘池，王立方，张华军，李祥军.城市轨道交通沿线配套工程建设与管理[M].北京：中国建筑工业出版社，2022.

筑用地、场内道路用地等各类用地的规划布局。五是保证城市广场的规划与广场周围已建道路和拟建道路的协调性，广场周围存在交通枢纽或体育场馆、展览馆等人流量大的场馆场站时，做好广场与场馆场站、广场与道路之间的车流和人流衔接规划及空间组织规划。六是对城市广场内的容积率、建筑密度、绿地率等控制指标做出要求。城市广场的控制性详细规划中还要对规划成果做出相应的规划图解，规划图包括：城市广场土地规划总图、城市广场建筑物布置图、城市广场内部道路详图等[1]。

2. 修建性详细规划的编制

对于城市广场的规划而言，其修建性详细规划成果文件应包含以下内容：一是对项目的背景、区位位置情况以及场地现状进行概述。二是要注明规划的编制依据，一般包括：控制性详细规划、分区规划、《城市规划编制办法》等各类上级文件和规范标准。三是要阐明城市广场的整体规划理念，不同类别的城市广场所依据的规划理念一般也有所不同，如商业广场一般遵循交通功能与商业开发密切结合的开发理念，交通广场一般遵循场站一体化开发的理念等。四是确定土地利用情况，将规划用地按照广场的功能要求合理划分为：绿化用地、道路用地、商业用地、活动用地等，并分别确定各类用地的占地面积等控制参数。五是做好广场与市政管线的接口规划，按照《城市工程管线综合规划规范》等规划标准的要求相应地预留市政管线接口，以保证后期建设过程中各类工程管线能够顺利接入。六是依据规划内容做好经济技术指标的测算，主要指标包括：广场总建筑面积、容积率、绿化率等。将测算的结果与控制性详细规划相比对，确保修建性详细规划能满足控制性详细规划提出的要求。城市广场修建性详细规划的成果文件包括：规划项目区位图、规划区域总平面图、规划成果效果图、项目三维地形图、内部道路系统规划图、城市广场横断面图、广场用地竖向规划图、场内管线综合规划图等。

六、城市绿地系统的规划体系

城市绿地系统的合理规划对提升城市道路观感、合理划分城市道路、降低城市

---

① 胡一可. 天津城市广场体系规划研究 [C]//IFLA 亚太区，中国风景园林学会，上海市绿化和市容管理局.2012 国际风景园林师联合会（IFLA）亚太区会议暨中国风景园林学会 2012 年会论文集（上册）.北京：中国建筑工业出版社，2012：271-276.

道路的噪声污染、降低车辆尾气污染、提升城市环境质量等方面均有显著帮助。《城市绿化条例》提出，城市绿化规划应从规划地实际出发，根据城市发展需要，利用原有的地形、地貌、水体、植被和历史文化遗址等自然、人文条件，以方便群众为原则，因地制宜地设置公共绿地、居住区绿地、防护绿地、生产绿地和风景林地等，合理设置城市人均公共绿地面积和绿化覆盖率等规划指标[①]。

1. 控制性详细规划的编制

对城市绿地系统而言：首先，要确定规划范围，规划范围一般为市域范围和中心城区范围两类。其次，要充分结合城区范围内的生态资源空间分布情况，明确规划范围内的生态绿地系统空间结构，合理规划主城区和市域范围内绿地系统布局的规划目标。市域范围内的绿地系统空间结构规划要以中心城区为核心、以主要城镇的交通干线为轴、以城市主要河流湖泊为纽带、以各森林公园和风景名胜区及自然保护区为节点进行综合规划。中心城区范围内的绿地系统空间结构规划要结合城市的实际情况，以城市纵横主干道、城市主要环线、中心城区主要风景名胜区、穿过中心城区的河流湖泊等为节点对绿地系统空间结构进行规划。在规划过程中，按照绿地分类要求对公园绿地、防护绿地、广场绿地进行分类规划，明确各类用地的位置、面积情况。再次，要对规划期限内需要完成的控制指标进行设置，其中包括：建成区绿地率、绿化覆盖率、人均公园绿地面积等，为各项目修建性详细规划提供指导。最后，要明确规划实施的保障措施，包括管理、经济、技术、政策等方面的保障措施，根据城市总体规划和城市发展的实际情况，提出重要区域的绿地规划指引，为对应区域修建性详细规划的编制提供指导[②]。

2. 修建性详细规划的编制

修建性详细规划要对规划区域内的综合公园、社区公园、广场用地和各类防护绿地划定绿线，按照规定的建成区绿地率、绿化覆盖率等控制指标对项目进行绿地专项规划。在修建性详细规划中，绿地的规划首先要满足各主次干道的交通安全要求，并充分体现城市的绿化景观风貌。然后根据城市总体规划和分区规划，将城市绿化与城市功能分区的特点充分融合，合理确定一定数量的园林景观道路和风景林荫道路。最后根据规划中绿地类别、所属区域气候特征等因素，合理选择生长情况

---

① 国务院.城市绿化条例[EB/OL].[2017-08-20].https://www.gov.cn/gongbao/content/2017/content_5219138.htm.

② 中华人民共和国住房和城乡建设部.城市绿地分类标准：CJJ/T 85—2017[S].北京：中国建筑工业出版社，2017.

稳定、具有观赏价值、环境效益显著的绿化植物。

具体而言，公园绿地的修建性详细规划要符合一系列基本原则，包括：方便市民日常游憩、创造良好的城市景观、能充分利用自然山水空间和历史文化资源、利于城市生态修复等。同时公园绿地区域要对建筑占地面积比例加以控制，依照《公园设计规范》合理地对公园道路进行规划设计。此外，公园绿地修建性详细规划还要结合公园的功能要求，对儿童游戏设施、运动康体器材、文化科普展区、公共服务及商业服务区域进行合理规划。对于广场绿地的修建性详细规划，要根据广场的总体规划情况、广场道路的规划情况以及广场的类别进行相应规划，其中广场绿地率一般控制在35%以上。对于防护绿地而言，其可以通过遮挡、隔离、吸收污染物等方式降低各类污水处理厂、垃圾焚烧厂对城市造成的污染，同时还能通过绿地对道路进行划分，吸收道路中汽车产生的有害气体。污水处理厂周边的防护绿地规划要根据污水处理规模、污水水质情况、处理工艺等因素确定绿地面积、绿地植物类型等参数[1]。

七、城市照明的规划体系

城市照明是城市中各类场所内功能照明和景观照明的统称。各省、自治区、直辖市、人民政府住房城乡建设主管部门对本行政区域内城市照明实施监督管理，城市人民政府确定的城市照明主管部门负责本行政区域内城市照明管理的具体工作[2]。

1.控制性详细规划的编制

城市照明控制性详细规划的编制期限一般为15年，主要依据城市总体规划及分区规划、《城市规划编制办法》《城市照明管理规定》《城市照明建设规划标准》等上位规划和标准规范进行编制。控制性详细规划要遵循以人为本、绿色低碳、全域统筹、保障安全的基本原则，完成提升市容市貌的目标，包括：实现绿色照明和智能照明、保证城市照明需求等。在控制性详细规划中要结合城市总体规划和分区规划，对城市照明进行分区规划，具体依据《城市照明建设规划标准》，将照明区

---

① 中华人民共和国住房和城乡建设部.城市绿地规划标准: GB/T 51346—2019[S].北京：中国建筑工业出版社，2019.

② 于潇，刘池，王立方，张华军，李祥军.城市轨道交通沿线配套工程建设与管理[M].北京：中国建筑工业出版社，2022.

域控制要求由严格到宽松划分为暗夜保护区、限制建设区、适度建设区和优先建设区四类。此分类能对规划区域内的各类景观照明规划提供宏观指导，避免因照明过度对实现区域发展的协调性和区域功能造成影响。此外，控制性详细规划中对于城市道路和下属村镇道路的照度也进行了分级，城市道路分为三级：城市快速路与主干路、城市次干路、城市支路；村镇道路分为五级：镇区主干路、镇区次干路、镇区支路与村庄干路、村庄支路、镇区巷路与村庄巷路。

城市照明控制性详细规划一般包括城市功能照明控制性详细规划和城市景观照明控制性详细规划。其中城市功能照明控制性规划要对照明设施的设置提出通则要求，一般包括：对照明设施避免产生眩光的要求，照明设施尺寸、造型、颜色等与景观环境相协调且能满足日间景观的要求，低位照明亮度、均匀度、离地高度等方面的要求。城市功能照明控制性规划分为城市道路照明规划、村镇内部道路照明规划、道路交会区照明规划、隧道照明规划、立体交叉道路照明规划等多种类型的照明规划，它们均须按照相应的照明规范标准进行规划设计 ①。

城市景观照明控制性规划中：首先，要根据城市照明区域的控制等级，对亮度对比度、局部最高亮度等指标进行控制。其次，要确定城市主要观景界面，对已有媒体立面情况和拟建媒体立面情况进行统计，对各观景界面的照明策略进行规划，以提升观景界面的观景质量。再次，要明确照明设施的负面清单，如避免机场及天文台附近产生激光和探照灯等大功率光束灯，避免直接射向学校、医院等建筑的激光光束灯。再次，要结合各类技术规范，对与节能环保相关的照明功率密度最大值、照度值与亮度值比、光效指标等参数进行限制，提出光污染控制的宏观措施。最后，要明确其实施的保障措施，主要包括：提供资金保障、制定政策保障等。控制性详细规划的成果文件包括：照明规划范围图、城市道路功能照明亮度等级规划图、城市景观照明观景界面规划图等图件。

2.修建性详细规划的编制

控制性详细规划对城市照明进行了分区，在各类市政工程项目中，要根据项目所在地的照明分区情况及其所规定的各类照明参数进行修建性详细规划，参数主要包括照度值、亮度值和色温。在城市道路照明修建性详细规划中，结合道路布置情况、道路周围环境情况、可承载最大负荷量等因素对各道路的照明设施进行规划。

① 中华人民共和国住房和城乡建设部.城市容貌标准：GB 50449—2008[S].北京：中国建筑工业出版社，2008.

在公园、城市广场的规划中，要结合公园、城市广场的功能定位以及其内部道路的规划情况和绿地的规划情况等，对公园及城市广场内的照明设施进行规划。各类市政工程的修建性详细规划还要着重考虑整个规划区域内照明的整体情况，避免因区域范围内各类功能照明和景观照明规划不协调，进而影响整个区域的照明效果。

八、城市环卫的规划体系

1.控制性详细规划的编制

城市环卫控制性详细规划的编制要充分结合对应城市的经济情况、建设情况和城市管理的实际情况，同时满足城市生活垃圾的分类要求，将各类主要环境卫生设施按照"区域共享、城乡统筹"的原则进行规划[①]。

城市环卫控制性详细规划的编制依据包括：《中华人民共和国固体废弃物污染环境防治法》《城市环境规划标准》《环境卫生设施设置标准》《生活垃圾产量计算及预测方法》等法律法规、政策及标准规范，其规划范围为市域范围。规划成果包含以下内容：一是要对市域内环境卫生设施的现状进行分析，根据各类环境卫生设施的现状，针对性地提出现阶段环境卫生设施布置情况存在的问题。二是要针对环境卫生设施的现状，相应地提出规划的短期目标和长期目标，目标要对生活垃圾无害化处理率、生活垃圾利用率等进行明确规定。在确定目标的基础上提出规划的基本原则，基本原则一般包括：因地制宜的原则、适度超前预测的原则、区域协调的原则、定期评估的原则等。三是依据适度超前预测的原则对各类垃圾处理量进行合理预测，针对预测结果进行收运体系的规划，其中应确定垃圾收运的方式、收运设施的规划和收运过程中降低污染的措施。四是对收运完成的垃圾应进行处理处置设施规划，在处理处置设施规划中将收运的垃圾划分为生活垃圾、建筑垃圾、园林垃圾等类别，然后分别制定处理处置规划。五是进行其他环境卫生设施的规划，包括：针对不同的城市用地类型相应地对公共厕所的位置和面积进行规划、结合各类环境卫生转运设施的规划、对环境卫生车辆停车场的面积和位置进行规划、根据规划区域环卫工人人数及工作区域情况设置环卫工人作息场所。六是从资金、管理措施和政策等方面为环境卫生设施规划的顺利实施提供保障。

---

① 中华人民共和国住房和城乡建设部.城市环境卫生设施规划标准：GB/T 50337—2018[S].北京：中国建筑工业出版社，2018.

2. 修建性详细规划的编制

城市环卫修建性详细规划是在落实控制性详细规划提出的各类指标要求的基础上，确定各类环境卫生设施的布置数量、具体位置情况、规模以及用地界线，提出各类环境卫生设施在工艺、技术等方面的要求。还要结合城市总体规划和分区规划，确定对应区域内各类垃圾的运输通道规划，根据城市防护绿地规划的相关要求确定防护绿地的面积、宽度、绿地植被类型等要求。

九、城市防灾的规划体系

随着现代城市的规模扩大化、功能综合化，城市遇到灾害时产生的危害也常体现出危害复杂化、损失扩大化的特点，如地震灾害可能导致传染病灾害、洪涝灾害等一系列灾害的相继发生。切断"灾害链"需要各相关部门充分合作，制定城市防灾减灾的综合规划。城市防灾减灾综合规划包括：抗震防灾规划、防洪规划、城市消防规划、城市人防规划等专业性规划，这些规划的编制应遵循以下基本原则：以人为本、协调发展，预防为主、综合减灾，分级负责、属地为主，依法应对、科学减灾，政府主导、社会参与等原则。

1. 抗震防灾规划

表示地震特征的基本参数有地震震级和地震烈度，其中地震震级表示地震震源所释放的能量大小，地震震级越高，表示地震释放的能量越大，地震产生的破坏力也就越强。地震烈度指某一区域遭受地震损害后，其地面和建筑物受到地震影响的强弱程度。对于某次特定地震而言，地震震级是唯一确定的，而不同区域的地震烈度，受到对应区域距震中距离、地质构造情况等因素影响而具有一定区别。一个地区的地震基本烈度指的是，该地区在今后的一定时期内，在一般场地条件下可能遭遇的最大地震烈度。"一定时期"一般以100年为限，最大地震烈度的确定一般以长期地震预报为依据。我国目前所规定的地震基本烈度划分为12度，地震烈度高于6度的地区为抗震设防区，地震烈度低于6度的地区为非抗震设防区。

各类与市政工程相关的建筑物、构筑物均要进行抗震设防，抗震设防烈度依国家批准权限审定，一般情况下可以采用地震基本烈度。抗震设防要遵循"小震不坏、中震可修、大震不倒"的基本原则。小震指低于相应地区抗震设防烈度的地震，遭遇此类地震时，建筑物或构筑物应达到完全不受损坏或不需修理；中震指与相应地区抗震设防烈度相当的地震，遭遇此类地震时，建筑物或构筑物应达到经过一般修理后可继续投入使用；大震指超过相应地区抗震设防烈度的罕见地震，遭遇此类地震时，建筑物或构筑物应达到主体结构不发生破坏且不发生人员伤亡的倒塌事故[1]。

（1）控制性详细规划的编制

对于抗震防灾规划而言，其控制性详细规划要对市域范围内各类市政工程的建设提供指导，以提高城市抗震防灾能力，减少地震灾害对城市造成的损失。控制性详细规划要求城市按照《中国地震动参数区划图》中对相应城市抗震设防烈度的要求进行设防，同时幼儿园、学校、医院等重点场所要在城市设防要求的基础上提高一档进行设防。控制性详细规划还要划分城市用地抗震适宜性，并结合城市总体规划、分区规划以及主干道和环线建设情况，将城市划分为若干个一级防灾分区和二级防灾分区。对各一级防灾分区和二级防灾分区的供水供电、消防、医疗卫生及物资供给做好保障，对中心避难场所、固定避难场所和紧急避难场所的位置和规模进行规划。其中，一级防灾分区一般依托中心避难场所进行避震疏散，中心避难场所要设置抗震救灾指挥机构、抢险救灾部队营地、直升机停机坪和医疗抢救中心等；二级防灾分区一般依托固定避难场所和紧急避难场所进行避震疏散，固定避难场所和紧急避难场所的服务半径应覆盖城区的全范围，并距离易燃易爆仓库、供气厂等易造成次生灾害的危险源1千米以上。此外，控制性详细规划还需要根据各区域人口数量对城市避震疏散通道进行规划，明确救灾干道、疏散主干道、水上救灾通道和救灾直升机停机坪的情况。控制性详细规划成果文件包括：城区地震动参数区划图、城区防灾空间机构图、城区避震疏散场所布局规划图等规划图件。

（2）修建性详细规划的编制

在抗震防灾修建性详细规划中，要求辖区内各项工程按照控制性详细规划对抗震设防烈度的要求进行建设，并做好抗震性能评价。主要评价的内容包括：工程项目是否符合抗震要求、地震破坏会对项目及周围环境造成何种影响、是否需要增加抗震安全设施等。

2.防洪规划

防洪规划的类型包括：流域防洪规划、河段防洪规划和区域防洪规划。

流域防洪规划编制的目标是防治本流域范围内的洪灾，区域防洪规划是流域防

---

[1] 建设部，国家质量监督检验检疫总局.城市抗震防灾规划标准：GB 50413—2007[S].北京：中国建筑工业出版社，2007.

洪规划的一部分，服从流域防洪规划并与之相协调。区域防洪规划中：首先，要确定防洪保护的对象，明确防洪治理目标和防洪标准；其次，要明确防洪体系的综合布局，规划防洪措施、划定洪泛区、蓄滞洪区和防洪保护区；再次，要分期设置防洪实施方案，对实施方案所需的投资量进行估计；最后，要评价方案对环境造成的影响和防洪效益。河段防洪规划应结合河段自然地理特征及流域发展情况进行制定，该规划作为流域防洪规划的补充，要服从流域整体规划[1]。

对城市而言，防洪规划是以流域规划和城市整体规划为指导，结合当地洪水特性、经济情况和城市发展需要进行的规划。针对城市防洪规划：首先，要结合城市实际情况建立必要的水利设施，确保城市有足够的防洪能力以应对常年可能发生的洪涝灾害。其次，要制定应对方案，确保遭遇罕见洪水时社会稳定性不被破坏，人民安全得到保障。

3. 城市消防规划

为提高城市防火灭火能力，减少和防止火灾对城市居民人身及财产造成损害，各城市需要制定能与本城市总体发展规划相适应的城市消防规划。城市消防规划由城市公安消防监督机构会同城市规划主管部门及其他有关专业行政主管部门共同编制[2]。

（1）控制性详细规划的编制

城市消防控制性详细规划的范围为整个市域：首先，要确定相关各类指标要求，包括：消防服务、应急救援、综合治理等，如单个消防站服务人口数、站点规划布局覆盖率、消防救援应急响应时间达标率等。其次，要具体对消防救援场站体系进行详细布局，一是要确定各类消防救援场站的到场时间标准，二是要确定各类消防救援场站的数量和规模，三是要结合城市供水系统的规划情况和城市路网布设情况，对消防供水管网和消防救援通道网络进行综合规划布局。除此之外，城市消防控制性规划成果文件还要包括：市域主要消防救援场站布局规划图、市域消防救援场站服务范围分析图等规划图件。

（2）修建性详细规划的编制

城市各市政工程项目在规划过程中要作好消防修建性详细规划，按照不同市政

---

① 宋珊. 区域防洪规划理论与方法研究[D]. 河北农业大学，2014.

② 中华人民共和国住房和城乡建设部. 消防设施通用规范：GB 55036—2022[S]. 北京：中国计划出版社，2022.

工程类别相应地对灭火器、消防砂箱等消防设施进行合理规划。市政环卫建筑要按照《消防设施通用规范》《建筑防火通用规范》等标准规范的要求进行规划，市政环卫建筑包括：环卫工人作息场所、垃圾处理场站、地下管线控制室等。此外，还要保证各类市政工程建筑和市政设施满足防火要求，并能与控制性详细规划确定的消防供水管网和消防通道网络进行有效互联。

4.城市人防规划

（1）控制性详细规划的编制

城市人防控制性详细规划，首先要结合国家人防总体规划对城市人防工程进行战略定位。人防设防城市一般分为三类，一类防空城市为人口规模在200万以上的省会城市、直辖市、计划单列市以及重要的军工基地和战略要地；二类防空城市为人口规模在50万以上、100万以下的城市以及工业重镇和交通枢纽城市；三类防空城市为人口规模在50万以下的城市。其次应明确由市—区—街道组成三级人防指挥体系，根据城市总体规划和分区规划对城市进行人防分区。该体系要负责全市防空组织指挥，具体指挥内容包括：指挥居民进行疏散、指导对重要目标进行防护、对战时对城市进行管理、组织空袭后的抢险救灾救援。再次要确定人口疏散规划，人口疏散主要采用就地掩蔽和应急疏散相结合的原则。一方面充分利用地下室、广场、学校等区域优势进行就地掩蔽，另一方面以城市主干道为骨架，将城市主干道与高速公路和国道、省道相连接，构成疏散干道，在疏散干道上配备相应的疏散集结站，形成集合—疏导—疏散—安置的疏散模式。随后确定与城市人口数量相对应的疏散基地建设方案，疏散基地要远离城市中心区、靠近疏散地域，保证水源、电力及物资的供应。最后确定各人防分区的人防工程规划指标，包括：各分区内的急救医院建设面积、分区指挥所建设面积、配套物资库建设面积等。

（2）修建性详细规划的编制

对于作为城市人防工程就地掩蔽设施的建筑，和为城市人防工程特别建设的建筑，二者结合控制性详细规划中的要求进行修建性详细规划。主要包括：人防工程项目与项目规划区域内其他工程项目的协调建设与可靠对接、人防工程项目中的消防设施和急救设施的规划布置、人防工程项目内部的区域规划、内部交通示意图以及日常卫生清洁等方面的深度规划等，保证控制性详细规划中确定的规划指标能够实现。

第二节　市政工程设计体系

一、市政工程设计的概念

市政工程设计是指对公共设施和基础设施进行规划、设计和施工的过程。它包括道路、绿化系统、管线系统、照明系统、城市广场、环卫工程、防灾工程等方面的设计。设计方案需要符合城市的发展目标和要求，通常考虑城市规划、土地利用、交通流量、环境保护等相应因素，为城市设计的地域范围提供必要的基础设施，改善居民的生活质量，提高城市的可持续性、环境友好性和社会公平性，促进城市的综合发展。

二、市政工程总体设计体系

市政工程设计体系，从宏观到微观共分为三个级别，分别为：城市总体方案设计、市政工程方案设计、市政工程施工图设计。

1.城市总体方案设计

城市总体方案设计，是指对整个城市的公共设施和基础设施进行综合规划和设计的过程。需要综合考虑城市的各个方面，协调不同利益相关者的需求，以实现城市的可持续发展和提升居民的生活质量。它是市政工程设计体系的一个重要组成部分，为城市提供一个整体的规划和设计框架，确定城市的发展方向和布局，为市政工程方案设计提供整体指导，确保不同市政工程可以相互协调，从而指导城市的建设和发展。

进行城市总体方案设计首先要加强城市设计的前期研究，应以"人与自然和谐相处"为原则来研究城市区域内生产、生活与生态之间的整体功能关系。城市总体方案设计具体包括以下几方面的工作：第一步，设计方案制定前，委托有关单位制作项目建议书并形成成果文件，主要内容有：项目建设原因及依据、建设内容及规模、总投资匡算与资金来源渠道、原材料与水电气匹配条件、三废状况与治理措施以及工程所取得的经济与社会效益等。项目建议书由当地发展改革部门审核，这一步还会形成一个总平面规划设计图，但是这张总平面图由于规划部门设计任务书尚未下达，需拿去报审。第二步，项目建议书审核通过后，由当地规划部门提出选址意见书并核发选址通知书。包括：项目建议书批复、按控规核发项目地块相关设计指标，即选址通知书。第三步，建设单位确定地方规划部门的规划要求并委托招标代理单位参与方案设计招标，选定设计方案及设计单位。第四步，由国土部门进行用地预审，需要提供的材料包括：农用地转用手续相关资料、相关街道和村居出具证明，并在用地现场公示。第五步，用地预审之后，委托有关单位编写环评报告书和环评公众调查表等，经环保部门评审并按所提要求进行修订后报环保部门。随后由规划部门招标，招标期间进行方案比选，选择适当的设计单位和方案再加以修正。然后由规划部门安排有关十余个单位进行建筑方案的会审和审批，并发出会议纪要，设计单位应按会议纪要进行修改。图纸应在审查中心进行日照分析，若不符合规定，则需重新进行调整，直至符合要求。然后经专业设计单位出具交通影响评价报告后，将交通影响评价分析结果交公安各交警部门进行会审，提出修改建议；如果设计车位不够或车道等达不到地方的要求时，总平面需重新进行调整，直至完全符合要求后方可审批。第六步，在建筑方案批准同意之后，授权有关单位进行可行性研究，主要内容有：项目建设必要性、内容与规模、路段与面积、总投资和资金筹措方式等，再经发展改革部门组织有关单位审查。在城市总体方案设计中，项目建议书、项目可行性研究报告、环境影响评估报告书、水土保持方案、交通影响评估、日照分析等流程均需要由具备资质的企业进行编制，各类市政工程的设计中应体现城市总体方案设计所确定的对应类别市政工程设计要求，并结合相应设计规范和当地政策完成对应类别市政工程的设计工作。

2. 市政工程方案设计

市政工程方案设计是指在城市方案设计的基础上，对各类市政工程的设计内容所做的进一步细化。其项目建议书的内容也会更加具体，更注重对应市政工程的建设情况及用地情况。形成的成果文件包括：对应市政工程的建设依据、建设内容与规模、工程投资匡算与资金来源渠道、工程原材料与水电气匹配条件、工程三废状况与治理措施以及相应工程所实现的社会效益。项目建议书经发展改革部门审核后由当地规划行政主管部门批复项目建议书，提出选址意见书和核发选址通知书。再由建设单位委托招标代理单位，按照规划行政主管部门提出的市政工程规划要求开展工程方案设计招标工作。经方案比选，选定适宜的建筑方案及设计单位。随后由国土部门进行项目用地预审，再由环保部门评审环评报告书。评审之后，由项目规划行政主管部门进行招标，并通过选好的设计单位设计方案。方案由规划行政主管部门批复之后，设计单位再根据会议纪要对该市政工程设计方案进行修改。设计方案审批通过后，委托相关单位做出可行性研究报告，由发展改革部门召集相关单位评审。各类市政工程应结合对应方案设计中对其设计的要求，将对应的市政工程设计方案进行进一步调整与完善。

3.市政工程施工图设计

市政工程施工图设计是以审批完成的市政工程设计方案为指导，以设计范围内的市政工程设施现状、已编制发布的各类别市政工程规范文件为依据进行设计。市政工程施工图设计具体包括以下几方面工作：第一步，由建筑设计单位出具初步设计图纸、概算书等资料，然后发展改革部门会同有关专家和单位对图纸进行审查，并按所提建议予以修订。有关机构有：发改、规划、财政、国土、消防、电力、环保、审计、人防、燃气、供水、环卫、市政、房管、综合管线等。第二步，图纸修改批准后，向规划行政主管部门提供建筑设计方案审批记录、环评审批记录，然后发展改革部门进行初步设计审批。第三步，初步审批通过后，委托国务院建设行政主管部门进行图纸审查。由其提出修改建议，建设单位再组织设计人员讨论完善，经修改后报国务院建设行政主管部门。第四步，行政主管部门审批通过后，由审图机构出具审查合格书。第五步，向所在地人防部门报送工程项目有关区域和位置的核准表，然后审核人防施工图纸。本次评审由市人防部门授权市图纸评审机构进行评审，经评审合格的出具合格书、市人防部门出具行政许可书。然后向市消防部门提交整套图纸，由消防部门根据消防规范及各地区有关会议纪要等进行审查，设计单位采纳签发审查意见，再进行沟通修改。消防部门审批通过后，建设单位提供相关资料到当地气象部门，办理防雷装置核准书。气象部门提出防雷装置的设计评估意见书后，设计单位应依据意见重新修订。第六步，审批通过后，携带上述相关资料到规划行政主管部门办理建设工程规划许可证，建设管理部门核发之后，申领建设工程施工许可证。

三、城市道路交通的设计体系

1.城市道路方案设计

2012年，住房和城乡建设部编制发布了国家标准《城市道路交通设施设计规范》，2019年再次完善。城市道路方案设计要综合考虑城市的交通需求、土地利用、环境保护等多方面因素，需要与各利益相关者进行沟通和合作，以达到道路交通的高效性、安全性和便捷性，确保道路系统的设计能够满足城市的需求和要求[①]。

道路方案设计的项目建议书要确定道路等级、车速等设计标准；了解工程概况，包括工程地点、范围、主要控制点、相交道路河道、铁路及主要建筑物、主要市政管线等情况、建设期限、分期修建计划等。还要定位项目功能，包括：道路在规划道路网中的性质、功能，规划横断面、主要交叉路口的规划定位等。了解对应道路所在城市的设计规范、规则、指引、指南和设计执行的相关批复意见等，进而确定道路等级、设计车速、荷载等级、净空、平面、纵断面、横断面等设计技术指标。

将项目建议书交由当地发展改革部门审核[②]，审核通过后，由城市道路规划行政主管部门核发选址意见书和选址通知书。然后进行道路方案设计招标，通过方案比选后，选择设计方案和设计院。之后完成用地预审，由当地环保部门审批环评报告。再由道路规划部门招标并确定设计院及方案，会审批复后由设计院修改至审批通过。委托道路建设方做出可行性研究报告，再由发展改革部门评审。然后确认可行性研究报告批复意见的执行情况，进行交通量预测。实现对道路的平面、纵断面、结构、桥梁工程附属设施的初步设计。现状交通量包括：交通流量、车辆组成、路口与路段饱和度、非机动车流量、公交线路及站位分布等。

2.城市道路施工图设计

道路工程施工图设计是在道路方案设计的基础上，对道路施工的具体细节进行设计的阶段。它是将道路方案设计转化为具体施工的图纸和技术文件。设计方案需要经过审查和批准后，才能进行施工图的设计和发布，为道路施工提供指导和依据。

道路方案设计审批完成后，提前确定道路施工图设计需要采用的施工规范、规程和工程验收标准。然后由设计院提供初步的道路设计图纸和概算书，初步设计图纸要根据道路工程范围、规模、主要工程内容及施工标段划分情况对其各部分分别设计。包括：平、纵线形详细设计，横断面设计，路基、路面工程设计，交通安全设施设计，交通管理设施设计以及附属工程设计，附属工程包括：挡墙、缘石、无障碍及涵洞。平面设计要详细说明道路设计范围、红线、中线定线等控制因素，

① 城市道路方案设计和工可、初设、施工图各阶段需要重点确定的内容.搜狐网新闻资讯.2020.
② 任城.基于区域统筹发展目标的方案设计[D].吉林大学，2015.

以及各交通系统（机动车系统、非机动车系统、人行系统、公交系统等）设施的布置和平面尺寸，还要设计其布置形式，然后确定宽度和断面组合与规划横断面、现状横断面的关系；纵断面设计应说明规划、河道、铁路、杆管线、交叉口等主要竖向控制高程。设计道路交叉口时，要比选各种沿线交叉设置方案，实施方案路口（含平交、立交）交通流量、流向分析、交通组织和交通安全设施的设计原则以及各部分的基本尺寸和主要设计参数。同时还要设计道路附属工程，包括：挡墙、台阶、护坡、公交停靠站、无障碍等设施。还要对交通安全设施和交通管理设施进行设计，其中交通安全设施包括：标志、标线、防护等；交通管理设施有：信号灯、通信、监控、智能交通等。

由发展改革部门评审初步设计图纸，根据意见进行修改。再提供城市道路规划部门、环评部门以及发展改革部门的初步设计批复。由图审机构审查图纸，然后道路建设方按修改意见改进后再报图审机构，建设方缴纳审图费用后获得审查合格书。之后根据城市人防部门、消防部门和气象部门的要求，上报所需材料并审核至通过。最后办理建设工程规划许可证，申领建设工程施工许可证。

设计道路施工图的同时还要说明道路施工注意事项。包括：建设前期的准备，涉及拆迁、征地和迁移障碍物等；管线升降、挪移、加固、预埋等市政管线协调工作；新技术，新材料施工方法等；特殊路段或者构筑物的实践与要求；还要确认有危险性地下管线的准确位置和高程，比如电力、燃气管线。

四、城市地下管线的设计体系

1.城市地下管线方案设计

2019年，住房和城乡建设部完善了《城市地下管线探测技术规程》，为城市地下管线的设计提供了依据。地下管线方案设计是指在城市规划和建设过程中，对地下管线系统进行详细设计，以确保各种管线安全、有效地布置和运行。该过程需要综合考虑城市地下规划、建筑设计、工程技术和环境保护等因素，并与相关部门进行协调沟通。设计方案应符合相关法规和规范要求，经过审查和批准后，才能进行实际施工和运行。

地下管线方案设计的项目建议书需要明确管线布局和分区设计。根据城市的道路、建筑物和设施等情况，将各类管线按照功能和用途设计布局和分区，例如，水管线、燃气管线、电力线路、通信线缆等。之后根据各类管线的特点和要求，选择合适的管道材料、规格和尺寸，还要有管线的标识和记录设计方案，确保管线识别和管理的准确性，并且要考虑到标识的可视性和耐久性。

项目建议书经发展改革部门审核后，由当地管线规划部门核发选址意见书和选址通知书。然后进行管线方案设计招标，完成方案比选后，选择设计方案和设计院。用地审批通过后，由城市环保部门审批环评报告，再进行招标和确定合适的设计院及设计方案，委托管线建设方做出可行性研究报告，上报发展改革部门评审。此外还需要制定地下管线的管理和维护计划，包括：管线的定期检查、日常维护等，以确保管线的正常运行和寿命。考虑到管线的安全风险和应急情况，应制定管线的安全管理措施和紧急处理方案，包括：对管线的监测、检修和应急维修等。

2.城市地下管线施工图设计

城市地下管线施工图设计是城市地下管线方案设计的具体实施阶段，需要综合考虑设计范围的地形地貌、道路布局、建筑物分布和土壤条件等因素，包括对地下管线系统进行详细设计和细化。设计图纸应符合相关法规和规范要求，并且与相关专业和利益相关方进行协调和沟通，经过审查和批准后，才能进行实际施工和安装。以此指导施工人员进行地下管线的布置和安装工作。

城市地下管线方案设计批复后，应提前确定管线施工图设计需要采用的施工规范、规程和验收标准，然后由设计院提供初步的管网设计图纸和概算书。初步设计图纸要根据设计区域的地形地貌、道路布局和建筑物分布等情况，设计管线的走向和深度，设计时应考虑管线的安全性、施工便利性和维护要求。然后进行排水和防水管道的设计，设计雨水排水系统和地下水防水系统，确保地下管线的排水和防水效果，同时应考虑到降雨量、地下水位、土壤类型等因素。还需要将各类管线按照功能和用途进行布局和分区，并细化到具体的管线走向和位置。设计时应考虑到地下管线的交叉、并行和分支情况，完成管线布局和分区图的设计。之后设计管线规格和尺寸图，考虑到管道的承载能力、流量要求和维护空间等因素，细化到管道的直径、壁厚和长度等。还要设计管线连接和接口图，确定各种管线的连接方式和接口要求，包括：管道的连接方式、密封材料和接头类型等。设计应考虑到管道的耐压性、密封性和可维修性。除此之外，需考虑到地下管道的重量、挠度和变形等因素，设计管线的支架和支撑结构图，确保管道的稳定和安全。

初步设计图纸将由发展改革部门评审，并根据意见进行修改。之后提供城市管线规划部门、环评部门和发展改革部门的初步设计批复，由图审机构审查图纸，再由管线建设方进行改进。图纸审批之后，获得审查合格书。随后将对应材料上报城市人防部门、消防部门和气象局，经审批通过，办理建设工程规划许可证，申领建设工程施工许可证。

五、城市广场的设计体系

1.城市广场方案设计

城市广场方案设计是对城市广场进行规划、设计和建设的过程。城市广场是城市公共空间的重要组成部分，通常具有休闲、娱乐、文化和交通等多种功能。其方案设计需要综合考虑城市规划、景观设计、交通规划、建筑设计等多个专业和领域的要求。设计方案应符合相关法规和规范要求，并经过审查和批准后，才能进行实际建设[①]。

城市广场的项目建议书要明确城市广场的设计目标和定位，例如，城市的文化地标、市民活动中心、交通枢纽等。设计时应根据城市的特点和发展需求，为市民提供一个特色丰富和功能完善的公共空间，还应充分考虑到广场周围建筑群落与广场的衔接方式，使多个城市空间和自然形成良好的过渡，通过城市空间中诸多小局部的设计，达到城市空间的整体性。然后根据广场需求，对广场的功能布局和分区进行设计，合理布置广场的功能区域，例如，休闲娱乐区、文化展示区、交通集散区等，设计时应确保各个功能区域的合理布局和相互协调。

将项目建议书交由发展改革部门审核通过后，由城市广场规划部门核发选址意见书和选址通知书。再进行广场方案设计招标，进行方案比选后，选择设计方案和设计院。用地预审通过后，由环保部门审批环评报告，再由广场规划部门招标并确定设计院和方案。建筑方案批复通过后，委托广场建设方做出可行性研究报告，再上报发展改革部门评审。城市广场的设计除考虑整体性之外，还应根据城市需求确保其无障碍性和包容性。考虑到广场的功能和使用人群，可设计无障碍设施，其中包括：无障碍通道、无障碍停车位和无障碍卫生间等。然后制定城市广场的管理清洁计划和规定，其中包括：管理制度、每日清洁、设计不乱丢垃圾指示牌等，以此提高广场的环境质量。

2.城市广场施工图设计

城市广场施工图设计是在城市广场方案设计的基础上，将设计方案转化为实际

---

① 关彦来.基于地域文化的城市广场设计研究[D].东北农业大学，2013.

施工图纸的过程。施工图设计是确保城市广场建设质量和安全的关键环节，设计图纸应符合相关规范要求，并经过审查和批准后，才能进行实际施工。

城市广场方案设计审批完成后，提前确定广场施工图设计需要采用的施工规范和工程验收标准。然后由设计院提供初步的广场设计图纸及概算书，初步设计图纸要设计绘制广场的平面布置图，清晰地表示各个功能区域和设施的位置关系，图中还要包括：广场的长宽尺寸、边界、道路、绿化、建筑物和设施等。还要对广场的立面图和剖面图进行设计绘制，根据广场的生态性、美观性和功能性，设计广场的空间形态、景观设计和绿化效果，包括：广场的硬质景观、绿化植物、水景等。立面图和剖面图应详细地表示广场的高度、形状、比例和细节等。同时，根据广场的设计方案和建筑结构类型，绘制结构设计图，包括：建筑结构的平面布置、梁柱尺寸、基础结构、构件连接等，结构设计图应确保建筑结构的安全性和稳定性。

由发展改革部门进行初步设计图纸的评审，根据意见修改。再依次提供城市广场规划部门、当地环评部门以及发展改革部门的初步设计批复。由图审机构进行图纸审查，由城市广场建设方修改至审查通过，获得审查合格书。随后根据城市人防部门、消防部门和气象部门的要求，上报对应材料并审核至通过。最后办理建设工程规划许可证，申请领取建设工程施工许可证。

城市广场设计应保证其交通便捷性及安全性，因此还需要设计城市广场的交通组织和设施，包括：广场的道路系统、停车场、公交站台、非机动车停放区域等。除此之外，还要确保广场的照明效果和安全保障，所以还需设计城市广场的照明和安全设施，包括：照明系统、消防设施、监控系统等，满足广场的可达性、视线和通风等需求。

3.城市广场深化设计

城市广场深化设计是在其方案设计和施工图设计的基础上，对设计方案进一步完善和细化的过程。深化设计旨在进一步优化广场的功能和美观性，确保设计方案能够顺利实施，深化设计的结果将为广场的建设提供具体的指导和依据。

一是对广场的细节进行设计，包括：地面铺装、边界处理、照明设施、座椅、标识系统等。设计应考虑到细节的材质、形式和色彩等，以提升广场的品质和形象。二是对广场的景观设计进行细化，包括：硬质景观、绿化植物、水景、雕塑等。设计应考虑到景观元素的材质、尺寸、形态和布局等，以创造出舒适、美观的环境。三是根据广场本身的功能和使用需求，完成给水排水、电气以及暖通空调的设计。包括：给水系统、排水系统，照明系统、通信系统，通风系统、空气净化系统等。以此确保广场的供水和排水功能的正常运行，电力供应和信息传输安全稳定，环境质量舒适。

六、城市绿地系统的设计体系

1. 城市绿地系统方案设计

北京市《园林设计文件内容及深度要求》DB11/T 335—2022提到，城市绿地系统方案设计是指针对城市中的绿地空间进行设计，以提供人们休闲、活动、生态保护等功能的绿色空间。主要分析设计地块的自然现状和人文社会条件，确定项目的类型、定位、功能、风格特色、空间布局，对竖向、交通组织、种植、建筑小品、综合管网设施等进行专项设计。可根据项目要求，增加智能化、消防、环保、卫生、光伏发电、节能、安全防护和无障碍设计等专项[①]。

城市绿地系统方案设计的项目建议书应简述工程范围、规模、功能、内容、要求等，并说明设计理念、设计构思、总体结构、功能分区，概述空间组织、满足人群需求和园林景观特色。再根据城市的特点和需求，确定城市绿地的类型，如公园、绿化带、广场等，并设计其布局和分布。然后对绿地系统的竖向、道路交通组织、种植设计、建筑小品、综合管网设施等专项进行设计，选择适应当地气候和土壤条件的植物，进行合理的植物配置和景观设计。植物选择应考虑到绿地的美观、生态和维护成本等因素，景观设计应注重与周边环境的协调和融合。植物景观设计之后，进行灌溉系统的设计，包括：设计合理的水源点接入水表井位置、主管道平面位置、管径及埋深等。

项目建议书交由当地发展改革部门审核，通过审核后，由当地园林规划部门核发选址意见书和选址通知书。然后进行绿地系统方案设计招标，通过方案比选后，选择合适的设计方案和设计院。之后进行用地预审，由城市环保部门审批环评报告。再由园林规划部门招标，确定设计院和设计方案，建筑方案审批后由设计院进行修改。然后委托绿地系统建设方做出可行性研究报告，再由发展改革部门召集相关单位评审。制定绿地系统设计方案时，还要设计绿地系统的管理保护计划，包括：定期保养、设置修剪周期等，以提高绿地的生态效益和环境质量。

---

① 北京市市场监督管理局.园林设计文件内容及深度要求：DB11/T 335—2022[S].北京，2022.

2.城市绿地系统施工图设计

城市绿地系统施工图设计是在城市绿地系统方案设计的基础上，进一步细化和具体化，以便为实际施工提供指导。施工图设计需要综合考虑设计要求、施工技术和成本预算等因素，并与相关专业和施工方进行协调与沟通，而且需要符合相关法规和规范要求，并经过审查和批准后，才能进行实际施工。

城市绿地系统方案设计审批完成后，提前确定其施工图设计需要采用的施工规范、规程和工程验收标准。然后由对应的设计院提供初步的绿地系统设计图纸和概算书，初步设计图纸主要确定绿地系统的平面位置大小，竖向，放线依据，工程做法，植物种类、规格、数量、地点，以及综合管线路由、管径和设备选型等，能满足工程预算编制要求。还要根据城市的人口密度、绿地需求和规划标准，确定绿地的总面积和比例，绿地面积应考虑城市居民的需求，尽量满足休闲、健身、放松等活动的要求。根据绿地系统的范围、主要绿化内容以及施工标段划分情况对其余各部分图分别设计，先设计绿地布局和分区图，将绿地划分为不同的功能区域，包括：休闲区、健身区、文化区等，并确定各个区域的位置、面积和形状；然后设计水体设计图，包括：水体驳岸标高、等深线、最低点标高等；之后设计排水和灌溉系统图，包括：雨水排放、地下水排泄、灌溉设备等。

由发展改革部门对初步设计图纸进行评审，修改通过之后，提供城市园林规划部门、环评部门以及发展改革部门的初步设计批复。初步审批通过后，进行图纸审查，然后建设方缴纳审图费用后，获得审查合格书。之后由城市人防部门、消防部门和气象部门审核相关材料至通过。再办理建设工程规划许可证，申领建设工程施工许可证。

绿地系统的设计图纸包括：总平面图、分幅图、索引图、放线图、定位图、竖向设计图、水体设计图、园路及铺装设计图、种植设计图、做法详图、给水排水设计图、电气设计图等。

施工图要详细设计绿地中的植物配置和景观元素，包括：植物种类、数量、位置和布局，以及景观元素的类型、形状和材料等，还应考虑到植物的生长特点、景观效果和维护要求。应分别绘制乔木、灌木、地被种植平面图，明确乔木的种植点，标明植物品种规格，同一植物品种之间用细实线连接；灌木可以按设计品种以种植点或者种植范围线来表示；地被植物的种植范围要明确。如果城市绿地系统有特殊需要，须对应进行其他设计。

七、城市照明的设计体系

1.城市照明方案设计

2016年6月1日，住房和城乡建设部编制发布了《城市道路照明设计标准》CJJ 45—2015，为照明方案设计提供了理论基础。城市照明方案设计是指为城市提供合理、高效、美观的照明系统而进行的设计工作。在设计过程中，需要充分考虑城市的特点、环境需求、居民的需求和预算限制，与相关部门进行协调和沟通，以确保设计方案的合理性、可行性和可持续性。设计方案需要经过审查和批准后，才能实施[①]。

城市照明方案设计的项目建议书主要包括：照明系统设计、照明分区设计以及照明照度、色温等控制性设计。需要分析城市的照明需求，包括：主要街道、广场、公园、建筑物等的照明需求，以及不同区域的照明要求和安全需求。然后根据城市的特点和需求，制定照明设计的基本原则，如照明效果、能源节约、环境保护、人性化设计等。在了解城市的照明需求后，确定合适的照明设备和技术，包括：照明灯具、灯杆、照明控制系统等。再确定照明设备的布置位置、高度、灯光照射角度等，以保证照明效果的均匀性和适宜性。除此之外，也需协调城市形象和文化特色。根据城市的特点和风格，选择适合的照明设计风格和元素，使照明系统与城市的建筑、景观和文化相融合，营造独特的夜间城市氛围。照明系统和布局设计完成后，使用照明模拟软件进行照明效果的模拟和评估，以确保设计方案的可行性和效果。然后考虑照明系统的能源消耗和管理，制定合理的能源节约措施，如使用高效节能灯具、智能照明控制系统等。

由当地发展改革部门对项目建议书进行审核，审核通过后，当地照明规划部门进行批复并提出选址意见书和选址通知书。随后照明建设单位进行招标，通过方案比选后，选择合适的设计方案和设计院。之后对项目用地预审，由环保部门评审环评报告书。审核通过后，照明规划部门进行招标，确定设计院和设计方案，设计院再修改方案至审批通过。然后委托照明建设单位做出可行性研究报告，再由发展改革部门评审。进行照明方案设计的同时，要编制详细的照明设备调试计划和测试计划，包括：设备的测试方法、参数设置、灯光效果的评估等。还需要制定照明设

---

① 文玉丰.夜间旅游视角下的城市特色环境照明设计[D].华中科技大学，2020.

备的维护和管理计划，包括：定期检查、保养、修理等，以确保照明系统的正常和长期可持续运行。

2.城市照明施工图设计

城市照明施工图设计是在城市照明方案设计的基础上，将照明方案转化为具体施工实施的图纸和技术文件的阶段。它是为了指导照明工程施工人员进行照明设备的安装、布线和调试等工作。施工图需要经过审查和批准后，才能为照明工程施工提供指导依据，并且进行施工图的制作和发布。

照明方案设计审批完成后，提前确定好照明施工图设计需要采用的施工规范、规程和工程验收标准。然后由设计院提供初步的城市照明设计图纸和概算书，初步设计图纸要根据工程范围、主要工程内容及施工标段划分情况对照明工程各部分图纸进行设计。首先设计照明设备布局图，确定照明设备（如灯具、灯杆等）的布置位置、数量、高度和安装方式；然后设计照明电气图和照明布线图，包括：电气连接方式、线路布置、电气设备选择以及确定照明电缆的布线路径、敷设方式、电缆规格等；再设计照明控制图，确定照明系统的控制方式和控制设备，以及控制面板和传感器的安装位置和布线；之后设计照明设备安装细节图，绘制照明设备的安装细节，包括：灯具的安装高度、安装方式，灯杆的基础设计，电缆固定和接线等。

初步设计图纸将由当地发展改革部门进行评审，根据意见修改至通过后，提供照明规划部门、当地环评部门和发展改革部门的初步设计批复。再委托图审机构审查图纸，由照明建设方修改，直至获得审查合格书。随后将对应材料上报城市人防部门、消防部门和气象部门，审批通过后，到照明规划部门办理建设工程规划许可证，最后申领建设工程施工许可证。城市照明施工图的设计为照明系统的施工打造整体统一、功能明确、舒适宜人的夜间照明环境。

八、环卫工程的设计体系

1.环卫工程方案设计

住房和城乡建设部编制发布了《环境卫生设施设置标准》CJJ 27—2012、《环境卫生技术规范》GB 51260—2017、《市容环卫工程项目规范》GB 55013—2021等国家标准、行业标准，为了规范市容环卫工程的建设，确保项目的运行安全、人身安全和公共卫生安全，避免二次污染与光污染，实现市容环境干净、整洁、有序，为政府监管提供技术依据。环卫工程方案设计是指为城市环境卫生管理提供合理、高效、可持续的解决方案而进行的设计工作。它需要充分了解城市的环卫需求、环境特点和市民需求，与相关部门进行协调和沟通，以确保设计方案实行后，可以提升城市环境卫生水平，改善市民生活环境。设计方案需要经过审查和批准后才能实施[①]。

环卫工程方案设计的项目建议书主要设计垃圾收集和处理系统，包括：垃圾收集点的布置、垃圾箱的容量和数量、制定垃圾收集的路线和时间表，选择合适的垃圾处理方式（如焚烧、填埋、分类回收等）。之后设计垃圾中转站和处理设施，确定其合适的布置方式和容量。还要设计公共厕所和污水处理设施，确定公共厕所的布置位置、数量和设计标准，以及污水处理设施的选址和设计，确保市民的卫生需求得到满足。然后对街道清扫和洗扫设备进行设计，确定好相对合适的设备选型和布置，包括：洗街车、扫地车等，以保持城市街道的清洁和整洁。

项目建议书由当地发展改革部门进行审核，批复通过后，提出选址意见书和选址通知书。再进行环卫工程方案设计招标，通过方案比选后，选择合适的设计方案和设计院。随后进行项目用地预审，再由环保部门评审环评报告书。由环卫项目规划部门招标，并确定设计方案，批复之后，设计院再修改至审批通过。然后委托相关单位做出可行性研究报告，由当地发展改革部门进行评审。环卫工程方案设计的同时，要制定合理的噪声和空气污染控制方案，包括：噪声屏障的设置、污染源的控制和治理等，改善城市环境的舒适度和健康性。再确定好合适的绿化带和景观设计方案，提升城市环境质量和市民的生活品质。还要制定环卫设施的管理和维护计划，包括：设施的日常维护、清洁保养、故障修复等，以确保设施的正常运行和寿命。

2.环卫工程施工图设计

环卫工程施工图设计是在环卫工程方案设计的基础上，将方案转化为具体施工图纸的过程，用以指导施工人员实际施工。环卫工程施工图设计需要综合考虑设计要求、施工技术和成本预算等因素，并与相关环卫专业和施工方进行协调和沟通。设计图纸应符合相关法规和规范要求，经过审查和批准后，才能进行实际施工。

环卫工程方案设计审批完成后，提前确定好环卫施工图设计需要采用的施工规

---

① 李铌.城市居民固体废弃物收运与规划布局优化研究[D].中南大学，2010.

范、规程和工程验收标准。然后由设计院提供初步的设计图纸和概算书，初步设计图纸要根据工程范围、主要工程内容以及施工标段划分情况对工程各部分分别设计。首先设计垃圾收集和处理设施布置图，包括：垃圾箱、垃圾中转站、垃圾处理设施等的具体布置位置和数量，这些设施应根据城市的垃圾产量、垃圾收集点的分布以及垃圾处理设施的处理能力来确定。之后设计街道清扫和洗扫设备路线图，确定清扫和洗扫设备的具体路线和覆盖范围。设备的工作路线应根据街道的布局、交通情况、人流密集区域等因素来确定，以保证清扫和洗扫工作的高效性和全面性。然后设计公共厕所和污水处理设施布置图，确定公共厕所的具体布置位置和数量，以及与之相关的污水处理设施的布置。公共厕所的布置应考虑到人流密集的地方，以及与周边环境的协调，污水处理设施的布置需考虑到处理能力和环保要求。此外，还要设计噪声和空气污染控制设施布置图，确定噪声屏障、空气净化设备等的具体布置位置和数量。布置图应考虑到噪声源和污染源的位置和强度，以及周边居民和环境的保护需求。

　　初步设计图纸由当地发展改革部门评审，并根据意见进行修改，之后提供城市环卫规划部门、环评部门和发展改革部门的初步设计批复。图审机构审查图纸，再由环卫建设方修改，通过后获得审查合格书。随后将环卫工程的对应信息上报当地人防部门、消防部门和气象局进行审批。最后办理建设工程规划许可证，领取建设工程施工许可证。环卫工程施工图纸设计要从交通方便程度、空间分布角度考虑，居民通过行走出行方式弃置生活废弃物、环卫车辆通过沿城市道路行驶方式接收居民固体废弃物。这要求废弃物小型转运站设计既要适应居民出行范围，同时要方便环卫车辆在服务区内收运居民废弃物。

九、防灾工程的设计体系

1.防灾工程方案设计

　　住房和城乡建设部编制发布的国家标准《防灾避难场所设计规范》GB 51143—2015，为防灾工程的设计提供了理论依据。防灾工程方案设计是指为了降低灾害风险和增强建筑物或工程设施的抗灾能力，从设计阶段开始就采取相应的措施和策略的过程。需要结合具体的工程项目和灾害风险特点，以确保工程的安全性和可持续性。设计方案应符合相关法规和规范要求，并经过审查和批准后，才能进行实际施工和运营[①]。

防灾工程方案设计的项目建议书要对工程所处区域的灾害风险进行评估，包括：地震、风灾、洪水、火灾等，评估结果将为后续的防灾设计提供依据。根据地震风险评估结果，采取相应的结构抗震设计措施，包括：选用合适的结构形式、材料和构造，加强节点和连接部位，提高建筑物的抗震能力。对风灾风险进行分析，通过合理的建筑布局、强化建筑物的外墙和屋顶结构，采取对应的措施，以减少风灾对建筑物的影响。对洪水风险进行评估，采取相应的洪水防护设计措施，包括：合理的建筑布局、防水设计、排水系统设计等，以减少洪水对建筑物的损害。然后对消防安全进行设计，先分析火灾风险，对应采取火灾安全设计措施，包括：选择合适的防火材料、设置灭火系统、合理布局逃生通道等，以提高建筑物的防火灾安全性。

城市发展改革部门对项目建议书审核通过后，由当地防灾规划部门核发选址意见书和选址通知书。然后对防灾工程方案设计招标，通过方案比选之后，进而选择合适的设计方案和设计院。随后进行用地预审，再由环保部门对环评报告进行审批。之后由防灾规划部门招标，确定设计院和设计方案。建筑方案审批通过后，委托防灾建设方做出可行性研究报告，再由当地发展改革部门评审。防灾工程设计方案时，还要对其制定应急预案。包括：灾害发生时的应急措施、灾后恢复和重建计划等，以减少灾害造成的损失和影响。然后设计监测和预警系统，包括：地震监测、风速监测、水位监测等，以提前预警并采取相应措施应对灾害。随后根据对应城市往期对防灾工程的实施方案，提出相应问题和建议，最后完成工程概算。

2.防灾工程施工图设计

防灾工程施工图设计是在防灾工程方案设计的基础上，进行施工图纸绘制的过程。施工图设计的主要目的是指导实际施工过程，确保防灾工程能够按照设计要求进行建设。设计时需要严格按照相关法规和规范要求进行，并经过审查和批准后，才能进行实际施工。设计图纸应准确、清晰地表达防灾工程的意图和要求，以指导施工人员进行施工和安装。

防灾工程方案设计审批通过后，提前确定防灾施工图设计需要采用的施工规范、规程和工程验收标准。然后由设计院提供初步的环卫工程设计图纸和概算书，初步设计图纸要根据防灾工程方案设计的结构设计要求，设计结构详图。包括：

---

① 徐超.风暴潮防灾视角下的填海造地区域竖向空间设计优化[D].天津大学，2020.

各层结构平面图、立面图、剖面图等，详细描述建筑防灾部分的结构形式、尺寸和构造。再设计细部节点图，其中对建筑物的关键节点进行详细设计，包括：连接节点、抗震节点、防火节点等。设计应考虑到节点的材料、构造和连接方式，以确保节点的稳定性和安全性。之后根据防灾工程方案设计的建筑布局要求，设计建筑物的平面布置图。包括：建筑物的主体结构、通道、出入口、逃生通道等。然后设计各个防灾系统工程的施工图，其中包括：抗震工程、防风工程、防洪工程、消防工程。再是设计施工细节图，对建筑物防灾工程部分的施工细节进行绘制，包括：墙体细节、屋面细节、地面细节等。设计应考虑到施工细节的材料、连接方式和施工方法，以确保建筑防灾部分施工的质量和安全。

由发展改革部门对初步设计图进行评审，并进行修改至审核通过。之后由城市环卫规划部门、环评部门和发展改革部门进行初步批复，批复通过后，由图审机构审查图纸，再由防灾工程建设方修改完善至通过批复，获得审查合格书。随后根据城市人防部门、消防部门以及气象局的要求上报对应材料进行审批。然后办理建设工程规划许可证，申领建设工程施工许可证。防灾施工图应根据当地城市和建筑要求，设计灾后救援通道，这一通道是确保外部救援与区域自救顺利进行的重要通道，要求具有较好的连续性以避免受灾害影响造成交通中断。通道在不同风暴潮灾害情况下，路面标高均要维持在一定高度，并可考虑和城市周边建筑联合设计，以避免单一通道受损时处于孤立无援的状态。

第三章

市政工程规划设计原理

第一节　市政工程规划原理

一、规划基础原理

1.多核心理论

1945年美国社会学家哈里斯（C. D. Harris）和乌尔曼（E. L. Ullmm）共同提出了多核心理论。多核心理论的要点在于其认为城市发展呈现多元结构的特点，除了城市核心区之外，城市还存在多个具有各自功能的支配中心，如教育中心、科研中心、医疗中心、文体中心等。这些支配中心的形成不是偶然的，各自具有特定地理位置和自然条件的优势，各支配中心与城市核心区之间具有一定空间距离，相互区别的设施配套使得各个支配中心和城市核心区之间相互分离，而互利的功能又让各个支配中心与城市核心区之间相互联系。支配中心与城市核心区共同发展，使得空间中的区域逐渐被填充，在中间区域逐渐被填充完全的过程中，城市规模不断扩大，又逐渐衍生出新的支配中心。以多核心理论为指导的城市规划，有利于降低城市核心区的拥堵情况，积极引导各领域的优秀人才向各支配中心迁移，形成集聚效应以提升城市的发展效率[①]。

道路交通规划时，城市市政工程行政主管部门需要结合城市总体规划和分区规划中对于城市核心区和各支配中心的区域定位情况，对城区范围内的纵横线路、高速公路、城区环路、公交线路以及轨道交通进行规划，以提升城市核心区与各支配中心之间的通勤效率并提升居民前往各支配中心附近居住生活的意愿。如济南市在

---

① 邓伟志.社会学辞典[M].上海：上海辞书出版社，2009.

近年来完成了各类支配中心的规划工作并顺利完成了各类支配中心的迁移，现阶段济南市已形成了以长清大学城为教育中心、以高新开发区为科研中心、以龙奥片区为行政中心、以济西国际医学中心为康养中心的多核心规划体系。并针对性地进行了地铁线路的规划，利用地铁线路对长清大学城、济南西站、济南站、济南新东站、龙奥片区等各客运场站和支配中心进行了连接，同时对经十路进行东延、对二环南高架路进行建设、对黄河北新旧动能转换区进行了新一阶段规划，有效提升了济南市核心区与各支配中心之间的通勤效率①。

在城市照明规划上，城市市政工程行政主管部门应结合城市总体规划和分区规划中对城市功能分区的划分以及主要交通枢纽、城市风景区、居住区的分布情况对景观照明分区进行合理规划，将景观照明分区合理划分为暗夜保护区、限制建设区、适度建设区和优先建设区四个功能分区。暗夜保护区主要包含了各类需要进行生态保护的控制区域，如湿地、河流、森林等，在这些区域严禁景观照明建设，仅可进行必要的功能照明建设。限制建设区主要包含了居住照明区、教育照明区、医疗康养照明区、工业物流照明区以及公用设施照明区，这些照明区整体来说需要舒适、简洁、恬静的夜景氛围，只需进行适度的景观照明建设。适度建设区主要包含了绿地休闲照明区和行政办公照明区，其中绿地休闲照明区应结合绿地规划情况进行照明设施的完善，行政办公照明区应当以营造出端庄、大气的夜景氛围为目标进行相应的照明设施建设。优先建设区主要包含文化体育照明区、商业商务照明区以及交通枢纽照明区，其中文化体育照明区应营造出欢快、活泼的夜景氛围，商业商务照明区应营造出现代、时尚的夜景氛围，交通枢纽照明区则应营造出安全、便捷的夜景氛围并着重关注列车、飞机对灯光的强制性要求。

2. 系统规划理论与理性过程规划理论

20世纪60年代，随着城市的飞速发展，亟须一套更具有科学性的理论体系支撑对快速扩张城市的规划与建设。当时出现了体现"实质性"思想的"系统规划理论"和体现"程序性"思想的"理性过程规划理论"，两种理论都体现了当时规划工作者们对"科学"与"理性"的追求②。

1969年布劳安·迈克劳克琳（Brain Mcloughin）编著的《城市和区域规划：系统方法》一书中首次提出了系统规划理论，布劳安将城市规划视为"*城市区域功能运*

---

① 何杰. 城乡规划原理[M]. 北京：中国农业大学出版社，2017.
② 王晓天. 理性规划视角下历史建筑保护与利用研究[D]. 清华大学，2016.

作的一项分析和控制行为”，将城市视为一个由相互关联的部分组成的复杂系统，它包含的生态、社会、文化、经济等因素都是该系统的组成部分，该系统内部各组之间的相关性是系统得以发挥功能作用的核心。系统规划理论在城市规划中得到了广泛应用，依据系统规划理论，城市将国土空间依照不同的用途划分为若干用地类型，不同类型的土地彼此发挥各自的作用又相互促进和影响，并通过交通及其他通信媒介相互联结起来形成合力共同推动城市发展。以系统规划理论为指导的城市规划表现出五大特征：一是规划编制人员在进行规划编制前首先需要对城市运行的基本原理和相关机制进行了解，并对城市现状进行调研，以此作为编制城市规划的基础。二是规划明确城市局部所发生的变化将会引起其他局部的相应变化。三是明确将规划制定的重点放在增强功能性和提升城市活力上，提出具有更强适应性的灵活的规划方案。四是将城市规划看作是一个在不断变化的情形下持续地监控、分析、干预的过程而并非一劳永逸式的规划蓝图。五是把城市看作一个相互关联的功能活动系统，从经济、社会、物质空间等各方面研究城市[①]。

　　系统规划理论提供了一种将规划对象视为一个系统的思考方式，而理性过程规划理论论述了进行规划的最佳方法或过程。20世纪初期，盖迪斯（Patrick Geddes）提出了“调查—分析—规划”的三段式理性规划过程。随着规划过程理论的发展，人们发现“调查—分析—规划”方法缺少对所调查问题的认识，缺乏对“规划”讨论和选择的过程，缺少对规划方案实施、效果跟踪与反馈的步骤。据此，尼格尔·泰勒（Nigel Taylor）在《1945年后西方城市规划理论的流变》一书中将理性过程规划分为五个阶段，第一阶段需界定问题或目标，以此引发对一项行动规划的需求。对问题或目标的界定不仅可以为后续调查研究提供指导，还能落实对问题或目标的理解是否准确、研究问题或目标的必要性、发现新问题或目标等。第二阶段需确定参与比选的规划方案或政策。第三阶段需对参与比选的规划方案或政策进行评估。第四阶段是对确定的规划方案或政策的实施。第五阶段是对规划方案或政策实施效果的跟踪。由上述五个阶段所组成的理性过程规划应是一个循环往复且不断后向反馈的过程，通过持续不断的五阶段循环完成城市规划的若干目标并不断进行改进。

3.城市经营理论

　　城市经营的思想于21世纪中叶在国外就已经初现。在城市经济学理论指导下，

---

① （英）泰勒著，李白玉，陈珍译.1945年后西方城市规划理论的流变[M].北京：中国建筑工业出版社，2006.

法国、美国、日本等国家在城市基础设施建设上进行了许多有益的尝试，就如何运用市场机制来吸引民间资本并促进城市硬件环境建设形成了一些不同的模式，为城市经营理念的形成和运作提供了经验。20世纪80年代，城市之间的竞争不断加剧，为提高城市竞争力，出现了将企业管理理论和方法系统引入政府公共管理事务之中的区域行销方法。区域行销把城市视同企业，以城市的未来作为产品形成了城市经营的最初思想。1971年日本宫崎晨雄（Miyazaki Akio）编著的《城市的经营》中对日本城市经营进行了案例分析，提倡将政府看作"出售公共服务的公司"和"推行公共事业、有效利用公债、活跃外围组织的机构"。宫崎晨雄将城市经营的内涵定义为：高效提供城市公共服务，以服务涵养税源并稳固城市财政，对抗市场经济所导致的外部负效应，最终实现维护公共利益。城市经营理念在总结城市发展实践的基础上吸收了市场营销学的经营思想，为城市经营描述了一个基本轮廓，这一概念的产生为华盛顿、洛桑等著名城市的规划建设提供了有力的指导思想和理论依据[①]。

4. 土地可持续利用理论

在20世纪60年代工业化加速进行的时代背景下，由环境污染导致的物种多样性降低、温室效应加剧、空气状况下降引起了各个国家的注意，人们逐渐对以经济增长速度衡量国家发展水平的模式产生了质疑，可持续发展意识开始被更多人所接受。可持续发展正式作为一种系统的理念被声明是在1987年世界环境与发展大会上，会议对可持续发展的内涵界定为*"满足当代人们生存发展的需要的同时，又不对子孙后代满足其自身发展的能力造成损害"*[②]。

基于可持续发展理念的延伸以及土地具有稀缺性和不可再生性的特征，1990年"土地可持续利用系统"国际研讨会上建议建立全球可持续土地利用系统研究网络，确立未来土地利用的目标和方向。1991年"发展中国家土地可持续管理评价"国际研讨会颁布了《可持续土地管理评价的国际纲要》并提出了土地可持续管理的基本框架，确定了土地可持续利用的基本原则、程序和评价标准，初步建立了土地可持续利用评价在自然、经济和社会等方面的评价指标。1997年"可持续土地利用管理和信息系统"国际学术会议上专家们就衡量土地利用的可持续性应从自然资源、生态环境、社会经济等方面予以考虑上达成了一致，并确定了土地可持续利

① 王振松. 城市经营理论研究 [D]. 福建师范大学，2007.
② 安洪霞. 基于GIS的土地利用现状分析及可持续利用评价 [D]. 广西大学，2020.

用评价指标应分为环境和技术指标、经济指标、社会指标共三类[①]。总体来说，土地可持续利用理论要求对土地进行合理适度的开发，并在开发中密切关注碳排放情况，避免由于土地开发导致原有植被的破坏进而提高城市内温室气体排放，加剧城市热岛效应和环境污染[②]。

二、城市道路交通规划原理

1.有机疏散理论

沙里宁（Eliel Saarinen）1942年在《城市：它的发展、衰败和未来》一书中提到城市是有机的集合体，城市的发展是一个漫长的过程，在城市发展中必然存在着生长与衰败两种趋向。有机疏散理论认为城市的内部秩序与生命有机体的内部秩序相一致，城市不能自然地聚集成一个大整体，而应当将城市人口与其相对应的工作岗位分散到可供合理发展的离开中心城区的区域上。沙里宁将城市活动分为偶然性活动和日常活动两类，并提出应将日常活动进行功能性的集中并将集中点进行有机的分散。利用这两种方式将原本是整体的城市有机疏散为相对独立而又彼此联系的小块，以便于各个小块都能具有便利的生活条件和安静的居住条件并给城市带来功能秩序和工作效率[③]。

城市总体规划中应根据有机疏散理论将城市划分为若干个相对独立而又彼此联系的分区，各分区能相对独立地进行日常生产生活运作并具有相对个性化的功能。同时各分区又通过高速公路、国道省道、轨道交通等交通方式相互连接。在城市道路交通规划的编制过程中，应根据有机疏散理论对各个分区的人口数量、人口年龄分布、分区功能定位进行综合分析，根据分析结果针对性地对分区之间的高速公路、国道省道、轨道交通等线路进行规划并设置纵横交通线路、城市高速环线等，规划应能满足各个分区居民出行的需求以及各个分区之间的货运需求。

2.智慧城市理论

1990年在美国旧金山举行的国际会议中提出，"*以智慧城市理论推动基础设施与信息通信技术在城市发展中的融合应用，以智慧化探索城市在信息科技背景下的*

---

① 蓝希.基于资源价值核算的武汉市土地可持续利用研究[D].中国地质大学，2020.

② 陈科.旅游可持续发展与土地可持续利用耦合协调研究[D].四川大学，2019.

③ 何杰.城乡规划原理[M].北京：中国农业大学出版社，2017.

竞争力提升与可持续发展"。2007年，智慧城市议题在《欧盟智慧城市报告》中再次出现。随后，IBM公司在2008年提出的智慧地球方案促进了智慧城市概念的落地与深化，并在规划学者与政界人员中广泛传播，该方案提出全球基础设施智慧化，信息资源互通化，并最终实现城市智能化发展的观点。在此之后，围绕智慧城市的相关研究也伴随大数据、物联网和云计算等信息技术的推陈出新而愈发丰富[①]。

就城市道路交通规划来说，首先，很多有条件的大中城市已开始建立建筑信息模型（Building Information Model，简称BIM）和城市信息模型（City Information Model，简称CIM）来提升城市道路交通规划的可视性，并将规划成果导入模型中进行各类检验以降低成果中出现规划和设计失误的风险。建筑信息模型和城市信息模型利用了空间信息技术，把城市和城市内道路交通设施所有的空间数据和非空间数据全部数字化并将它们呈现在网络空间之中，当需要进行各类碰撞检测、工程算量等操作时将这些数据进行统一量化计算，从而为规划设计的调整和下一步规划设计提供依据。其次，物联网和云计算技术在城市道路交通的规划过程中也起到了至关重要的作用，在城市道路交通系统运行的过程中需对各道路车流量情况、交通信号灯运行情况、各停车场地停车情况、公共交通车辆载客情况等做出精确记录，这些记录一是作为交通管理部门为缓解交通压力实时对信号灯时长、公共交通车辆班次等进行调整的依据，二是作为道路交通规划部门后续对相应区域道路交通规划进行修缮和编制相邻区域道路交通规划的参考。通过将各类别的传感器进行互联可以实现数字城市与现实城市的动态信息交换，实时获取各类交通系统的运行情况，利用云计算技术针对性地对交通拥堵情况、公交系统负载情况等进行评判，同时辅助道路交通管理人员制定应对策略，以改善城市拥堵问题、停车难等问题，进一步对城市道路交通规划进行优化[②]。

3. 以公共交通为导向的开发理论

彼得·卡尔索普（Peter Calthorpe）于1992年提出了以公共交通为导向的开发理论（Transit Oriented Development，简称TOD），TOD理念要求在以公共交通为导向的基础上逐步发展城市空间结构，创新了交通与土地资源开发利用之间关系的研究。首先，城市规划行政主管部门结合城市总体规划和分区规划对公交线路和轨道交通线路进行规划，通过公交线路和轨道交通线路建设促进城市核心区人口外移以

---

① 万碧玉，姜栋. 新型智慧城市资源规划 [M]. 北京：中国城市出版社，2020.

② 郭雨晖. 智慧城市建设对基本公共服务供给与均等化的影响研究 [D]. 电子科技大学，2022.

缓解城市核心区交通、生活等方面的压力。其次，利用"地铁+物业"开发模式，使公交和轨道交通公司通过招拍挂的形式获取公交和轨道交通线路沿线的土地，并结合城市建设的实际情况对这些土地进行开发，利用土地开发获取的收益反哺公交系统和轨道交通系统的建设。最后，对轨道交通换乘站和与城市风景区或客运场站相连接的站点进行综合开发，建立新城、商业综合体等业态，对于一般站点建立当日往返的生活圈，保证站点附近居民出行生活的便利性，提升市民向城市外沿迁移的积极性[①]。

在城市道路交通规划过程中，很多城市也结合TOD理论对城市道路交通的发展走向、发展策略进行了规划。如上海城市轨道交通第三期规划（2018—2023年）中对嘉闵线、崇明线进行了相关规划，嘉闵线的建设能进一步提升嘉定新城的出行便利性并提升上海市民以及外地务工人员前往嘉定新城居住的积极性，也减轻了上海中心城区的交通负担并提升了上海嘉定区的经济发展水平。崇明线的建设能够有效缓解上海市民前往崇明地区道路交通拥堵的情况，提升上海市民出行效率并提升崇明地区经济发展水平，促进崇明地区新城的建设与发展。再如广州市轨道交通三期规划（2017—2023年）中对地铁18号线、13号线二期、14号线二期、8号线北延段等线路进行了相关规划，这些线路的规划将进一步打通广州城市核心区与南沙区、花都区、增城区之间的联系，提升市民通勤效率，提高花都新城、增城新城等新城区的吸引力，降低广州主城区交通、生活等各方面的负担。

三、地下管线规划原理

1. 海绵城市理论

"海绵城市"概念的产生源自行业内和学术界用"海绵"比喻城市的吸附功能，俞孔坚和李迪华在2003年曾用"海绵"概念比喻自然系统进行洪涝调节的能力[②]。我国现行的市政工程规划体系中，涉及城市雨水洪水管理规划的主要有城市排水工程规划和城市防洪工程规划，两者对于雨水洪水管理规划均采用了"以排为主"的管理理念，而这种单纯依赖人工工程设施进行雨水洪水管理的理念难以有效提升城

---

① 于潇，刘池，王立方，张华军，李祥军.城市轨道交通沿线配套工程建设与管理[M].北京：中国建筑工业出版社，2022.

② 徐海顺，蔡永立，赵兵，王浩.城市新区海绵城市规划理论与方法实践[M].北京：中国建筑工业出版社，2016.

市排水防洪效率，且高昂的设施维护管理费用和重复建设费用增大了地方政府的财政压力，当排水防洪系统遇到短时强降雨时容易造成部分地势较低的区域产生积水、内涝的情况[①]。

"海绵城市"概念首次提出是在2012年举行的低碳城市与区域发展科技论坛中。习近平总书记在2013年"中央城镇化工作会议"的讲话中强调："提升城市排水系统时要优先考虑把有限的雨水留下来，优先考虑更多利用自然力量排水，建设自然存积、自然渗透、自然净化的海绵城市"。2015年印发的《国务院办公厅关于推进海绵城市建设的指导意见》指出，建设海绵城市需统筹发挥自然生态功能和人工干预功能，有效控制雨水径流，实现自然积存、自然渗透、自然净化的城市发展方式。海绵城市理论认为诸多水问题产生的本质是水生态系统整体功能的失调，为解决水问题需对水体之外的环境进行综合治理，通过治理使得城市各区域土地都具备相应的雨污净化、雨洪调蓄、水源涵养功能[②]。

在地下管线规划方面，跨尺度构建水生态基础设施在宏观上要进行水生态安全格局分析，结合城市各季度降水量情况、城市内河湖分布情况等进行分析，判别对于水源保护、洪涝调蓄、水质管理等功能至关重要的要素及其空间位置，围绕生态系统服务构建综合水安全格局，最终在城市总体规划、城市分区规划和控制性详细规划中通过设立禁建区、限建区等方式保护水系统的关键空间格局来维护水过程的完整性，避免未来的城市建设和土地开发进一步破坏水系统的结构和功能，为下一步实体"海绵系统"的建设奠定空间基础。中观上城市市政工程行政主管部门应研究如何有效利用城市辖区内的河道和湖泊并结合集水区、汇水节点分布与地下排水管线有效连接，合理规划并形成实体的"城镇海绵系统"。微观上要落实到公园、广场、居民区等具体区域的"海绵体"建设，通过高吸水率的海绵材料打造可渗透路面并对地下排水管线系统进行深度规划设计[③]。

2.城市更新理论

欧洲国家主要城市在二战期间被大规模破坏，并在二战结束后进入重建阶段。在重建阶段部分国家过分强化顶层规划所产生的作用，试图通过"顶层设计"对城市进行大规模建设以实现城市的复兴。但这种出于"顶层设计"理念的大规模城市

---

① 俞孔坚，李迪华，袁弘等."海绵城市"理论与实践[J].城市规划，2015，39（06）：26-36.

② 谷甜甜.老旧小区海绵化改造的居民参与治理研究[D].东南大学，2019.

③ 俞孔坚，李迪华.城市河道及滨水地带的"整治"与"美化"[J].现代城市研究，2003（05）：29-32.

重建却未取得良好效果，还给战后仅存的历史建筑造成了无可挽回的破坏。西方理论界开始对城市重建方式进行反思，提倡用城市更新理论取代大规模重建的发展理念，从单纯的强调物理形态的改造到强调以人为本、人与城市自然、生态和谐共生的发展[①]。

20世纪后期，吴良镛先生提出了建设和改造历史文化城市旧城居住区的方法，开创了我国城市更新理论的先河。吴良镛先生提出将整个城市看作一个能够自我实现的有机系统，对旧城区采取适度而渐进的改建方法，注重历史建筑与城市交通、空间布局之间协调性，使传统建筑与旧城改造协同共生，并为城市人口发展和经济增长预留足够的发展空间[②]。

城市更新的方式一般可分为再开发、整治改善和保护三类。其中整治改善是地下管线常用的城市更新方式，随着城市建筑的不断升级和规划区域的不断扩张，现有的管线敷设难以保证规划区域内各类建筑物和构筑物的正常运行，需要凭借管线规划水平的不断进步对城市地下管线系统进行新一期的规划布局，并利用新型管线敷设技术、管线材料提升管道敷设效率和管道敷设质量。在以城市更新理论为依据进行地下管线的改扩建时，要以分区规划和控制性详细规划为依据，遵循整体性治理原则，通过协调与整合将电力管线、通信管线、给水管线、排水管线、燃气管线等多个类别管线统筹规划，严格控制覆土深度、管线竖向间距并注意与轨道交通线路、地下通道等地下设施的交叉避让，降低改扩建工程对沿线居民造成的影响，减少长时间停水停电情况的发生。现阶段诸多项目已实现了城市更新理论指导下的地下管线改扩建工程，如成功完成改建的南京小西湖街区，该街区位于南京核心旅游区秦淮观光带，属于相对老旧的历史文化街区，在进行改建前管线以架空管线和无序的地下管线为主，维修管理成本较大，在进行改建后由集成度较高的综合管廊对电力、通信、燃气等管线进行了收容，提升了片区总体风貌，综合效益显著。

四、城市广场规划原理

诺伯格·舒尔茨（Norberg Schulz）最早在20世纪80年代对现象学进行研究的基

① 何杰.城乡规划原理[M].北京：中国农业大学出版社，2017.
② 崔宇，杨京生，李路路等.小型综合管廊在城市更新中的实践与技术探索[J].给水排水，2022，58（08）：110-115.

础上提出了场所的概念，认为场所是建筑学和现象学之间的重要媒介，是空间环境的具体表述，是由具备具体色彩、形状和材质的人、动物、花鸟、树木、水、城市、街道、住宅、门窗及家具等组成的，其总和决定了一种"环境的特质"，亦即场所的本质特征 [1]。

　　在城市广场的规划过程中，应遵循场所理论对城市广场进行规划设计，一是利用建筑、绿化、道路等实体将广场围护成一个供市民活动的空间。二是结合场所类别的划分对场所进行个性化规划。以交通广场的规划为例，交通广场的规划选址一般以火车场站、汽车场站、飞机场站等客运场站的位置为基准，综合考虑铁路规划、道路规划、飞机航线规划的情况进行设置，并优先考虑采用环形道路实现接送站车辆的进出站需求、采用地下停车场与地上停车场协同规划来满足旅客停车需求、采用"地铁—公交—出租车—自行车"多接驳接口的形式设置相应的接驳点满足旅客换乘需求、采用扩宽与出站口相连的主人行道宽度，并相对应设置易于行李运送的扶梯和斜坡，来缓解旅客托运行李的疲劳感，并降低旅客拥堵情况发生的概率。在满足这些交通广场功能定位中明确要求的主要功能的前提下再进行其他辅助功能的规划，从而实现对控制性详细规划要求的合理满足。三是在城市广场进行规划的过程中结合城市区位特征和城市地方特色进行个性化的设计和规划以提高居民认同感。如广东省在其城市广场规划设计指引中提出建设具有"岭南特色"的城市广场，并将"岭南特色"具体概括为三点：首先是以灵巧、自由、实用为原则，不盲目求大求气派。其次是重视水乡特色的塑造，在条件允许的情况下将城市广场面向河流、湖泊进行布置。最后是结合广东省亚热带气候特征在城市广场中合理栽植高大乔木，并以深色调、冷色调为主色调进行规划设计。再如1999年建成的济南泉城广场，其规划中着重对济南的泉文化进行了体现，以泉标、荷花喷泉、下沉广场和名人文化长廊为轴线对广场进行了规划设计，泉城广场在建成后的二十余年内完成了承担老城区市民休憩活动场所、作为济南的地标性建筑、作为旅游游客集散地等的功能要求。在未来各城市广场规划的实施过程中，应结合城市总体规划、分区规划和控制性详细规划中对城市广场规划的相关要求以及城市的历史风貌、风土人情进行差异性规划，提升城市广场的功能实现情况。城市广场通过对区域内居民各类需求的满足，提升居民对城市广场的依赖性和获得感，保证在一定时期内具有相对高水平的"场所精神"。

---

① 费彦.现象学与场所精神[J].武汉城市建设学院学报，1999（04）：20-24.

五、城市绿地系统规划原理

1. 田园城市理论

1898年霍华德（Howard）在《明天——一条引向改革的和平道路》一书中提出了田园城市的城市规划构想，认为*"田园城市是为健康、生活及产业设计的城市，其规模足以提供丰富的社会生活但不应超过这一程度，城市由农业地带围绕，城市土地公有并由专业委员会掌管"*。在此基础上田园城市理论要求在城市规划中城市用地与农田圈层形成交替布局，对市区内住宅进行低密度开发并控制城市规模。霍华德也依据此理论对莱奇沃斯（Letchworth）田园城和韦林（Welwyn）田园城进行了建设[①]。

随着工业化浪潮的推进，各个国家城市化进程不断加快，田园城市理论的内涵也发生了一定变化，如1919年法国开始以田园城市为理念在巴黎郊区建立一系列卫星城市并对巴黎主城区的人口进行疏散。再如自1914年开始，澳大利亚堪培拉将城市进行环线规划，将主城区划分为政府机关区、商贸市场区、科教文卫区和居民住宅区等并将格里芬湖和森林公园镶嵌在主城区之中。

现阶段随着人们对可持续发展、高质量发展的日益重视，逐渐衍生出生态城市和新田园城市等更为丰富的田园城市理论。在这些理论中不再过度强调城市开发规模的局限性，而更多地对城市结构的合理性、生活质量、环境质量、城市生态调控能力等进行要求。对于城市绿地系统，需要依照田园城市理论提升绿地系统对环境质量的净化作用和对城市生态的调控作用。2009年，成都正式确立了在20年内初步建成"世界生态田园城市"的目标，在城市总体发展战略中明确了以龙门山和龙泉山作为成都市生态屏障、明确了城镇布局中应体现"城在田中"的原则、明确了中心城区应着力提升绿地系统质量，成都市是我国西南地区的重要城市之一，以其作为我国田园城市的试点城市可以为我国其他城市的总体规划、绿地系统的规划起到良好的借鉴作用[②]。

2. 山水城市理论

1990年钱学森先生在与吴良镛教授的书信中首次提出了建立"山水城市"的理

---

① 张宁.田园城市理论的内涵演变与实践经验[J].现代城市研究，2018（09）：70-76.

② 何杰.城乡规划原理[M].北京：中国农业大学出版社，2017.

论构想，信中提出山水城市应把中国的山水诗词、中国古典园林建筑和中国的山水画融合在一起。1992年，钱学森在与园林专家吴翼的书信中对山水城市的概念进行了进一步深化，他提出建立错落有致的高层建筑，在高层建筑之中用树木进行点缀，最终将现代化的城市构建成一座具有城市功能的大型园林。山水城市理论蕴含中国古典园林文化精华，融合了可持续发展理论，也迎合了回归自然的思想。山水城市的理论不应仅仅理解为城市中有山体和河湖分布，更应该理解为整个城市与山水融为一体，更加具有中国独特的文化内涵与底蕴。

在城市绿地系统进行规划的过程中亦需要将山体、河湖等自然景观以及城市规划绿地与城市道路、城市居民区等方面的规划相统一，充分结合自然原有的风貌并利用先进的工程手段，在尽可能减少对原有自然风貌破坏的前提下完成对各城市道路、居民区等工程的建设。以使得在这些区域内保留与城市风土人情相适应的自然风貌，并达成以下目标：一能提升城市居民的居住舒适度，让居民更具有生活在原生自然环境中的感觉。二能改善城市空气质量状况，高效降低污染物的排放量，完成城市碳减排目标[1]。

3.绿色城市理论

1990年印度学者大卫·古登首次提出绿色城市的概念并对绿色城市提出了八个定性条件，他认为绿色城市应在自然界中具备完全的生存能力；应是生物与文化资源以和谐的关系相联系的凝聚体；应拥有广阔的自然空间以及与人类和谐共生的其他物种；应强调维护人类健康并鼓励人类在自然环境中进行运动、娱乐、生活和工作；应注重自然资源的保护，以循环利用的原则对产生的废弃物进行二次利用；应提供给人全面发展的空间；应将城市中的各组成要素以美学关系加以规划安排，以提供给人环境优美的聚居地；应是对城市和人类社会进行科学规划的最终成果并提供面向未来文明进程的人类以生存地和新空间[2]。

随着经济的发展和城市化进程的延续，国内外众多学者对绿色城市赋予了新的定义与理解。这些新的定义与理解，普遍认为绿色城市应着重减少城市建设对原有生态环境造成的破坏，通过研发高新技术和提升产业集聚程度等方式提升资源利用率，实现社会经济水平的稳定增长，在经济稳定增长的基础上进行宏观调控，保证经济、社会民生、环境条件三者的协调发展。

---

① 刘姣姣.山水城市视角下的桂林市中心城区绿道选线研究[D].桂林理工大学，2022.
② 张项童.绿色城市评价指标体系与实证研究[D].集美大学，2020.

现阶段很多城市相继发布了以绿色城市为指导理念的政策文件，如《新加坡绿色计划2030》（Singapore Green Plan 2030）等，这些文件主要对增加绿地面积、提高公园绿地可达性等方面进行了要求。在城市绿地系统规划编制过程中，城市市政工程行政主管部门应充分考虑城市总体规划和分区规划中对城市绿地面积、绿地率等指标的控制性要求，结合城市核心区和各功能区的分布情况对城市绿地进行规划，保证各公园绿地、广场绿地的步行可达性，提升绿地系统的固碳能力，在维护现有生态系统不受大规模破坏的前提下提升城市居民的居住舒适度[1]。

六、城市照明规划原理

目前我国夜态经济发展上存在着以下一些问题：一是夜晚城市部分基础设施功能的缺失，主要表现在城市照明的不完整、城市夜晚指示体系的匮乏。二是功能空间发展的自由化与不和谐，由于相当多的城市夜晚活动是自发形成的，不合理的管理和控制会影响周围居民夜间休息，但是完全的取缔又将带来生活的单调与不便。三是功能空间与景观空间的分离，目前城市夜景建设的依据主要是城市昼间的发展状态，有关部门对城市夜间发展状态了解相对不足，导致城市夜晚景观空间呈现出白天景观空间的延续，与城市夜晚功能活动空间没有关联性。基于此，2008年胡华提出了夜态城市理论，该理论提出夜晚城市应体现出与白天相区别的生活状态，并将这种生活状态反映到城市的空间结构和规划管理上，夜态城市并不割裂与白昼城市的关联性，只是把研究重心放在夜晚[2]。

在夜态城市理论中，灯光照明起到了不可或缺的作用，合理的城市照明规划可以使得城市夜晚发展模式显著有别于城市白天发展模式，在夜态城市理论指导下的城市照明规划应体现照明规划的协调性。协调性在宏观上主要指的是城市照明工程与道路交通工程、城市绿化工程、城市广场工程、城市防灾工程等诸多类型建设工程之间的协调，对各类型工程规划进行统一安排，并由城市市政工程行政主管部门对各专项规划成果进行汇总分析，及时发现各类规划中存在的冲突情况并会同相关专业规划编制部门进行规划的校订，最终实现以城市总体规划和分区规划为依据，

---

① 郑德高，罗瀛，周梦洁等.绿色城市与低碳城市：目标、战略与行动比较[J].城市规划学刊，2022（04）：103-110.

② 胡华.夜态城市[D].天津大学，2008.

各专业规划相互协调促进的城市市政工程规划体系。在中观上主要指的是对照明工程中各个照明分区之间做好统一规划，包括对色温、光色的确定，对暗夜保护区、限制建设区、适度建设区和优先建设区四个功能分区的合理划分等。要在整体上保证城市夜景不出现突兀的亮光和黑暗区域，城区主要高楼、山体、城市广场等视点俯瞰、远眺夜景均相对美观、协调，能对城市各地标性建筑进行串联，还要明确照明负面清单如严禁在机场和天文台等区域使用激光和探照灯、严禁使用与交通和航运等标识信号灯易造成视觉上混淆的景观照明设施等。在微观上主要指的是要保证街道、建筑等位置照明设施与所在区域相协调，避免不合理的照明规划影响整个街区或建筑的整体协调性。

七、环卫工程规划原理

1965年美国学者肯尼斯·鲍尔丁（Renneth E. Boulding）发表《地球像艘宇宙飞船》一文，以宇宙飞船为例对地球经济发展进行了分析。鲍尔丁指出，"*宇宙飞船是一个孤立无援的独立系统，依靠消耗自身资源而存在并终因资源耗尽而毁灭，唯一延长飞船寿命的方法就是实现资源的循环利用，如将二氧化碳转化为氧气并将存有养分的废弃物转化为营养物再利用处理*"[①]。1966年鲍尔丁又发表了"未来宇宙飞船地球经济学"一文，进一步提出了宇宙飞船经济要求的一种新的发展观：一是变"增长型"经济为"储备型"经济，提高发展的可持续性。二是以"休养生息"的经济取代传统的"消耗型"经济。三是实行福利量的经济，摒弃过分重视生产量的经济。四是建立能循环使用各种物质的"循环式"经济以代替过去的"单程式"经济，鲍尔丁的宇宙飞船经济观为循环经济理论的发展奠定了基础。1972年联合国在瑞典斯德哥尔摩召开了第一次"联合国人类环境会议"，并成立了以挪威首相布伦特兰为首任委员会主席的"世界环境与发展委员会（WCED）"，对世界面临的问题及应采取的战略进行研究，大会通过了《联合国人类环境会议宣言》，简称《人类环境宣言》。宣言提出人类在开发利用自然的同时也要承担起保护自然的责任和义务，标志着循环经济理论的诞生。20世纪90年代，部分国家逐步推进以循环经济为指导的立法工作，其中荷兰、德国、日本等国家走在循环经济立法工作的前列。这些国家的企业也逐步接受了循环经济思想，并积极地进行相关探索

---

① 吴迪. 马克思生态经济思想视阈下的循环经济研究 [D]. 首都师范大学，2013.

和研究，形成了一些良好的运作模式。最典型的循环经济实例是日本索尼集团所采用的"减量化、再使用、再循环"3R原则。在3R原则的基础上，国内一些学者增加了无害化原则、大系统分析原则、再思考原则等其他原则。2021年7月，国家发展和改革委员会印发了《"十四五"循环经济发展规划》，阐明了我国循环经济发展所面临的形势，并对循环经济发展的总体思路、工作原则、主要目标等提出了总体要求[①]。

在环卫工程规划中，首先需结合各垃圾焚烧厂、垃圾堆肥场、垃圾填埋场的日处理能力与垃圾处理量的预测情况，对各垃圾转运站、垃圾转运点应转运的垃圾进行分类，保证各类垃圾处理厂能够在规定期限内完成垃圾处理任务，不出现厂内垃圾大量堆积的情况。其次，对垃圾回收利用过程中产生的电力、中水等资源进行统一归集利用，减少回收过程中发生资源的浪费情况。再次，要坚持垃圾无害化处理，在不对环境造成危害的情况下利用焚烧、填埋、堆肥等方式对各垃圾进行差异化处理，根据技术可靠性、占地面积、运行费用等因素综合选择合适的垃圾处理方法。全方位推广利用压实技术、破碎技术等垃圾预处理技术，在垃圾转入垃圾处理厂前进行预处理，降低运输过程中造成的环境污染和对市民生活造成的影响。最后，坚持精细化管理原则，在相对精准的垃圾需处理量预测的基础上，合理地对各个社区的各类生活垃圾桶、垃圾箱、垃圾收集站、收集点进行规划，将生活垃圾划分为可回收物、餐余垃圾、其他垃圾、有害垃圾四类，各类垃圾经分拣后由专业回收车和转运车进行处理。在明确转运目标位置的前提下对转运线路进行合理规划，尽可能减少转运距离并降低垃圾转运对城市居民造成的影响[②]。

八、防灾工程规划原理

1.城市韧性理论

韧性一词最早来源于拉丁语resilio，本意是"回复到原始状态"。在科学研究中，韧性概念发生过两次重大变更。其中，工程韧性是最早被采纳的概念，这个概念源于力学中的韧性思想，与原始的韧性概念最为接近。1973年，霍林（Holling）将其定义为在施加扰动之后一个系统恢复到平衡或者稳定状态的能力，这种能力

---

① 高鹏.精细化管理在施工项目中的应用[D].山东大学，2013.
② 曹宇.太原市垃圾无害化处理经济效益和社会效益分析[D].山西财经大学，2011.

的大小决定了工程韧性的强弱。20世纪90年代以后，随着相关领域科学研究逐渐深化，传统的工程韧性概念不足以对系统和环境特征的作用机制做到合理的解释。1996年，霍林在此背景下对韧性概念进行了修正，提出"*韧性应当包含系统在改变自身的结构之前能够吸收的扰动量级*"。1998年，胡克（Hooke）和博克斯（Box）提出了系统存在多个平衡状态的可能性，各扰动力的作用可能使系统保持原来的平衡状态，也可能使系统突破临界值从而达到新的平衡状态。胡克和博克斯的观点是从生态系统运行规律中得到启发，因而被称作生态韧性。随着人们对系统和变化机制的进一步认识，沃克在2004年提出演进韧性理论。演进韧性理论认为韧性不应局限于追求某种平衡的状态，而应该强调持续不断地适应环境，提高学习力以持续不断进行动态调整保持系统的动态平衡①。

韧性思想与城市所具有的复杂系统属性完全契合，产生了城市韧性这一概念。基于城市韧性理论，城市及其各个分区应通过对可能产生的不确定扰动进行评估、监控并相对应做好减轻扰动危害的措施，以保证城市居民安全、保障社会秩序稳定和促进经济持续发展。对于市政工程，城市韧性一方面是指市政工程设施的抗扰动性，即各类市政工程设施抵抗洪水、地震、台风等灾害的能力；另一方面是指在灾害产生的紧急状态下，城市防灾工程为市民疏散、避难提供便利的能力。在城市防灾工程规划中，应树立韧性防灾的理念，确保大震、爆炸等严重灾害下应急供电、供水和物资的稳定供应，保证各级别疏散场所全时间可用性②。

结合韧性理论进行的防灾工程规划应遵循平灾结合原则和因地制宜原则。平灾结合原则要求各类避难场所具有平日功能和灾时功能两种功能，对于城市广场，其平日内按照相应规划类型进行日常活动，在灾情发生时可提供救灾帐篷搭设区域等灾时功能。人防商城平日内可作为行人过街通道、可进行商业活动，在灾情发生时可作为躲避轰炸等灾情的避难场所。大学校园日常应作为学生进行课业学习的场所并满足学生日常生活的需要，在灾情发生时教室、图书馆、体育场等大型场所均可作为受灾人员临时居住用地使用。平日功能是长期的，灾时功能是短期的，在对这些具有平日和灾时双重功能的相关场所进行规划时，要以平日功能为主，并相应做好灾时功能规划。主要是配备好与灾时功能相适应的沙袋、水源、应急照明、医疗

① 邵亦文，徐江.城市韧性：基于国际文献综述的概念解析[J].国际城市规划，2015，30（02）：48-54.

② 李连刚，张平宇，谭俊涛等.韧性概念演变与区域经济韧性研究进展[J].人文地理，2019，34（02）：1-7+151.

站、帐篷等应急设施并做好这些设施在灾时的使用规划以及相应人员的培训工作，保证平灾功能转化的效率。因地制宜原则即根据城市所处区域位置、地理状况、战略地位、城市大小等情况相应地对防灾工程进行规划。一是要结合区域位置和地理状况以及历史纪录确定城市经常发生的灾害类型，如四川盆地常发生地震灾害、东南沿海地区常发生台风灾害等，城市应当着重对这些灾害防范进行规划。二是要结合城市经济发展水平对防灾工程进行综合规划，对一些经济发展相对发达的地区，应对发生概率大、造成影响大的各类灾害进行强化防护，对发生概率和造成影响相对较小的灾害也应相应做好防灾规划；对于经济发展相对落后的地区，应集中财力并结合城市自身情况对发生概率大的、造成影响大的灾害进行重点防护，并对其他灾害进行适当规划与防护。三是要结合城市实际情况做好次生灾害的防灾规划，如一些依山而建的城市需做好对地震引发泥石流灾害的复合规划，一些工业城市要做好地震、火灾等因素引发厂房倒塌、有害物质泄漏的复合规划。对于城市防灾工程的规划，必须结合城市自身状况做好适合本城市实施的规划，规划既应该与城市经济发展状况相匹配，又应能与本城市可能发生灾害的类型及破坏程度相匹配，不能将其他城市的防灾规划照搬照抄[1]。

2. 灾害系统理论

1991年史培军提出了灾害系统理论，承灾体（S）、孕灾环境（E）、致灾因子（H）共同构成灾害系统，如式（3-1）所示：

$$D_s = E \cap H \cap S \qquad\qquad (3\text{-}1)$$

其中，孕灾环境 E 包括自然环境和人为环境；致灾因子 H 包括自然致灾因子（泥石流、山洪、地震等）、人为致灾因子（危险品爆炸、火灾等）、环境致灾因子（环境污染、酸雨、雾霾等）；承灾体 S 包括自然资源、财产、人员等；D_s 为灾害结果，如人、财物的损失及环境破坏等。一个完整灾害过程是致灾因子——孕灾环境——承灾体三者相互作用和演变的结果，灾情大小由致灾因子风险性、孕灾环境连锁性和承灾体脆弱性决定。根据灾害系统理论，在城市防灾规划中规划者应采用相应的规划手段降低孕灾环境孕灾可能性、减少致灾因子数量和致灾强度，提升承灾体自身的防灾抗灾能力以减少灾害发生对承灾体造成的损失[2]。

---

① 肖翠仙. 中国城市韧性综合评价研究[D]. 江西财经大学，2021.

② 徐嵩. 应对山洪灾害的京津冀山地城镇生态防灾规划方法研究[D]. 天津大学，2019.

第二节　市政工程设计原理

一、城市道路交通设计原理

1.道路安全原理

相关领域的专家学者对道路安全原理做了大量研究工作。2000年，湖南省交通工程学会冯桂炎教授主编的《公路设计交通安全审查手册》采用安全系统工程的原理和方法，为设计路线的安全审查提供参考[①]。

20世纪30年代，随着保险业的发展，安全风险评价的理论也在发展。保险公司通过评价，基于风险大小完成相应保险费的测算，该过程就是当时美国保险协会（American Production Association）从事的风险评价。安全评价技术在20世纪60年代得到了发展，并在美国军工行业中占得了先机。"空军弹道导弹系统安全工程"是美国在1962年4月发表的第一份关于系统安全的说明，此后陆续向航空、航天、核工业、石油、化工等领域推广系统安全工程方法，并不断发展和完善，成为现代系统安全工程的新理论体系。20世纪80年代以来，安全系统工程在世界各国受到广泛重视，研究工作逐步从被动应用其他领域的成果转移到系统安全的基本理论和方法研究上。1983年在美国休斯敦召开的第六届国际安全系统工程学术大会有四十多个国家的代表参加，议题涉及国民经济的各行各业。

在我国，安全系统工程的研发始于20世纪70年代末。天津东方化工厂应用安全系统工程成功解决了高危企业的安全生产问题，为我国开展安全系统工程的研究与应用打下了良好的基础。1985年，中国成立"劳动保护管理科学专业委员会"，会上组建了"系统安全学组"，负责开展系统安全的相关理论研究和技术推广应用，为安全系统工程的快速发展作出了重要贡献。1991年，安全评价研究被列为国家"八五"科技攻关课题的重点项目，相关研究成果日趋丰硕。1996年10月原劳动部发布了第3号令，规定六类建设工程项目必须开展劳动安全卫生与评价工作，自此安全评价在建筑领域内迈入全面推广应用阶段。

[①] 张航.高危路段公路线形安全设计理论与方法研究[D].武汉理工大学，2013.

交通安全理论框架内，安全系统工程原理的核心理论包括交通工程理论、人因工程理论、道路安全评估理论。交通工程理论的核心是通过合理的道路设计和交通管理来提高道路安全性；人因工程理论的核心是通过理解驾驶员的行为特点和需求，优化道路设计和交通管理，提高道路安全性；道路安全评估理论是对道路现状和交通系统进行评估，识别潜在的安全隐患和风险并提出相应的安全改进措施。该原理主要应用于道路的设计和改进、交通信号控制、交通流量管理、交通安全管理等方面。依据其核心理论形成具体的行业标准和规范，对道路设计的安全交叉角度、桥下净空、防抛设施、桥墩防撞设施、限高设施等多种评价指标。因我国目前没有统一的行业涉路工程技术规范，因此需要参照规范相关条文进行评价。相关安全设计标准如下 [①] ：

（1）交叉角度

参照《公路路线设计规范》JTG D20—2017的规定，公路交叉角度安全设计标准，如表3-1所示：

公路交叉角度安全设计标准　　　　　　　　　　　　　　　　表3-1

规范	相关条文
《公路路线设计规范》 JTG D20—2017	道路交叉宜为正交
	斜交时锐角不小于60°
	地形条件受限或存在其他特殊情况时，应不小于45°

（2）桥下净空

根据《城市道路工程设计规范》CJJ 37—2012规定，城市道路净空安全规定标准，如表3-2所示：

城市道路净空安全规定标准　　　　　　　　　　　　　　　　表3-2

道路种类	行驶车辆类型	最小净高 /m
机动车道	各种机动车	4.5
	小客车	3.5
非机动车道	自行车、三轮车	2.5
人行道	行人	2.5

---

① 杨永红，杨朝，唐祖德等.改扩建市政道路穿越高速公路桥梁的涉路安全评价研究[J].公路，2023，68（03）：252-261.

（3）防抛设施

市政道路有较大的车流量，而且行车速度较低，还有行人与非机动车通行，可参照《公路桥涵设计通用规范》JTG D60—2015等标准，设计为"公路下穿"，如表3-3所示：

防抛设施安全规定标准　　　　　　　　表3-3

规范	相关条文
《公路桥涵设计通用规范》 JTG D60—2015	桥梁在跨越公路和铁路部分应设置防抛网
《公路路线设计规范》JTG D20—2017	高速公路或一级公路下穿时，跨线桥必须设置防撞护栏和防护网
《公路交通安全设施设计规范》 JTG D81—2017	公路跨越通航河流、交通量较大的其他公路时，应设置防落物网

（4）桥墩防撞设施

桥墩防撞设施是为了防止车辆在道路上发生事故时撞击桥墩而设置的安全设施，参照桥墩防护安全规定标准，如表3-4所示：

桥墩防护安全规定标准　　　　　　　　表3-4

规范	相关条文
《公路路线设计规范》 JTG D20—2017	临近高速公路的路段；车辆越出路外可能发生重大二次事故的路段，需要设置三级至五级路侧防撞护栏
	路侧设置波形梁防撞护栏的，当其变形不能够达到保护两侧限界结构的要求时，应加密护栏立柱的柱间距或采用不低于公路SB级防撞护栏设施
《公路交通安全设施设计细则》 JTG/T D81—2017	各级公路路侧计算净区宽度内有高速公路时，则路侧事故等级为高，需要设置二级至六级路侧护栏
《公路路线设计规范》 JTG D20—2017	高速公路上跨公路，在下穿公路中间带设置的桥墩，以及无中间带多车道公路的行车道中间设置的桥墩，两侧必须设置防撞护栏并留有护栏缓冲变形的余地
	跨线桥下主要公路（或高速公路）附有以边分隔带分离的慢车道、集散车道、附加车道、非机动车道时，可在边分隔带上设置桥墩

（5）限高设施

改扩建工程市政道路平均净空高度在4.5m以上，但为保障快速路桥梁安全，在进入快速路前平交路口仍设置限高架，避免大型车辆与桥梁结构发生碰撞。限高设施安全规定标准，如表3-5所示：

限高设施安全规定标准 表3-5

规范	相关条文
《城市道路交通设施设计规范》GB 50688—2011	在行驶中的车辆容易撞击桥梁主梁结构的，应设置限界结构防撞设施，可采取设置防撞结构和警告、限界标志措施等
《公路交通安全设施设计规范》JTG D81—2017	公路上跨桥梁或隧道内净空高度小于4.5m时可设置防撞限高架，上跨桥梁或隧道内净空高度小于2.5m时宜设置防撞限高架。在进入上述路段的路线交叉入口处适当位置，宜同时设置限高要求相同的警示限高架

2.道路畅通原理

道路畅通是针对交通流动性和效率的理论研究领域，主要关注城市交通系统的顺畅和高效运行。道路畅通主要是指道路交通流动良好，车辆行驶顺畅，没有拥堵和交通阻塞的状态。交通流理论研究的对象是车辆在道路上的流动性和交通流量的关系。交通流理论的关键参数包括流量密度关系、速度密度关系和流量速度关系等。利用分析交通流理论可以判断道路的状况和是否畅通，基于时间参数和交通需求参数的差异，可以分为静态交通流分配理论和动态交通流分配理论[①]。

静态交通流分配理论侧重运用于对城市道路网络规划等宏观问题研究，用于分析和预测交通网络中各个交通流的分配情况。其主要关注交通需求与交通供给之间的平衡关系，以及如何将有限的交通资源分配给不同的交通流。20世纪50年代中期出现了用于路网规划的静态交通流分配模型。1956年，马丁·贝克曼（Matin J Beckman）、麦圭尔（CB McGuire）和文森特（CB Wincten）用数学规划方法对静态用户平衡交通分配问题进行求解，其数学模型考虑了OD交通量的可变性，用交通需求函数给定一般情况，所得到的结果能转化为适合于OD交通量不变的特殊路网。1975年，勒布朗克（LeBlanc）等将最少费用路径算法补充到算法中，使该模型获得了一种有效的解法。史密斯（Smith M·J）于1979年、达费尔莫斯（S C. Dafermos）于1980年分别对上述模型进行了不同改进，发表了具有不对称交叉口的路网用户平衡配流模型的研究成果。1994年，黄海军教授的《城市交通网络均衡分析理论与实践》提出静态流分配理论的模型。2009年石超峰[②]研究了系统最优过程中的最优边，研究成果可用于交通网络在紧急情况下提高使用效率。罗文昌等假设路网中一部分人按照管理者的指挥选择出行方式，另一部分用户按照自己的择路原则出行，并基于假设计算出路网的效率损失。

① 杨馥宁.基于多源数据融合的城市路网流量均衡研究[D].吉林大学，2022.

② 石超峰，徐寅峰.交通网络最大流关键边[J].系统工程，2009，27（09）：55-59.

相对于静态交通流分配理论，动态交通流分配理论更适用于模拟实时道路网络状况下微观交通流问题的研究。动态交通流分配理论关注交通流的动态变化和个体行为，充分考虑了交通流的时空分布、路段拥堵、路径选择等因素，更贴近道路交通实际状态。1978年，迪帕克·米尔切特（Deepak. K. Merchant）和乔治.L.内姆豪瑟（George L. Nemhauser）以数学规划方法开创性地研究了动态交通分配问题，提出了M-N系统的最优分配模型，用离散时间、非凸的非线性规划来进行运算。1980年，卢克（Luque. FJ）和弗里斯（Friesz. IL）提出了新思想，它是应用最优控制理论去解决动态系统最优模型，他们将M-N模型改进为连续时间的最优控制问题。1989年，他们两人对单一终点的简单网络进行了优化控制理论模型的研究。1990年，詹森（BN Janson）提出了动态交通分配的多目标规划模型，加亚克里希南（Jayakrishnan）等在1995年改进了此模型[1]。2001年，石小法给出了动态用户均衡配流模型，通过预测多起点流量在交通网中的动态变化来调控交通网中的流量，实现用户均衡。石小法认为用户的出行方式和需求是多种多样的，道路上的突发事件也具有随机性，随机用户均衡分配模型能够更准确地描述动态的城市交通流量分配问题[2]。

交通流理论中流量是指单位时间内通过道路某一点的车辆数量，通常使用车辆数目或车辆数目与时间的比值来表示。较低的车辆流量通常意味着道路相对畅通，较高的车辆流量则可能导致拥堵。车辆密度是指在道路上单位长度内的车辆数量，常用的度量单位是辆/公里。较低的车辆密度通常表示道路相对畅通，较高的车辆密度可能导致拥堵。

3.道路可持续发展原理

道路可持续发展理论是指在道路规划、建设和运营过程中，综合考虑环境、社会和经济因素，以实现长期的可持续发展目标。

20世纪30年代，格林内尔（J. Grinnell）首次提出了生态位的概念，强调了物种之间的资源竞争和生态位分化的重要性。20世纪50年代，麦克阿瑟（R. H. Mac Arthur）和威尔逊（E. O. Wilson）提出了均衡理论，通过实验证明了不同物种之间存在竞争压力，物种的生态位会在竞争中发生分化以避免直接竞争，进一步推动了

---

① 张晓峰，陈鸿杰，王军利.浅析交通分配理论[J].中国人民公安大学学报（自然科学版），2007（01）：91-93.

② 石小法，王炜.动态用户均衡配流模型的研究[J].系统工程理论与实践，2001（01）：130-133+138.

生态位原理的研究。20世纪70年代，生态学家罗伯特·麦克阿瑟和埃德温·威尔逊提出了资源分区理论，认为物种在一个区域内会根据资源的分布选择不同的生活区域，形成资源的分区，从而避免过度竞争。20世纪80年代以后生态学家开始关注物种对环境功能的影响，演进形成功能性生态位理论，强调了物种在生态系统中的功能角色，包括物种对能量流动、物质循环和生态系统稳定性的影响。

利用生态位原理可将道路运输方式生态位定义为：每一种道路运输方式所占有的时间、空间位置及其机制关系，其前提是满足运输的需求。道路运输方式生态位概念不仅反映了区域道路交通中每一种道路交通方式的具体位置，而且体现了其在区域内的特殊贡献和价值。借鉴生态学中的生态位原理，从提高城市道路交通系统抵御风险的能力、充分利用资源能力和促进城市道路交通方式良性演变的三个方面进行考虑[①]，2020年杨世伟提出了城市道路交通方式应遵循和谐共生、特色发展、内涵式发展的新模式。根据各个城市的资源状况和管理价值取向，对各类道路交通方式进行综合协调规划，从符合城市特点与可持续发展两个角度，为城市道路交通体系规划寻求科学合理的新思路。道路可持续发展评估指标标准，如表3-6所示。

道路可持续发展评估指标标准 表3-6

一级指标	二级指标	指标解释
环境影响	碳排放量	包括施工和运营阶段的碳排放
	能源消耗率	包括施工和运营阶段的能源使用效率
	污染物排放	包括道路项目的颗粒物、氮氧化物等污染物的排放情况
社会影响	社会影响评估	包括噪声、空气质量、交通拥堵等
	道路安全指标	包括事故率、行人和非机动车安全等
经济效益	投资回报率	包括投资成本和经济收益的比例
	道路运输效率	包括通行时间、物流成本等
生态保护	生物多样性保护	包括植被破坏、野生动物迁徙等
	水资源管理	包括雨水收集利用、水污染控制等
可达性	可达性改善	包括交通出行时间、交通方式选择等

---

① 杨世伟，杨雨帆.基于生态位原理的城市道路交通方式发展的启示[J].现代城市研究，2020（03）：88-91+112.

二、地下管线设计原理

1.人体工程学原理

人体工程学起源于欧美，旨在探索人、机器与环境之间的相互作用，是20世纪40年代后期发展起来的一门技术科学，距今已有八十多年的发展历史。人体工程学理论最初应用于军事领域，如二战时期飞机、坦克设计时，基于机舱、坦克仓内战士更便捷操作、有效战斗、减少疲劳等因素所进行的内舱设计。二战之后，人体工程学理论快速推广到空间技术、工业生产、建筑及装饰设计领域。国际人体工程学协会（IEA）成立于1959年，其使命旨在阐述和推进人体工程学科学与实践，并通过扩大其应用范围和对社会的贡献来提高生活质量[①]。

20世纪70年代，我国人体工程学开始起步，最早是在家具设计中应用工程学理论。北京木材工业研究所在研究和探索沙发尺寸、体感等方面，首次采用了人体工程学原理和方法，并在1975年发表科研报告《常用沙发的初步研究》。紧接着，桌椅尺度、棋型成型发泡沙发等研究相继在上海、南京、重庆等地出现。20世纪80年代以后，人体工程学在我国得到发展，随着改革开放政策的实施，国际的学术交流也得到加强，促进了科技发展，同时也发展了人体工程学。1989年，钱学森在《人体科学是现代科学技术体系中的一个大部门》中提到，应通过基础科学和人类科学的观点去明确技术科学领域。1985年《自然杂志》发表了陈信、龙升照的专论《人—机—环境系统工程》。这些专家学者的贡献为人体工程学的发展奠定了理论基础[②]。

根据国际人体工程学协会给出的定义，人体工程学是一门"研究人在某种工作环境中的解剖学、生理学和心理学等方面的各种因素"的学科。这里所说的解剖学，可以理解为将直接指导管线尺寸数据设计的标杆——人体的结构尺寸等人体基础数据。通过对人体结构尺寸的掌握，对人在建筑空间中的活动范围和特点进行更科学的判断，从而在以最小的代价换取使人获得最大环境效益的情况下，通过管道对人的活动区域进行能源和介质的针对性供应。

在地下管线设计方面，根据人体的特征和需求，将地下管线的布置、高度、尺

---

① 董琼.人体工程学的发展概况[J].吉林艺术学院学报，2000（04）：15-17.

② 刘临西.建筑综合管线优化策略研究[D].华南理工大学，2012.

寸等因素考虑在内，以确保其在使用过程中对人体的安全性和便利性。管线的设计应符合地下管线的规划和功能需求，考虑周围环境的特点和人流量等因素；根据不同的管线类型和管线所在的位置，确定合适的管线高度；地下管线的尺寸应根据实际需要确定以满足管线的功能要求，并确保人们能够方便地进行检修和维护。通过人体工程学原理进行地下管线设计可以更好地满足人们的需求和安全要求，提高地下管线的使用效果和便利性，减少人们与管线的接触风险，提高地下管线的安全性和可靠性。

2.共同沟理论

共同沟，全称是地下管线共同沟，等同于地下综合管廊的功能。1833年，法国巴黎从提升城市卫生系统的出发点，将下水道、自来水管道、电信电缆、压缩空气管、交通信号电缆五种线路整合起来，规划建设一体化的地下管线系统，以解决地下管线的敷设问题，形成了首条地下城市综合管廊。1861年，英国首都伦敦在兴建格里格大街时，建造了半圆形的地下共同沟渠，沟渠容纳了煤气管道、上水管道及下水管道。1893年，德国为了配合汉堡地区的道路建设，在人行道下建造了给水管道共同沟，之后又建造了布佩鲁达尔共同沟，其中有煤气和上水管道。1926年，日本运用共同沟技术理论，相继建造了九段阪共同沟、淀町共同沟、八重洲共同沟，引入了欧洲建设经验和技术标准，将电缆线、电信、给水、污水等管线铺设在沟内。截至二十世纪末，已经有接近400公里的共同沟分布在日本多个城市且里程还在不断增长[①]。

我国第一条共同沟是1958年在北京天安门位置建设的综合管道。1979年，大同市在新建的道路路口下修建了包括电力电缆、通信电缆、供水管线、污水管线等在内的共同沟。1991年，我国台湾地区台北市完成了中华路第一条共同沟的兴建，之后，干线共同沟、支线共同沟、电缆共同沟等陆续开始修建，截至2003年已完成和正在修建的共同沟达21段。1994年，上海开始建设浦东新区张杨路共同沟，配有各种安全配套设施，内有排水、通风、火灾监测报警、可燃气体检测报警等系统。2001年，济南市泉城路与深圳市大梅沙也开始进行共同沟的设计建设。

共同沟理论是在城市地下建造一个隧道空间，集电力、通信、燃气、给水排水等各种管线于一体，实行统一规划、统一设计、统一建设和统一管理，设有专门的检修口、吊装口和监测系统，彻底改变了以往各管线各自建设管理的零乱局面。

---

① 杜坤升.城市地下管线探测关键技术分析[D].东华理工大学，2017.

三、城市广场设计原理

城市广场建设由来已久，最早的城市广场雏形可追溯到公元前12世纪到前8世纪古希腊时期的露天集会场所，历经中世纪、文艺复兴时期的巴洛克式广场、18世纪的古典主义广场，直到19世纪迈入现代城市广场阶段。我国在城市广场建设上发展较晚，真正意义的城市广场出现在近代，相关城市广场设计理论的研究起步较晚 [①]。

1.图底关系理论

丹麦心理学家罗宾（Robin）在1915年引入图底关系理论，后被格式塔心理学用于空间组织方式的研究，后被引入建筑学领域。图底关系理论是一种基于突显原理的认知理论，认为人们总是倾向于在观察场景时将其分为图形和背景两个部分，其中比较突出的是图形。1986年，罗杰·特兰西克（Roger Trancik）在其著作《找寻失落的空间》中提到*"图底理论研究地面建筑实体和开放虚体之间的相对比例关系"* [②]。

图底关系理论研究的是城市物质形态中空间和实体之间的关系和组织规律。无论是街道界面的连贯性，还是广场空间的合围性，在欧洲传统城市中都特点明显，因此，在图形底部关系发生逆转的情况下，仍可保持图形和底部状态的稳定。日本学者芦原义信把传统城市中同样出现的城市外部空间称为"无屋顶的建筑"和"积极空间"。依据现代主义理论规划的城市中，街道界面的延续性降低，广场的围合性减弱，外部空间的整体性不复存在，仅仅是在环境中凸现出来的建筑。在城市广场设计中，图底关系理论可以用来分析广场平面围合程度、组织效果，以及广场与周边城市肌理形态之间的关系。图底关系理论要求设计前期深入研究广场周边城市肌理和现有空间资源，从而为广场设计提供一种整体组织的基准，使其在旧城区"嵌入"式城市广场设计中显得尤为重要。

2.场所理论

20世纪60年代，挪威建筑理论家诺伯格·舒尔茨（Norberg Schultz）提出了场所理论，将现象学理论引入建筑设计领域。场所理论是建筑现象学的重要内容，诺伯

---

① 黄明顺.城市广场地域性设计研究[D].重庆大学，2006.

② 罗杰·特兰西克.寻找失落的空间[M].朱子瑜，张播等译.北京：中国建筑工业出版社，2008：98-106.

格·舒尔茨将马丁·海德格尔（Martin Heidegger）关于人与世界"境域"式的理论应用于建筑设计中，将观察者与被观察者之间存在线性关系的观念，转变为人与建筑处于同一境域内的观念。人与建筑的共同境域被诺伯格·舒尔茨定义为"场所"[①]。

场所理论的意义不在于为建筑师提供一种特定的设计理论，而在于使建筑师具有一种整体的设计理念——场所意识。场所理论要求建筑设计师在进行广场设计时，对广场的场所精神进行深入研究，最终实现建筑与居住环境的和谐统一。场所理论以其独特的哲学视角呈现了一种新鲜的设计思维，已经在建筑设计领域不断丰富和完善，从关注人与环境的互动关系，到场所辨识和认知地图的研究，再到场所的情感和意义的探索，以及社会和文化因素的考虑，使得场所理论能够更全面地理解人们对于空间和场所的感知和认知。

3. 城市意象理论

20世纪60年代，美国学者凯文·林奇在《城市意象》中提出了城市意象理论。林奇通过对美国波士顿、泽西城、洛杉矶等城市意象作系统的调查分析，提出了区域、道路、节点、边界与标志物的五个要素，并认为这五个要素对城市的可意向性起关键性的作用。城市意象理论的研究内容主要包括城市的环境意象、公众意象、综合意象和城市意象的个性和结构等，其核心是人对物质环境的知觉和最先形成的心理形象[②]。

城市意象理论主要的贡献和价值是塑造城市的形象，体现在环境意象、公众意象、综合意象和城市意象的个性和结构等方面，其对城市形象塑造具有较强的针对性和指导性。城市意象为城市旅游规划和发展提供了新的思路，并且对塑造城市旅游形象起到了重要作用。

在广场设计中，可以结合城市意象理论，通过塑造广场的路径、边界、地标、节点和区域等要素来创造一个有鲜明形象的空间。如设置明确的路径和边界可以引导人们在广场中游走，地标和节点可以成为人们的视觉焦点，区域的划分可以提供不同的场所体验。可以通过营造广场舒适、宜人的环境，激发人们的参与和互动。城市意象理论也强调宣传城市形象，积极的宣传有利于城市的形象塑造和推广，设计广场时，可以通过艺术装置、景观元素、标识和品牌等手段，将广场的形象传达

① 王亚红. 试论场所理论[J]. 美术观察，2008（12）：112.
② 韩福文，王芳. 城市意象理论与工业遗产旅游形象塑造——以沈阳市铁西区为例[J]. 城市问题，2012（12）：17-22.

给公众，以此提升广场的知名度和认可度。

四、城市绿地系统设计原理

1.景观生态学原理

景观生态学被看作是地理学和生态学的交叉学科，是研究绿化景观结构、功能和动态变化的学科领域[①]。1939年，德国植物学家卡尔·特罗尔（Carl Troll）在利用航空相片研究东非土地利用问题时，首先提出以整个绿化景观为研究对象，分析地球表层物质流、能量流、信息流和价值流，以及生物与人类活动相互作用等各种能量的传递和交换，运用生态系统原理和方法，研究景观结构与功能、景观动态变化和相互作用机理、景观美化格局、优化结构、合理利用以及如何保护等问题，并对其进行了深入的挖掘[②]。

随着时间的演变，欧洲作为景观生态学研究的前沿，也开始逐步扩大重点研究的范围，从土地利用规划，特别是强调景观与人类关系的理论多功能性和综合完整性，扩展到资源开发与管理、生物多样性保护、气候调节等领域。1969年，英国著名环境设计师伊安·麦克哈格（Ian McHarg）在《设计结合自然》一书中提出人类要充分尊重自然，建立人与自然和谐共生的生态环境体系，建立以景观生态效益为基础的斑块—基质—廊道生态景观格局[③]。景观生态学在中国起步较晚，1981年由黄锡畴、刘安国两位教授首次将这一新兴学科引入中国。近些年，景观生态学主要应用于研究自然和人文两方面的自然综合体，研究重心向地理过程与生态过程靠拢[④]。

2.园林美学理论

再现自然山水的园林设计原则最早出现在魏、晋、南北朝时期。隋、唐、五代的造园艺术又上了一个台阶—以诗、画串联造园艺术，营造出一种山水园林的诗意境界。宋代的造园活动空前高涨，许多山水画的理论著作也随着对自然之美的理解不断深入而出现，这些著作深刻地影响着造园艺术的发展。明清两代的造园活

---

① 中华人民共和国住房和城乡建设部.城市道路绿化设计标准：CJJ/T 75—2023[S].北京：中国建筑工业出版社，2023.

② 巫涛.长沙城市绿地景观格局及其生态服务功能价值研究[D].中南林业科技大学，2012.

③ 汪永原.马尔默市公园绿地可持续景观规划设计研究[D].南京林业大学，2012.

④ 肖笃宁，李秀珍，高峻等.景观生态学[M].北京：科学出版社，2003：4-5.

动，无论从数量、规模还是种类上，都达到了前所未有的高度，造园理论著作呈现出百家争鸣之状。1634年，计成所著的《园冶》一书，提出了"虽由人作，宛自天开"的园林美学思想，成为园林艺术设计的一项重要规范。1808年，沈复在《浮生六记》中记述了虚实互映、大小对比、高下相称等中国古典园林的美学特征，增加了园林的真实性和趣味性，同时也在很大程度上还原了园林为人服务、归于自然、天真烂漫、朴实无华的本色，奠定了良好的园林设计基础[1]。

绿地景观设计过程中，运用园林美学以引导植物的配置、水体假山的布置与景观小品的设置，通过将各种要素有机结合展现园林之美[2]。

3. 园林艺术理论

北宋时期绘画理论家郭熙在其山水画创作中提出了深远、平远、高远的"三远"构图理论，对我国山水画的发展影响深远。"三远"理论提供了一种浅显易懂、可资借鉴的创作范本，同时也成为园林设计的理论基础，是北宋初期的造园手法。1566年，文徵明在《王氏拙政园记》一书中，曾记载了文人园林中的假山流水、绿荫草木、四时轮回、朝夕雨淋等，成为文人阅读休闲时所需的一种特殊环境，体现了园林的"功能"特征。1634年，计成在《园冶》一书中对中国古典造园艺术理论进行了系统而详尽的阐述，"造园"一词首次被提出。计成在对造园的描述中充分考虑了自然条件，以造园者的创作手法，将人工与自然和谐地进行空间创造，以期达到有如天成的效果。童寯所著的《江南园林志》和汪菊渊所著的《中国古代园林史纲》等著作，对整理和发掘中国优秀的古典园林艺术理论都有着重要贡献，《江南园林志》是我国最早采用现代测绘和摄影，来记录、研究园林的专著。其他园林艺术理论方面经典著作，如彭一刚教授的《中国古典园林分析》，系统而全面地分析了中国传统造园艺术的技巧和手法；余树勋教授的《园林美容与艺术》，以中西结合并论的方式阐述了园林艺术；陈从周教授的《说园》，以其独特的文采，对中国园林情趣盎然的精髓进行了生动的论述，提出了"园有静观、动观之分"的论断[3]。

园林景观能给居住者带来舒适美好的体验，只有将园林艺术的理论运用到绿化景观的设计中，才能充分发挥其独特的作用。园林美是一种综合美感，它融"形、声、闻、味、触"五感于一体，随时而变，随气候而变。在园林的规划设计

---

① 周武忠.园林·园林艺术·园林美和园林美学[J].中国园林，1989（03）：16-19+53.

② 袁凯嘉.甘肃省和政县滨河路道路绿地景观设计研究[D].西北农林科技大学，2020.

③ 陈红梅.园林艺术理论和实践的发展——明末清初文人园林的风格变迁探究[J].美与时代（城市版），2017（02）：56-57.

中应充分考虑游人的"五感"，运用丰富多变的造园手法进行园林设计使园林之美成为一种艺术。

五、城市照明设计原理

21世纪以来，在城市照明设计领域，越来越多地采用了非成像光学理论的研究成果，典型的是LED照明技术的开发与利用。非成像光学设计的基础理论主要有费马原理和边缘光线理论[①]。

1.费马原理

费马原理是从光学发展而来的。我国哲学家墨翟在公元前400多年的《墨经》中，对平面镜、凹面镜、凸面镜中光的直线传播、反射、小孔成像等现象与规律进行了研究。公元前3世纪，古希腊数学家欧几里得（Euclid）在《光学》中对平面镜成像问题进行了研究，提出反射角与入射角等值的反射法则，并发现了具有聚焦作用的凹面反射镜。古希腊几何学家和工程师海伦提出，光的传播遵循最短的路径原则。1657年，费马大定理由法国数学家、物理学家费马提出，指出光线遵循媒介中最短的光程传播原理，并对最短的光路径原理进行了更新，即光线在介质中传播[②]。

1682年，德国数学家莱布尼兹（Lebniz）试图建立一个"作用量"来支配力学和光学过程，认为自然界发生的所有过程都和这个量的极值有关。1741年至1746年，法国数学家莫佩尔蒂（Maupertuis）研究自然界物质运动与静止的规律，提出物体运动的规律遵循最小量原理，后被称为最小作用量原理。到目前为止，费马原理已经发展到最小作用量原理，理论上已形成了一个完整的最小作用量原理概念。

在照明光学设计领域，费马原理也被称为时间最短原理，具体描述了当光线在介质中传播时，光程在两点之间最短的传播，而反射定律、折射定律等光学定律都可以由费马原理推导出来。通过运用费马原理，可以根据需要将光源选择在最佳位置，还可以应用于光线在反射和折射过程中的路径选择，使得光线能够有效地聚焦或扩散，达到所需的照明效果。费马原理还能应用于光线的控制和分配，将光线引导到需要照明的区域，避免光线的浪费和漏光现象，提高照明效果，费马原理对照

① 高同瑞.基于极坐标的自由曲面照明技术的研究[D].中国计量大学，2021.

② 杨忠直.经济系统动态最优生存的费马原理探析[J].管理工程学报，2009，23（03）：139-141.

明设计具有重要意义，为照明设计提供科学依据和指导。

2.边缘光学理论

边缘光学理论是指在理想的情况下，光源所射出的光经过光学系统时，入射位置的边缘光在出射系统的时候，依然在出射口边缘。在非成像光学设计过程中，只要保证光源边缘光线与目标边缘光线依次对应，就能让所有的光线都在边缘光线中进入目标面，形成照明光斑[①]。

19世纪初，法国物理学家菲涅尔（Fresnel）提出了菲涅尔近似理论，该理论通过将光波场近似为球面波和平面波的叠加来描述光的传播。菲涅尔近似理论成功解释了光线在边缘处的衍射和干涉现象，并为后续的边缘光学理论奠定了基础。19世纪中叶，德国物理学家基尔霍夫（Kirhoff）进一步发展了边缘光学理论，提出了基尔霍夫衍射理论。该理论通过将光波场表示为电场的复振幅来描述光的传播，成功解释了光线在边缘处的衍射现象，并引入了矢量干涉理论为后续的光学研究提供了重要的数学工具。20世纪中叶以后，随着量子力学和电磁学的发展，波动光学理论逐渐成为边缘光学的主要分支。波动光学理论基于麦克斯韦（Maxwell）方程组和量子力学的波动性质，成功解释了光线在边缘处的衍射、散射、干涉等现象，并为光学仪器设计和光学技术应用提供了重要的理论基础。

在照明设计中，边缘光学理论可以研究光线在光学元件边缘的衍射、折射、反射等现象。通过优化光源与照明区域之间的光线传播路径，使得光线在边缘处的衍射和干涉现象得到控制和利用，提高光线的分布均匀性。边缘光学理论可以帮助设计师控制光线的方向性和色彩性，使得光线能够精确地照射到需要的区域并满足特定的照明要求。边缘光学理论通过合理控制光线的衍射、折射和反射等现象使照明效果更加柔和、均匀，减少眩光和阴影等不良影响，提高视觉舒适度和工作效率。

六、环卫工程设计原理

循环经济是一种新经济模式，伴随着应对和反思传统经济发展模式而产生，在人口剧增、不可再生资源进一步消耗、生态环境逐渐恶化的情况下，得到了广泛的认知、研究和应用。它的起源可以追溯到20世纪60年代，1962年美国科普作家蕾切尔·卡逊（Rachel Carson）发表了《寂静的春天》，文章表达了对生态环境恶化

---

① 高同瑞.基于极坐标的自由曲面照明技术的研究[D].中国计量大学，2021.

的严重担忧，文中提出"*如果不改变现状，人类最终会在自己创造的文明中消亡*"。1965年，生态经济学创始人肯尼思·鲍尔丁发表了"Earth as a Spaceship"一文，最早提出了循环经济的概念。文中把地球比喻为宇宙中运行的太空船，地球所承载的物质和资源都是有限的，一旦耗尽，人类也会走向灭亡。文章告诫人们，珍惜利用有限的资源，采用闭合的经济发展模式，改变人们对资源可以无限利用的看法，考虑如何减少资源的浪费[①]，这是当前世界各国经济发展都面临的挑战。联合国人类环境会议在1972年6月通过了《联合国人类环境会议宣言》，标志着循环经济理论正式形成。1990年，英国环境经济学家大卫·皮尔斯（David Pearce）和克里·特奈（Kerri Tenaille）合著了《自然资源与环境经济学》，书中首次提出了循环经济的概念与发展模型。德国于1996年实施的《循环经济和废弃物管理法》，是德国发展循环经济的总"纲领"，将资源闭路循环的循环经济思想推广到所有生产部门，着重强调生产者的责任是对产品整个生命周期负责，对废弃物管理的顺序是避免产生、循环使用、最终处置。

《"十三五"全国城镇生活垃圾无害化处理设施建设规划》确立了在"十三五"期间，全国城镇生活垃圾无害化处理设施的建设目标，总投资达到2518.4亿元，新建垃圾无害化处理设施500多座，城镇生活垃圾设施处理能力超过127万吨/日。《"十四五"城镇生活垃圾分类和处理设施发展规划》提出"*生活垃圾分类和处理设施建设进入关键时期*"，重点建设任务包括：全面推进生活垃圾焚烧设施建设，有序开展厨余垃圾处理设施建设，规范垃圾填埋处理设施建设，健全可回收物资源化利用设施，以及强化设施二次环境污染防治能力建设。因此，环卫工程设计与建设中，一是加强城镇生活垃圾分类和处理设施建设的系统谋划，使环卫设施与周边绿化带建设相结合，推动形成绿色生产生活方式。二是要符合环保排放要求，推进生活垃圾减量化、资源化与无害化，实现生态环境根本好转的目标[②]。

七、防灾工程设计原理

1989年12月22日联合国大会通过了第44/236号决议，宣布1990—2000年为

---

① 郑连勇.在保证公共卫生安全原则下成都城市垃圾处理的可持续发展之路[J].四川建筑，2003（S1）：18-21.

② 罗翔.基于循环经济理论的休闲农庄研究及规划设计[D].昆明理工大学，2018.

"国际减轻自然灾害十年"，其目的是：透过一致的国际行动，特别是在发展中国家，减轻由地震、风灾、海啸、水灾、土崩、火山爆发、森林大火、蚱蜢和蝗虫、旱灾和沙漠化以及其他自然灾害所造成的人命财产损失和社会经济的失调。"城市化与灾害（Cities at Risk）"在1996年的"国际减灾日"口号中被明确提出，标志着城市灾害已经成为全球范围内的减灾重心[①]。

蒋维等主编的《中国城市综合减灾对策》与金磊编写的《城市灾害学原理》中均提出：所有灾害都会对城市化进程产生副作用。地震灾害、水灾害、气象灾害、火灾爆炸、地质灾害、公害致灾、"建设性"破坏致灾、高科技事故、城市噪声危害、居住建筑"综合征"、古建筑灾害、城市流行病、城市交通事故、工程质量事故致灾等14类要素统称为危害城市可持续发展的灾害要素。1998年8月20日，北京市召开第十六次科学技术市长和专家座谈会，会议明确城市灾害是一个综合性的问题，要加强防灾减灾的主动性，把城市人为的问题放在心上[②]。

城市灾害学着重强调对功能性城市规划工作体系的完善，从冲突中寻找变革的机制。城市灾害学原理所揭示的城市防灾工程建设应从减灾战略性规划、减灾物质性规划、减灾开发性规划、减灾控制性规划四方面展开。《"十四五"国家综合防灾减灾规划》中提出："统筹城市防洪和内涝治理，加强河湖水系和生态空间治理与修复、管网和泵站建设改造、排涝通道和雨水源头减排工程、防洪提升工程等建设；实施公路水路基础设施改造、地质灾害综合治理、农村危房改造、地震易发区房屋设施加固等工程"，以加强防灾减灾基础设施建设水平，提升城乡工程防灾减灾的能力。因此，需要统筹城乡和区域（流域）防洪排涝、水资源利用、生态保护修复、污染防治等基础设施建设和公共服务布局，结合区域生态网络布局城市生态廊道，形成连续、完整、系统的生态保护格局和开敞空间网络体系。

---

① 谭方可.上杭县杭川公园防灾避险规划与设计[D].中南林业科技大学，2020.
② 金磊.城市灾害学研究及科学建议[J].自然灾害学报，2000（02）：32-38.

第四章

市政工程规划设计方法

第一节　市政工程规划方法

一、城市道路交通规划方法

城市通过纵横交错的路网和环路将各个分区、各交通枢纽相连接，在进行城市道路交通规划前，需要准确地进行客运需求的预测，根据预测结果相对应地进行各客运枢纽、主干道、支路、环线的规划与设计，从而提高交通运输用地利用效率、降低居民通勤等活动所需要的时间。目前，通常采用系统动力学方法、趋势外推法、四阶段法等数学方法构建模型对客运需求进行预测。

1.利用系统动力学方法对客运需求进行预测

系统动力学是一种研究复杂系统的定量方法。利用系统动力学的方法，首先要结合城市实际情况提炼出影响客运量的外部因素和内部因素。其次是汇总客运结构、交通供给参数、交通需求参数和供需影响产物情况。再次，依据人们真实交通需求形成的过程全面分析道路供给和交通需求之间的相互影响情况，并绘制相应的因果回路图。在因果回路图中详细体现出各个因素之间的正相关与负相关关系，建立数学模型以表示变量间的因果关系。最后，绘制城市客运交通系统存量流量图，结合状态方程、速率方程、辅助方程等利用系统动力学软件对公共交通客运总量、私家车拥有量、道路里程等参数进行预测，为城市道路交通规划提供可靠的数据支撑[①]。

---

① 何南.城市客运交通需求的系统动力学预测与分析[J].武汉理工大学学报（交通科学与工程版），2017，41（04）：569-574.

2. 利用趋势外推法对客运需求进行预测

趋势外推法是利用已有往期各城市道路车流量、各交通枢纽客流量数据，结合神经网络模型、多元回归分析、时间序列模型等方法推算城市客运需求增长情况，进而对未来一段时间内城市客运需求量进行预测，为城市道路交通规划提供可靠的数据支撑[①]。

3. 利用四阶段法对客运需求进行预测

四阶段法包括出行生成、出行分布、交通方式划分、交通分配四个阶段[②]。

（1）出行生成阶段

土地利用及社会经济预测结果是进行"四阶段法"中交通生成预测及交通方式划分预测的基础，其主要进行城市人口分布、就业岗位分布、机动车保有量和社会经济四类数据的预测[③]。

城市人口分布预测模型所选择的参数，一般包括：公共服务设施可达性、可达岗位数、人均居住面积以及区域居住面积。其中，在对城市人口分布情况和就业岗位分布情况进行预测时，要着重考虑城市土地利用的特征和变化情况，以及土地的可达性情况，并结合城市总体规划和城市土地利用总体规划确定各区域各地块用地性质情况，以此为依据预测该区域所能提供的就业岗位数和居住人口数量[④]。

机动车保有量满足S型曲线增长规律，存在开始期、快速增长期、增速放缓期、饱和期四个增长阶段，可利用Logistic模型对机动车保有量情况进行预测，Logistic模型的基本形式，如式（4-1）所示：

$$M(t) = \frac{1}{1+e^{-(b+at)}} \tag{4-1}$$

其中$M(t)$为机动车保有量累计发展百分比；a、b均为常数；t为时间；e为自然对数的底。

利用Logistic模型进行预测还需要通过计算得到该地区城市道路网络能够容纳的机动车总量极限值，计算如式（4-2）、式（4-3）所示：

$$V = \sum_{i}^{4} C_i T_i \alpha_i \beta_i \gamma_i \tag{4-2}$$

① 高鹏. 轨道交通客流预测及敏感性分析研究 [D]. 哈尔滨工业大学，2019.

② 陆化普. 交通规划理论与方法 [M]. 北京：清华大学出版社，1998.

③ 杨钰浩. 基于空间相互作用理论的都市快轨客流预测研究 [D]. 重庆交通大学，2019.

④ 陈京兆. 改进的四阶段法在城市轨道交通客流预测中的应用 [D]. 长沙理工大学，2018.

$$T_i = \sum_{k=1}^{n} L_{ik} N_{ik} \tag{4-3}$$

其中 V 为城市道路网络能够容纳的机动车总量（pcu·km/h）；C_i 为在该市第 i 类道路上车道的平均通行能力理论值（pcu/h）；T_i 为该市第 i 类道路的车道总长度（km）；α_i 为该市第 i 类道路的交叉口折减系数平均值；β_i 为该市第 i 类道路的饱和度（V/C）的平均值；γ_i 为该市第 i 类道路的车道综合折减系数平均值；i 为城市道路的分类，共分为城市快速路、城市主干路、次干路、支路；L_{ik} 为该市第 i 类道路中，第 k 个路段的长度（km）；N_{ik} 为该市第 i 类道路中，第 k 个路段的车道数；n 为该市第 i 类道路总数。在此情况下对城市机动车平均出行距离进行考虑，即可求出在城市道路网容量限制的条件下机动车保有量的极限值。

社会经济情况的预测主要是对国内生产总值的预测，可利用回归预测模型、时间序列 ARIMA 模型等对城市生产总值进行预测。ARIMA 模型包括差分整合移动平均自回归模型、移动平均模型、自回归模型三种基本形式。其中差分整合移动平均自回归模型包含自回归项、移动平均项和单整项三个部分，对扰动项进行建模分析并考虑预测变量的历史值、现值和误差值能够显著提升模型预测精度。差分整合移动平均自回归模型的基本形式如式（4-4）、式（4-5）所示：

$$u_t = c + \varphi_1 u_{t-1} + \cdots + \varphi_p u_{t-p} + \varepsilon_t + \theta_1 \varepsilon_{t-1} + \cdots + \theta_q \varepsilon_{t-q} \tag{4-4}$$

考虑序列 y_t，若其能通过 d 次差分形成一个平稳序列 $y_t \sim I(d)$，则

$$u_t = \Delta^d y_t = (1-B)^d y_t \tag{4-5}$$

其中 u_t 为时间序列 t 时刻的值；C 为时间序列均值；φ 为各时刻时间序列值对应的情况；ε 为各时刻对应的白噪声序列；θ 为各时刻对应的白噪声序列的权重情况。

在完成基础数据资料的获取后，应建立模型对交通生成与交通分布情况进行预测。建立模型时应考虑各分区区位影响状况、土地利用强度状况、空间相互作用强度状况等因素。为描述交通小区区位优势情况，可建立模型计算交通小区的区位影响指数，如式（4-6）所示：

$$A_i = \frac{1}{\sum_j \left(\dfrac{\sum_q t_{ijq}}{Q} \right)} \tag{4-6}$$

其中 A_i 为交通小区 i 的区位影响指数；t_{ijq} 为各类交通方式从交通小区 i 到交通小区 j 所用的时间（h）；Q 为各类交通方式的交通出行量总和，包括自行车、地铁、公

交、汽车、步行等。

土地利用强度是除区位因素外能对预测结果产生较大影响的因素，建筑容积率可直观体现土地利用率情况。因此，可利用交通小区中各类建设用地的容积率加权平均来描述土地利用强度，如式（4-7）所示：

$$M_i = \frac{\Sigma_k S_{ik} FAR_{ik}}{\Sigma_k S_{ik}} \tag{4-7}$$

其中 M_i 为第 i 个交通小区的土地利用强度指数；S_{ik} 为第 i 个交通小区内，第 k 类土地的用地面积（km²）；FAR_{ik} 为第 i 个交通小区内，第 k 类土地的建筑容积率。

在考虑土地开发强度和区位影响的基础上，首先要通过式（4-8）计算全部区域交通生成总量：

$$Z = T_u \times K_u \times T_s \times K_s \tag{4-8}$$

其中 Z 为规划区域的出行生成总量（人·次/天）；T_u、T_s 分别为规划区域的常住人口和流动人口（人）；K_u、K_s 分别为规划区域的常住人口和流动人口的出行率（次/天）。

其次要依式（4-9）计算全部区域交通吸引总量：

$$D = \sum_m k_m \times x_m \tag{4-9}$$

其中 D 为规划区域的总出行吸引量（人·次/天）；m 表示不同用地类别的编号；k_m 为区域内第 m 类用地吸引的权重（次/km²）；x_m 为区域内第 m 类用地的面积（km²）。

对区域内第 m 类用地吸引的权重 k_m 可采用式（4-10）进行计算：

$$k_m = \frac{N_m \times H_m}{L_m} \times T_q \tag{4-10}$$

其中 N_m 为对第 m 类用地调查时抽取的样本数（人）；H_m 为第 m 类用地的出行吸引系数，可通过查阅《交通出行率手册》得到；L_m 为第 m 类用地内已建成建筑区域面积的平均值（km²）；T_q 为一天交通出行量的折算高峰小时（h）。

再次要计算交通小区的产生及吸引权重，计算方法如式（4-11）所示：

$$C_i = \frac{\Sigma_m S_{ik} k_m M_i}{\Sigma_i \Sigma_m S_{ik} k_m M_i} \tag{4-11}$$

其中 C_i 为第 i 个交通小区的产生及吸引权重。

最后计算交通小区的产生及吸引分担率如式（4-12）所示：

$$K_i = \frac{\sqrt{Pop_i S_i M_i A_i C_i}}{\sum_i^n \sqrt{Pop_i S_i M_i A_i C_i}} \qquad (4\text{-}12)$$

其中 Pop_i 为第 i 个小区特征年的人口分布数（人）；S_i 为第 i 个交通小区所占用的土地面积（km^2）。应用该计算结果，将式（4-8）、式（4-9）得到的总量进行分配，得到各交通小区的产生量和吸引量。

（2）出行分布阶段

出行分布阶段可利用增长率法、重力模型法、机会模型法等方法完成对交通分布情况的预测，在上述方法中重力模型法应用最为广泛[1]，如式（4-13）所示：

$$T_{ij} = \frac{P_i A_j F(t_{ij})}{\sum_j (A_j F(t_{ij}))} \qquad (4\text{-}13)$$

其中 T_{ij} 为 i 区到 j 区出行量；P_i 为 i 区发生量；A_j 为 j 的吸引量；t_{ij} 为 i 区到 j 区的出行阻抗；$F(t_{ij})$ 为摩阻函数，其计算公式如式（4-14）所示：

$$F(t_{ij}) = t_{ij}^{-\gamma} \qquad (4\text{-}14)$$

其中，γ 为阻抗系数。

（3）交通方式划分阶段

对交通方式的划分常采用分担率曲线法或函数模型法进行计算，其中分担率曲线法需绘制交通方式选择曲线并根据曲线求得该地区交通方式分担率，该曲线主要受地区间交通方式所需时间差和地区间距离的影响。

函数模型法分为线性模型法、Logit 模型法、Probit 模型法等，其中 Logit 模型法应用较为广泛，应用 Logit 模型法对某种交通方式的分担率，可以用式（4-15）表示：

$$\left\{ \begin{array}{l} P_i = \dfrac{\exp(U_i)}{\sum_{j=1}^{J} \exp(U_j)} \\[4mm] U_i = \sum_k a_k X_{ik} \end{array} \right\} \qquad (4\text{-}15)$$

其中，P_i 为交通方式的分担率；X_{ik} 为交通方式 i 的第 k 个说明要素（所需时间、费用等）；a_k 为待定参数；j 为交通方式的个数；U_i 为交通方式 i 的效用函数。

---

[1]　黎伟. 基于四阶段法的城市轨道交通客流预测模型研究 [D]. 重庆大学，2008.

（4）交通分配阶段

交通分配预测是在满足居民交通出行需求的前提下，预测运输线网上的客流量，将现在以及未来可能的交通出行量，分配到特定的运输线网上去从而达成实现预测的目标，对交通分配情况进行预测可以选择平衡分配模型或非平衡分配模型。沃德罗普（Wardrop）第一原理中要求网络上所有使用的线路的出行费用较于未使用的线路出行费用更低。Wardrop第二原理要求出行者在网络上的分布可以使网络上所有出行者的总出行时间最小。平衡分配模型必须满足Wardrop第一或第二原理其中之一。基于Wardrop第一原理建立的用户均衡模型能够更直观地表述出行者选择路线的行为，该模型如式（4-16）、式（4-17）所示：

$$\min z(x) = \sum_{ij} \int_0^{x_{ij}} t_{ij}(u) du \qquad (4-16)$$

$$\text{s.t.} D(j, s) + \sum_i x_{ij}^s = \sum_i x_{jk}^s \ (j=1, \cdots, n; s=1, \cdots, p; j \neq s; x_{ij}^s \neq 0) \quad (4-17)$$

其中 $D(j, s)$ 为由 j 节点产生的、目的地为 s 节点的交通流量；$t_{ij}(u)$ 为路段阻抗；x_{ij}^s 为目的地为 s 时，i 节点到 j 节点的交通流量；x_{jk}^s 为目的地为 s 时，j 节点到 k 节点的交通流量；n 为网络中节点的个数。

二、地下管线规划方法

1.综合管廊的规划方法

对综合管廊进行规划应先根据城市路网情况生成路网拓扑结构，并根据拓扑结构进行管廊路径适建性评价和节点重要度评价，最终构建综合管廊规划模型并对模型进行求解[①]。

（1）生成路网拓扑结构

综合管廊一般沿城市道路进行敷设，因此在管廊规划前需生成城市道路的拓扑结构并对其进行分析。对综合管廊规划而言，可利用ArcGIS等软件将城市路网简化为节点和路段两个图层，并对其分别编号再进行研究。利用对偶法和原始法可对城市路网进行拓扑结构分析。

原始法将路网中的交点和节点分别作为拓扑网络中的节点和边，方法简洁明了、还原度高，但在一些情况下难以全面表示道路的属性。对偶法将路网中的节点

---

① 李婷.城市地下综合管廊路径规划与方案评价[D].西安建筑科技大学，2018.

和交点分别作为拓扑网络中的边和节点，方法还原度相对原始法而言较低，难以准确表达道路的长度信息，但其相对于原始法更有利于分析网络拓扑结构。

（2）管廊路径适建性评价

在综合管廊建设前要进行管廊路径适建性评价，主要是利用指标评分法建立管廊路径适建性评价指标体系。指标体系的建立应根据地下空间已开发情况、已有市政管线情况、地质条件适建性情况、城市道路改扩建情况、城市交通流量情况、城市土地开发利用强度情况、城市功能分区情况等进行设置。在确定好适建性评价指标体系后，一般利用熵权法结合变权法建立管廊路径适建性评价模型，模型中评价指标数量为m，道路条数为t，结合实测数据对各评价指标赋值，评价指标的原始赋值矩阵为$\{x_{ij}\}_{t \times m}$，并利用式（4-18）、式（4-19）计算第j个指标的信息熵：

$$E = -(Lnt)^{-1} \sum_{i=1}^{t} p_{ij} Ln p_{ij} \tag{4-18}$$

$$p_{ij} = \frac{r_{ij}}{\sum_{i=1}^{t} r_{ij}} \quad (i=1, 2, \cdots t; j=1, 2, \cdots m) \tag{4-19}$$

其中r_{ij}表示各评价指标归一化后的指标值，则管廊路径适建性评价系统的第j项评价指标的常权计算，如式（4-20）所示：

$$W_j = \frac{1-E_j}{\sum_{j=1}^{m} (1-E_j)} \tag{4-20}$$

变权法可用于弥补常权固定化所产生的误差，对任意常权向量$W=(W_1, W_2, \cdots\cdots, W_m)$，变权向量$w(X)$如式（4-21）所示方法进行表示：

$$w(X) = \frac{W_i S_1(X)}{\sum_{j=1}^{m} W_j S_j(X)} = \frac{(W_1 S_1(X), W_2 S_2(X), \cdots\cdots, W_m S_m(X))}{\sum_{j=1}^{m} W_j S_j(X)} \tag{4-21}$$

其中，$w(X)$为变权向量；$S_j(X)$为状态变权向量。使用变权法中的惩罚型状态变权向量计算权重，如式（4-22）、式（4-23）所示：

$$S_j = \frac{1}{x_{ij}} \tag{4-22}$$

$$w_{ij} = \frac{w_j / x_{ij}}{\sum_{j=1}^{m} w_j / x_{ij}} \tag{4-23}$$

其中x_{ij}表示第i个节点的第j项指标的数值；w_j表示由熵权法得到的第j项指标的权重；w_{ij}表示第i个节点第j项指标的变权权重；

第i条道路的管廊路径适建性评价值计算公式，如式（4-24）所示：

$$SJ_i = \sum_{j=1}^{m} w_{ij} \frac{x_{ij}}{\max(x_j)} \tag{4-24}$$

其中$\max(x_j)$表示第i个节点第j项指标的最大值。

（3）节点重要度评价

综合管廊是线性构筑物，不仅要考察节点本身的重要程度，还要考虑管廊的路径适建性。节点重要度计算方法包括节点删除法、贡献矩阵法、节点收缩法等，目前节点收缩法应用于综合管廊节点重要度评价更为广泛。节点收缩法将边权纳入节点重要度分析的考虑范围，假设在计算节点v_i的重要度时将与节点v_i相连的k_i个节点都与节点v_i融合进行收缩，用一个新的节点v_i'代替原来的k_i+1个节点。原先与这些节点相关联的节点都与新的节点相连，通过比较节点收缩前后网络凝聚度的变化率来衡量节点的重要性，收缩后网络凝聚度变化越大则该节点越重要。网络凝聚度受节点数目及其连通能力的影响，利用L（表示节点平均距离）对节点间连通能力进行衡量，网络凝聚度计算方法，如式（4-25）、式（4-26）所示：

$$\delta(G) = \frac{1}{nL} = \frac{n-1}{2\Sigma d_{ij}} \tag{4-25}$$

$$L = \frac{1}{C_n^2} \Sigma d_{ij} \tag{4-26}$$

其中n为节点数量；d_{ij}为连接节点v_i和v_j的最短路径的边数。

节点v_i的重要性按式（4-27）进行计算：

$$IMC(v_i) = 1 - \frac{\delta(G)}{\delta(G*v_i)} \tag{4-27}$$

其中$\delta(G*v_i)$为将节点v_i收缩后得到的网络凝聚度情况。

（4）构建综合管廊规划模型并求解

在进行综合管廊规划的过程中应将城市总体规划、分区规划中确定的控制指标等因素纳入考虑范围内，并根据这些因素的重要程度将其划分为首要目标和次要目标。首要目标一般是规划所优先达到的某种目的，而次要目标一般要将其数值控制在一个合理的范围内。首要目标和次要目标在综合管廊路径规划时分别作为目标函数和约束条件，将管廊路径最短作为首要目标可达到降低建设成本的作用。

为了保证综合管廊建成后具有相对较高的社会效益，必须考虑管廊路径适建性和节点重要度的影响。综上所述，构建综合管廊规划模型应以路径最短为首要目标，添加路径适建性和节点重要度为次要目标，建立规划模型对综合管廊最优路径进行规划，并利用改进的弗洛伊德（Floyd）算法（插点法）对模型进行求解。以综合管廊的路径最短为目标，以路径经过的路段的路径适建性和节点重要度不低于某一阈值为约束，建立的求解综合管廊最优路径的单目标规划模型，如式（4-28）、式（4-29）所示：

$$Z=\min\sum_{i \in N_v}\sum_{j \in N_v}C_{e_{ij}}l_{e_{ij}} \tag{4-28}$$

$$\text{s.t.}\begin{cases} \sum C_{e_{ij}}SJ_{e_{ij}}>SJ \\ \sum C_{e_{ij}}IMC_{ij}>IMC \\ C_{e_{ij}}=0\,\text{or}\,1 \\ i \in N_v, j \in N_v \end{cases} \tag{4-29}$$

其中$l_{e_{ij}}$为相邻节点i和j连接的路径e的长度；$C_{e_{ij}}$为0～1变量；当路段e_{ij}在所选路径上时取值为1，否则取0；$SJ_{e_{ij}}$为相邻节点i和j连接的路径e的路径适建性；SJ为路径适建性下限值；IMC_{ij}为相邻节点i和节点j的重要度；IMC为节点重要度下限值。

单目标规划模型有插点法、罚函数法、单纯形法等多种求解方法，利用改进的插点法可以求解任意两点之间最优路径。利用该方法求解需要定义$n \times n$的方阵序列$A^{(0)}$，$A^{(1)}$，……，$A^{(n)}$记录每一步迭代的结果，其中$A_{ij}^{(k)}$表示从v_i到v_j中间顶点序号不超过k的最短路径的长度（$0 \leqslant k \leqslant n$），递推关系如式（4-30）所示：

$$\begin{cases} A_{ij}^0 = \omega_{ij} \\ A_{ij}^k = \min\left\{A_{ij}^{(k-1)}, A_{ik}^{(k-1)} + A_{kj}^{(k-1)}\right\}, (0 \leqslant k \leqslant n) \end{cases} \tag{4-30}$$

在第k次迭代时，$A_{ik}^k = \min\left\{A_{ik}^{(k-1)}, A_{ik}^{(k-1)} + A_{kk}^{(k-1)}\right\}$，而$A_{kk}^{(k-1)}=0$，所以$A_{ik}^k = A_{ik}^{(k-1)}$，同样有$A_{kj}^k = A_{kj}^{(k-1)}$，矩阵第$k$行的元素和第$k$列的元素保持不变，用矩阵$A$和路径矩阵path分别记录迭代过程和最短路径，path$_{ij}$表示从顶点v_i到v_j的最短路径。

三、城市广场规划方法

1.以公共交通为导向的开发模式为指引的城市广场规划方法

以公共交通为导向的开发模式（Ttransit-Oriented Development，简称TOD模式）是一种以可持续性和宜居性为发展目标，以公共交通主导的交通系统为手段，城市土地利用与城市交通发展紧密结合的城市综合发展模式[①]。在TOD模式的指导下，以城市总体规划为依据，结合城市轨道交通线路规划建立以轨道交通站点为中心的新城，可以有效缓解主城区资源紧张、交通拥堵的问题，同时加快新城区的发展，提升居民生活质量[②]。

结合TOD新城建设规划，相对应地进行城市广场的规划，可以满足新城居民日常休憩、出行、购物等方面的要求[③]。一般来说，TOD新城建设应形成10～15分钟生活圈。

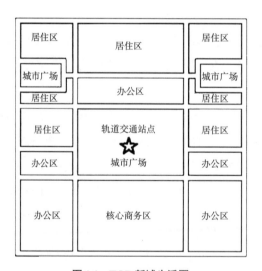

图4-1　TOD新城生活圈

如图4-1所示，在TOD新城中，城市广场应规划于轨道交通站点处，并与站点、商业核心区进行一体化规划设计，其一要满足居民乘车出行的需要，降低进出

---

① 吴放.基于可持续宜居城市发展的TOD城市空间设计策略研究[D].浙江大学，2014.

② 米雪.我国城市轨道交通TOD模式应用研究[D].大连理工大学，2021.

③ 黄卫东，苏茜茜.基于TOD理论的公交社区建设模式研究——以杭州为例[J].城市规划学刊，2010（S1）：151-156.

站、换乘的拥挤度；其二要满足市民日常休憩活动的要求并保证合理的绿地面积与绿地率；其三要满足商业核心区的功能要求，还应提升商业核心区与城市广场之间、商业核心区与轨道交通站点之间的步行便捷度。

2. 多功能结合的规划方法

对城市广场而言，相关部门在进行控制性详细规划时就应明确其主要功能定位并重点对主要功能进行相应的规划设计。同时，城市广场还应结合其所处的区位情况相应地完成各辅助功能的规划设计，从而提升城市广场的服务效率和服务质量。《城市居住区规划设计标准》GB 50180—2018对五分钟生活圈居住区、十分钟生活圈居住区、十五分钟生活圈居住区的多功能运动场地、文化活动中心等配套设施的占地面积以及绿地率等控制指标作出了规定，结合城市广场的区位情况对城市广场进行区域划分，划分为商业活动区、公交换乘区、公共服务区、文体活动区等多个各具功能的广场分区。各区之间彼此利用内部道路互相连接提高连通性，提高居住区内配套设施的满足度，提升居民生活舒适性。

四、城市绿地系统规划方法

1. 生态控制线的划定方法

《城市绿地规划标准》GB/T 51346—2019规定了应结合市域内绿色生态空间要素及其空间分布情况科学划定生态控制线，明确了市域范围内的绿色生态空间要素类型及这些类型内包含的绿色生态空间要素。在此基础上，各城市应结合自身特点在控制性详细规划中对生态控制线进行明确的规划[1]。

生态控制线划定过程中主要包含三种技术方法，分别是：分级分类管控、确定生态用地总规模、识别关键生态要素。生态安全格局构建法、生态敏感性与生态适宜性分析法、生态要素叠加法这些识别关键生态要素的方法不同造成了生态控制线划定的差异。

2. 公园绿地规划方法

对公园绿地进行规划应进行可达性分析，公园绿地的可达性体现了其是否平等地为市民获取城市绿地服务提供了便利，也是衡量公园绿地规划是否成功的标准。

3S技术在城市绿地系统等相关景观规划领域有着广泛的应用，主要包括RS

---

[1] 魏艺璇. 基于GIS的晋州市生态控制线划定及管控策略研究 [D]. 河北工程大学，2020.

（遥感技术）、GIS（地理信息系统）、GPS（全球定位系统）技术。利用3S技术建立公园绿地可达性模型的步骤如下：首先，利用GPS选取控制点并对图像进行增强、几何校正和配准处理；其次，利用ArcGIS软件结合实地勘察所获得的数据对城市水系、城市道路、城市公园绿地分别进行数据库的建立；再次，在GIS平台上对城市土地利用分类数据进行提取，将其中的公园绿地数据作为可达性分析对象并转换为栅格数据[1]；最后，运用转换完成的数据综合考虑空间阻力类型、公园绿地距离等因素对网络可达性模型进行构建，公园绿地可达性指数计算方法，如式（4-31）所示：

$$ACI = \sum_{i=1}^{n} \sum_{j=1}^{m} f^{(D_{ij}*R_i)} \Big/ V_0 \qquad (4\text{-}31)$$

其中ACI是公园绿地的可达性指数；f是反映研究区域空间特征的距离判别函数；D_{ij}是从空间内一点到源j（公园绿地）所穿越的空间单元面i的距离；R_i是空间距离单元i可达性阻力值；V_0是人们从空间任一点到源j（公园绿地）的移动速率。可达性模型能分析辖区内各区域向公园绿地的可达性情况，并以此结果对公园绿地规划进行相应调整以提升服务质量。

五、城市照明规划方法

近年来，城市照明规划已转变为更重视生态环境和社会文化的、更关注宏观协调与可持续发展的规划。在城市照明规划的制定过程中，可借鉴SWOT分析法、城市意向分析法等城市规划实用方法，进一步提升规划的可实施性和实施效果。

1.城市意向分析法

城市意向分析法起源于20世纪60年代，美国规划师凯文·林奇（Kevin Lynch）在其著作《城市意向》中对城市意向做出定义：城市意向是城市环境与观察者之间不断交互所形成的心理体验，并通过实例研究将标志、节点、区域、边界、通道共同作为构成城市意向物质形式的五大要素。对城市照明规划来说，城市意向分析法提供了由城市自身角度探讨景观照明发展的新途径[2]。

---

① 申世广.3S技术支持下的城市绿地系统规划研究[D].南京林业大学，2010.
② 戴菲，章俊华.规划设计学中的调查方法5——认知地图法[J].中国园林，2009，25（03）：98-102.

认知地图法将认知心理学的空间分析技术与社会调查方法进行综合，可用于对城市各类场所的意向进行认知。认知地图中城市意向感受的数据来源主要是对市民的访谈以及实地调查，在地图上绘制点、线、面等图形语言并对其进行标注，具体的标注方法包括自由描画法、限定描画法、圈域图示法、空间要素图示法等。

2.SWOT分析法

20世纪80年代，美国旧金山大学国际管理和行为科学教授海茵兹·维利科（Heinz Weihrich）构建了SWOT分析法，该方法是由Strength（优势）、Weakness（劣势）、Opportunity（机遇）、Threat（威胁）所组成的一种分析方法。其中，优势与劣势来源于所分析目标的内部情况，是相对可控的；机遇与威胁是来源于所分析目标所处的外部环境，是相对不可控的。SWOT分析就是要将这些因素调查罗列并按矩阵形式排列组合，利用系统分析的思想把各种因素相互匹配并加以分析，最终得出相应的结论。

以济南为例，结合济南市实际情况对其进行SWOT分析发现，其具有的优势一是随着城市建设步伐加快，老城区相对落后的基础设施逐渐更新，龙奥片区、唐冶片区、新东站片区、西客站片区等新城区基础设施建设也日渐完善，完善的基础设施建设能够为城市照明建设提供保障。优势二是济南市夜间生活日益丰富，环联夜市、印象城夜市、泉城路夜市持续火爆，公交公司也相应开通了夜间公交方便市民夜间出行。优势三是济南市坐拥大明湖、千佛山、华山、趵突泉等优秀旅游资源。劣势一是照明缺乏整体性规划且与其他工程之间协调性不足，城市照明在济南市的城市发展中未占应有地位。劣势二是缺乏高素质的照明专业人员，其不光体现在高素质照明规划人员的缺乏，还体现在高素质照明设计人员、高素质照明维修人员、高素质照明建设人员的缺乏，这些人员的缺乏使济南市难以形成专业的照明工程规划—设计—建设体系，严重制约着济南市城市照明的发展。机遇在于国家对夜间经济的积极推动力，国务院办公厅2019年颁发的《国务院办公厅关于进一步激发文化和旅游消费潜力的意见》提出了进一步发展城市夜间经济的有关意见。济南市也相应出台了《济南市夜间经济聚集区建设与管理规范》以及《关于推进夜间经济发展的实施意见》。相关意见和规范的出台将有利于夜间经济促进济南经济的健康发展，也将有利于济南市城市照明工程的进一步规划建设。威胁一是来自周边城市的竞争，包括近期夜间经济火爆的淄博市、旅游资源雄厚且经济发展良好的青岛市，均对济南市城市照明建设的发展构成了威胁，济南市需完成更能体现济南泉水文化特点的城市景观照明规划和更能方便市民和游客夜间出行的城市功能照明规划。威胁二是济南市各区域发展的不均衡性，济南市目前城市发展呈现东强西弱的整体格局，东部龙奥片区、唐冶片区、汉峪片区等多个片区功能互补共同发展，西部相对而言发展速度和基础设施建设完善程度均相对不足，此情况为济南市完成城市照明工程建设的协调性要求制造了威胁。

六、环卫工程规划方法

1.生活垃圾收集站内垃圾收容器数量的计算

为确保环境不受垃圾溢出的影响，生活垃圾收集站内的垃圾收容器总量必须满足使用需求。在同一区域内设置垃圾收集容器时通常会采用同一规格的容器，并按照式（4-32）中所示的数量计算方法进行配置 [①]：

$$N_{sjrq} \geqslant \frac{N_r M_{r^{-1}d^{-1}} \alpha_{r^{-1}d^{-1}} \beta}{D\varphi} \times \frac{T_{liqc}^{zq}}{V_{sjrq}\delta} \tag{4-32}$$

其中 N_{sjrq} 为站内收容器数量；N_r 为收集范围内居住人口数量（人）；$M_{r^{-1}d^{-1}}$ 为人均日产垃圾量（t/人·天）；$\alpha_{r^{-1}d^{-1}}$ 为人均日排出垃圾量变动系数；β 为居住人口数量变动系数；D 为垃圾平均密度（t/m³）；φ 为垃圾平均密度变动系数；T_{liqc}^{zq} 为收集站处垃圾清理周期（天/次）；V_{sjrq} 为单只垃圾收集容器的容积；δ 为垃圾收集容器填充系数。

2.分区内垃圾日处理量的计算

生活垃圾收集站的规模主要受处理垃圾量的约束，服务区域内规划人口所产生的垃圾的规模应当根据月平均垃圾产生量的最大值来确定。在缺乏实际数据的情况下，可以采用式（4-33）的方法来确定：

$$M_{dmz} \geqslant \alpha_{r^{-1}d^{-1}}^{dmz} \beta^{dmz} N_r^{drz} M_{r^{-1}d^{-1}}^{dmz} \tag{4-33}$$

其中 M_{dmz} 为垃圾日处理量（t/天）；$\alpha_{r^{-1}d^{-1}}^{dmz}$ 为分区内人均日排垃圾量变动系数，按当地实际资料采用，如无资料时取 1.3～1.4；β^{dmz} 为分区内居民人口数量变动系数，可取 1.02～1.05；N_r^{drz} 为分区内居住人口数量（人）；$M_{r^{-1}d^{-1}}^{dmz}$ 为分区内居民人均日产垃圾量（t/人·天），采用当地实际资料，无具体资料时可取 0.0010～0.0012。

3.城市粪便产生量的计算

城市粪便产生量的计算方法如式（4-34）所示：

① 李旭辉.城市生活垃圾梯次处理模式及其规划布局方法研究[D].武汉理工大学，2013.

$$V = a \cdot N \cdot K_1 \cdot K_2 \cdot K_3 \cdot K_4 / 1000 \tag{4-34}$$

其中 a 为人均每天粪便产生量，取 0.4（t/人）；N 为人口总数（人）；K_1 为浓缩系数，社会化粪池取值为 0.5，公厕化粪池取值为 1；K_2 为发酵缩减系数，社会化粪池取值为 0.8，公厕化粪池取值为 1.0；K_3 为吸粪车吸入粪水率，取值一般为 45%～55%；K_4 为含渣系数，取值为 1.05；V 为粪便产生总量（t/天）[①]。

七、防灾工程规划方法

1. 水文模型计算方法

降雨后，地表径流沿着地势走向流入低洼处，最终在相对位置汇聚形成水量，这是导致雨涝产生的主要原因。通过建立水文模型对透水渗水量进行计算，以获取地表径流的产流量并以此为依据制定降低雨涝风险的策略，常见的水文模型包括 SCS-CN 模型和 Horton 模型[②]。

（1）SCS-CN 模型

在 20 世纪 50 年代，美国农业部开发了 SCS 模型曲线，该模型主要研究土地利用和土壤水分对雨水径流的影响，在集水区实际入渗量（F）与实际径流量（Q）之比等于集水区降雨前潜在入渗面积（S）与潜在径流量（Q_m）之比的假定基础上建立，为区域水土保持规划提供依据[③]，模型计算如式（4-35）所示：

$$\frac{F}{Q} = \frac{S}{Q_m} \tag{4-35}$$

式中需要考虑到潜在径流量（Q_m）和实际入渗量（F）会有不同所损耗值，如式（4-36）、式（4-37）所示：

$$\begin{cases} Q = \dfrac{(P - 0.2S)^2}{P + 0.8S}, & if\ P \geqslant 0.2S \\ Q = 0, & if\ P < 0.2S \end{cases} \tag{4-36}$$

$$S = \frac{25400}{CN} - 254 \tag{4-37}$$

① 蒋志敏. 常德市环境卫生专业规划研究 [D]. 湖南大学，2010.

② 崔博浩. 雨水花园的渗滞模拟及设计优化 [D]. 郑州大学，2021.

③ 丁锶湲. 基于数字技术的厦门雨涝易发地区灾害防控方法研究 [D]. 天津大学，2018.

其中 P 为月降雨总量（mm）；Q 为月径流量（mm）；S 为可能最大滞留量（mm）；CN 为降雨过境时流域下垫面的综合参数，用 SCS 模型计算城市在降雨过程前后内涝的积水容量。

（2）Horton 模型

Horton 模型是美国霍顿（Horton. R. E）1933 年提出的水文模型，其假定在充分供水条件下，下渗率与时间成反比例关系，随着时间的增加下渗率逐渐衰减并最终达到稳定下渗率，具体如式（4-38）所示：

$$f = f_c + (f_0 - f_c) e^{-kt} \tag{4-38}$$

其中 f_0 为初始下渗率；f_c 为稳定下渗率，反映土壤达到田间持水量时的下渗能力；k 为下渗率随时间的递减系数；f 为 t 时刻对应的 Horton 下渗率。对式（4-38）积分可得 Horton 模型累计下渗量的函数表达式（4-39）：

$$F_e(t) = \int_0^t f dt \tag{4-39}$$

其中 F_e 为 Horton 曲线累计下渗量。

2. 应急资源需求计算方法

（1）抗震救灾医疗资源配置公式

抗震救灾医疗资源配置以灾后受伤人员数量为计算依据，考虑人员受伤率与不同破坏状态之间的关系[1]，估算公式如式（4-40）、式（4-41）所示：

$$N(I_d) = f_t \cdot f_p \cdot \left(\sum\sum P(D_j | I_d, I_i) \cdot l(D_j) \cdot M \right) \tag{4-40}$$

$$R = k \cdot c \cdot N(I_d) \tag{4-41}$$

其中 N 为地震伤亡人数（人）；$l(D_j)$ 为不同破坏状态对应的人员受伤率；f_t、f_p 分别为震发修正系数和人口密度修正系数；M 为该地区总人口数（人）；$P(D_j | I_d, I_i)$ 为按 I_d 烈度设防的建筑在遭遇到 I_i 烈度时发生 D_j 级破坏的概率；R 为应急床位、医疗人员的应急需求量；k 为灾区地区系数；c 为医疗资源的需求系数。

（2）抗震救灾物资储备配置公式

根据震后无家可归人员数量相对应地进行抗震救灾物资储备数量的计算，如式（4-42）、式（4-43）所示：

---

[1] 贾战超. 区域抗震防灾应急服务设施规划布局方法研究 [D]. 河北工业大学，2018.

$$N = \frac{1}{\alpha}\left(\frac{2}{3}A_1 + A_2 + \frac{7}{10}A_3\right) \tag{4-42}$$

$$\alpha = \frac{A}{m} \tag{4-43}$$

其中 A_1 表示被地震完全损坏住宅的面积（m^2）；A_2 表示被地震严重破坏住宅的面积（m^2）；A_3 表示被地震中等破坏住宅的面积（m^2）；α 表示人均居住面积（m^2）；A 表示建筑面积（m^2）；m 表示规划人数（人）；N 表示无家可归人数（人）。

3.火灾风险评估方法

火灾风险评估为城市消防规划的编制提供了指引，通过对现状分析，建立火灾风险评估体系，可以为消防规划提供针对性的指导。对火灾风险进行评估的方法包括层次分析法、模糊数学综合评价法、物元分析法等。目前层次分析法在火灾风险评估中应用较为广泛[①]。

（1）评价指标体系的建立

在进行风险评估前，各城市需结合本城市实际情况建立火灾风险评价指标体系，影响火灾风险评估的因素一般包括：现有消防设施情况、建筑密度高度、燃气管网情况等，将这些风险因素进行整合可得到由若干一级指标和二级指标组成的评价指标体系。

（2）指标因子权重的确定

依据前文所制定的评价指标体系建立相应的层次结构模型，采用专家打分的方式对成对因素的重要程度进行比较判断，最终形成判断矩阵。

设需要评价的问题 A 中有 n 个指标，则得到判断矩阵，如式（4-44）所示：

$$A = \begin{pmatrix} b_{11}b_{12}\cdots b_{1n} \\ b_{21}b_{22}\cdots b_{2n} \\ \cdots\cdots\cdots \\ b_{n1}b_{n2}\cdots b_{nn} \end{pmatrix} \tag{4-44}$$

其中 b_{ij} 表示 b_i 与 b_j 的比较结果。

矩阵每行乘积 M_i 的计算方法，如式（4-45）所示：

$$M_i = \prod_{j=1}^{n} b_{ij}(i,j = 1,2,\cdots,n) \tag{4-45}$$

---

① 余奇峰.偃师市中心城区消防规划研究[D].西南科技大学，2021.

其特征向量 $\bar{W}_i$ 计算方法，如式（4-46）所示：

$$\bar{W}_i = \sqrt[n]{M_i} \tag{4-46}$$

对其进行标准化计算如式（4-47）所示：

$$W_i = \frac{\bar{W}_i}{\sum_{i=1}^{n} \bar{W}_i}(i, j = 1, 2, \cdots, n) \tag{4-47}$$

对 W_i 进行标准化处理后，进行最大特征根的计算，如式（4-48）所示：

$$\varphi_{\max} = \sum_{i=1}^{n}\left[\frac{(Aw)_i}{nw_i}\right] \tag{4-48}$$

其中 $(Aw)_i$ 代表 Aw 中的第 i 个元素。计算完成后，需对得到的判断矩阵按式（4-49）进行一致性检验得到 CI 值：

$$CI = \frac{\varphi_{\max} - n}{n - 1} \tag{4-49}$$

将一致性指标 CI 与平均随机一致性指标 RI 进行比较，通过式（4-50）计算判断矩阵的随机一致性比例 CR：

$$CR = \frac{CI}{RI} \tag{4-50}$$

$CI < 0.1$ 时认为待评价问题 A 具有满意的一致性，可用其特征量作为权向量，否则需对 A 进行调整。

对火灾风险评价指标体系权重进行确定后，各城市应对指标相对应的数据进行搜集和处理，结合数据所反映的情况分析本城市哪些方面火灾风险还较为突出，并在消防规划中着重对这些风险进行防范。

第二节　市政工程设计方法

一、城市道路交通设计方法

城市道路设计的关键点是对道路交叉口或连接道路的位置节点进行设计，以确保交通流畅、安全和高效。节点设计的目标是优化交通流动，减少交通堵塞和事故风险，并提供便捷的行人和非机动车通行条件[①]。

1.道路节点匹配度

节点作为道路之间的交叉点、连接点、衍生物，其作用应与其性质匹配。最好的结果是两者完全契合，由于节点与道路均属刚性结构且在特定时期内性能相对稳定，所以两者之间的匹配是有定度值的。节点道路匹配度可以通过断面匹配度、通行能力匹配度以及机动性匹配度体现出来，度值越大，两者匹配性越强。

节点道路匹配度就是两者性能匹配的程度，它的通用表达如式（4-51）所示：

$$P^x = \frac{J^x}{D^x} \tag{4-51}$$

式（4-51）中 P^x 为节点匹配度；J^x 为节点性能指标；D^x 为道路性能指标。

不同节点形式和道路之间性能适配度存在差异，匹配度值愈大，两者性能差异愈小，节点提升空间愈小。

2.道路节点可靠度

对道路网络可靠度的研究主要包括四个方面：连通可靠度、运行时间可靠度、容量可靠度以及畅通可靠度。连通可靠度仅考虑了网络拓扑结构、网络节点是否连通，其体现了交通网络节点在两个节点间维持连通的可能性；运行时间可靠度就是出行者在给定的时间内能到达目的地的可能性；容量可靠度是指路网系统所能容纳某一特定交通量时，其服务水平所达到的可能性；畅通可靠度，是指道路交通运行状态达到指定时刻、指定工况下畅通状态所具有的可能性。

节点具有某种属性与形式时，其匹配度就会有某种变化，但是在这种匹配度范围内，节点能否满足交通需求及满足程度有多大是不确定的。虽然交通量不大于路段本身通行能力，但是它将达到或者大于节点服务能力，而节点需要服务的交通量又是一个随机变量，这使得抵达节点的交通量出现溢量现象，进而诱发节点故障。节点可靠度是节点能满足交通需要的可靠度，具体为节点提供通行能力能满足交通要求的可能性。节点可靠度不仅可以衡量节点整体的可靠性，而且可以衡量节点某个方向或者某个功能的可靠性。

呈周期性变化是节点处到达交通量的特点，是关于时间和地点的函数，且分布不论从时间还是从方位角均呈现无尺度特点，所以对特定节点或节点某一条线，都可以用负荷程度时间比衡量。基于这一观点，当道路节点饱和度 $\rho < 1$ 时，节点处

---

① 杨永勤.城市道路节点规划设计理论与方法研究[D].北京工业大学，2006.

于可靠运行状态；当道路节点饱和度 $\rho \geqslant 1$ 时，节点处于不可靠状态。如此，根据运行状态可以将节点可靠度定义为检验节点在 $\rho < 1$ 的时间段内运行的时间比率。

基于运行状态的节点可靠度的数学表达式为：

$$K^y = \frac{T_{\rho<1}}{T} \qquad (4-52)$$

式（4-52）中 K^y 为节点运行状态可靠度；$T_{\rho<1}$ 为饱和度 $\rho < 1$ 时的累计运行时间；T 为考察时间总长。K^y 的单位既可用时间比表示，如 h/d，h/y，也可以用百分数表示。

$$K_b^y = 1 - K^y = 1 - \frac{T_{\rho<1}}{T} = \frac{T_{\rho\geqslant1}}{T} \qquad (4-53)$$

式（4-53）中 K_b^y 为节点运行状态不可靠指标；$T_{\rho\geqslant1}$ 为饱和度 $\rho \geqslant 1$ 时的累计运行时间。

根据运行状态计算节点可靠度存在不确定性，可以引进根据运行状态时间比计算节点可靠度的概念——节点运行状态时间比超过一定值的可能性，数学表达式如式（4-54）所示。

$$K^t(K^y \geqslant k) = \frac{\sum_{K^y \geqslant k} D_{K^y}}{\sum D_{K^y}} \qquad (4-54)$$

式（4-54）中 $K^t(K^y \geqslant k)$ 为基于运行状态时间比的节点可靠度，也就是满足 $K^y \geqslant k$ 的概率；D_{K^y} 为节点运行状态时间比为 K^y 的天数（d）；k 为运行状态时间比值。

在城市道路节点设计中，通过对节点匹配度的调整可得到令人满意的节点可靠度指数，再依据所定义的匹配度选择节点形式并构建设计；同理，反之亦然。增加节点匹配度必然会提高其可靠度，但匹配度越大则未必可靠度越大。

值得一提的是节点饱和运行状态历时，再加上节点通行能力之和等于节点处于不可靠状态期间交通总量。其与日交通量之比体现为节点不可靠状态流量之比，而且节点处于不可靠状态时交通流受阻的程度还和溢欠量达到的具体情况有一定关系，因此需要对延误做相关的测算。

3. 道路节点重要度

重要度是一个描述系统元素之间相对重要性的指标，从城市道路节点来看，其重要性排序主要体现在以下几个方面。

第一，节点交通性能重要性与自然条件、环境条件、占地范围、技术难度和经济造价有关，若前两者为先，就会不择手段地满足节点功能需求，否则就会对节点设置产生限制。第二，是城市路网内节点间重要度排序，其与土地利用布局、路网结构形态以及节点位置等因素有关，可以确定，网络水平不同，节点重要程度也不同，一般排序应是：快速路网层节点＞干道路网层节点＞连通路网层节点。第三，是单条路线中节点间的重要度排序，这与其交叉的道路级别有关，符合道路重要度排序中"高速公路＞主干路＞次干路＞支路"的规律。第四，是针对特定的某个节点，其内在各个方向或者各个功能之间的顺序也和汇交道路级别有关且同路序。第五，节点重要程度仍与交通量和可靠度有关，度值正比于交通量而反比于可靠度。

在交通需求方面，重要度大的节点性能可靠性应更高，而事实正好与之相反，原因在于重要度大的节点通常饱和度更大，性能的稳定性更差，且重要度大的节点采取的形式匹配度普遍较高，匹配度大的节点提升空间小，改进的成本也就越大，因此很难提高。重要度是体现系统内各个单元重要性的数量表现，重要度计算是对系统内各个单元按照一定物理意义上的重要性进行排序，并且节点的重要度也需要通过一套指标体系进行调节。节点的重要度应根据具体情况进行区分和确定，不应进行机械性划分，度量以无量纲为宜，可用指标比表示，如式（4-55）所示：

$$Z_i^n = \frac{\sum\limits_{j=1}^{n} I_i^j}{\sum\limits_{j=1}^{n} I^j} \tag{4-55}$$

式（4-55）中 Z_i^n 为编号为 i 的节点或要素在 n 项指标下的重要度，$Z_i^n = 0 \sim 1$；I_i^j 为 i 号节点或要素的 j 项指标值；I^j 为 j 项指标标准值。

节点匹配度应和节点重要度应保持一致，一般情况下应成正比，对于提高节点可靠性还应先考虑重要度越大的节点或者元素。

4.三度优化模型

所谓三度优化法是以节点匹配度、节点可靠度、节点重要度为目标的优化规划设计。是通过量化节点要素指标，将节点规划与设计问题归结为一个目标优化问题，再引入漂移参数来求解系统鲁棒稳定性问题。三度优化法模型表达如式（4-56）所示：

$$\begin{cases} \max F = \mathrm{f}(Z, K, P, \zeta) \\ \min P = \mathrm{f}(Z, K) \\ K \geqslant B \end{cases} \tag{4-56}$$

式（4-56）中 F 为目标函数，ζ 为漂移参数，B 为服务标准。

解决三度模型问题依赖于相关指标体系，指标体系需要根据现状调查结果并制定服务标准，具体解决可以使用运筹学方法。

二、地下管线设计方法

结合近年来城市市政管网的技术发展、进步成果以及城市发展的需求，研究适用于"可持续发展"战略方针的城市市政管网设计方法。以给水管网、污水管网、燃气管网为例，介绍归纳其主要设计方法，对综合管线的设计有重要意义[①]。

1.给水管网管道常用水力计算公式

给水管网工程设计中常采用的管道水力计算公式主要有以下3个：

（1）达西公式

$$h_f = \lambda \frac{l}{d} \frac{v^2}{2g} \tag{4-57}$$

式（4-57）中 h_f 为沿程损失（m）；λ 为沿程阻力系数；l 为管段长度（m）；d 为管道计算内径（m）；g 为重力加速度（m/s²）；v 为流速（m/s）。

（2）谢才公式

$$v = C\sqrt{Ri} \tag{4-58}$$

$$h_f = \frac{v^2 l}{C^2 R} \tag{4-59}$$

式（4-58）和式（4-59）中 h_f 为沿程损失（m）；l 为管段长度（m）；C 为谢才系数；i 为水力坡降；R 为水力半径（m）；v 为流速（m/s）。

（3）海曾—威廉公式

$$h_f = \frac{10.67 Q^{1.852} l}{C_h^{1.852} d^{4.87}} \tag{4-60}$$

式（4-60）中 h_f 为沿程损失（m）；l 为管段长度（m）；d 为管道计算内径（m）；Q 为管道流量（m³/s）；C_h 为海曾–威廉系数。

其中，达西公式、谢才公式对管道及明渠水力计算均适用。海曾–威廉公式具

---

① 郝天文，宋文波，李艺.城市市政管网规划设计研究与应用[M].北京：中国建筑工业出版社，2012.

有影响参数少等特点，其作为常规公式已广泛应用于国内外管网系统计算中。三种水力计算公式与管道内壁粗糙程度有关的系数都是对计算结果有较大影响的参数。

2.污水管道起点流量的计算

由于污水管网有管径小（相对于雨水、合流管）、埋深大的特点，所以在污水流域划分已经确定的前提下污水管网起端一般为小区或集中式住宅，流量的大小直接会影响到下游干线的管径和埋深，甚至会影响到整个流域内污水管网的经济合理性。

以往城市污水管网管径确定的公式一般分为2种，大部分采用式（4-61）进行计算：

$$Q = k_h \times q_d \times \frac{N}{86400} \tag{4-61}$$

式（4-61）中k_h为小时变化系数；N为设计人口（人）；q_d为每人每日最高用水定额（L/（人·d））。按公式计算小区生活排水设计秒流量方法，就公式自身而言，主要有两方面的问题：一是公式忽视了小区排水和城市排水的区别，尤其是所承担的设计人口较少的接户管以及小区支管的起端；其次，公式所适用的生活用水定额为每人日上限，当建筑物排水系统与给水系统不对应时，计算的结果将出现较大偏差。

目前用于住宅、酒店、医院及学校等建筑物生活排水设计秒期流量计算的公式为式（4-62）。式（4-62）根据排水管上所承纳卫生器具之排水当量数，推算出设计管道之秒流量。该公式具有概念清楚、明确以排水当量推算排水管道秒流量、改变原来以给水当量推算管段排水设计秒流量、提高计算精度等优点。其次更切合工程实际和避免因建筑物排水系统和给水系统不对应而带来的困扰。

$$q_u = 0.12\alpha\sqrt{N_p} + q_{max} \tag{4-62}$$

式（4-62）中q_u为计算管段排水设计秒流量（L/s）；N_p为计算管段卫生器具排水当量总数；q_{max}为计算管段上排水量最大的一个卫生器具的排水流量（L/s）；α为根据建筑物用途而定的系数。

当小区污水管网服务范围和人口数量处于市区和楼宇之间时，其结构特点、布局特点、排水规律等方面都有其独到之处。住宅小区排水管网设计流量与建筑内部设计秒流量均值不同，与城市排水最大时管网设计流量也存在一定差异。对各种住宅小区不同排水范围的变化曲线，通过多地点长时间实际测量排水量；再求出小区排水管网设计的秒流量计算公式，对大量数据进行统计分析和处理。但管网初始端污水量合理的计算方法，将直接减少整个管网的埋深，避免不必要的工程量的发生。

3.燃气管网水力计算的基本方程

燃气管网水力计算可归纳为节点方程、压降方程和环路方程三个联立方程组的解。

（1）节点方程

节点方程要求所有管段与节点相连的代数和为零，如式（4-63）所示：

$$\sum_{j=1}^{p} a_{ij}q_{ji} + Q_i = 0 \tag{4-63}$$

n个节点的管网可以建立$n-1$个独立的节点流量连续性方程，如式（4-64）所示：

$$Aq + Q = 0 \tag{4-64}$$

式（4-64）中：A为管网有向图的关联矩阵；Q为节点i的流量，流出为正，流入为负；q为管段i的流量；0为0向量。

将n个节点流量连续性方程相加可以得到节点流量守恒方程式，如式（4-65）所示：

$$\sum_{i=1}^{n} Q_i = 0 \tag{4-65}$$

（2）压降方程

管段压降方程用矩阵的形式可以表示为：

$$A^T P = \Delta P \tag{4-66}$$

式（4-66）中$\Delta P = [\Delta P_1, \ \Delta P_2 \cdots \Delta P_m]_T$，$\Delta P_j$为管段$j$的压力损失；$P = [P_1, \ P_2 \cdots P_n]_T$，$P_i$为节点$i$的压力。

管段压力损失和管段流量的关系为：

$$\Delta P_j = s_j q_j^{\alpha} \tag{4-67}$$

式（4-67）中：S_j为管段的阻力系数；α为水力指数，通常取值范围为$1.75 \sim 2.0$。

对于p个管段的管网建立p个管段压强方程，用矩阵表示为：

$$\Delta P = \begin{pmatrix} \Delta P_1 \\ \Delta P_2 \\ \vdots \\ \Delta P_m \end{pmatrix} = \begin{pmatrix} s_1 q_1^{\alpha} \\ s_2 q_2^{\alpha} \\ \vdots \\ s_m q_m^{\alpha} \end{pmatrix} = \begin{pmatrix} s_1 & & & \\ & s_2 & & \\ & & \ddots & \\ & & & s_m \end{pmatrix} \begin{pmatrix} q_1^{\alpha} \\ q_2^{\alpha} \\ \vdots \\ q_m^{\alpha} \end{pmatrix} = Sq$$

式中，$S = \begin{pmatrix} s_1 & & & \\ & s_2 & & \\ & & \ddots & \\ & & & s_m \end{pmatrix}, q = \left(q_1^\alpha q_2^\alpha \cdots q_m^\alpha \right)^T$　　　　（4-68）

由《城镇燃气设计规范》可知，单位管长摩擦阻力的计算公式，如式（4-69）、式（4-70）所示：

$$\frac{\Delta P}{I} = 6.26 \times 10^7 \lambda \frac{Q^2}{D^5} \rho \frac{T}{T_0} \qquad （4-69）$$

$$\frac{P_1^2 - P_2^2}{L} = 1.27 \times 10^{10} \lambda \frac{Q^2}{D^5} \rho \frac{T}{T_0} Z \qquad （4-70）$$

式（4-69）和式（4-70）具体表示了管段流量与管段压降之间的关系，式（4-69）表示的是低压情况下燃气管道单位长度摩擦阻力损失计算式，式（4-70）则是表示高、中压的情况。

式中：ΔP 为低压燃气管道摩擦阻力损失（Pa）；P_1 为燃气管道起点的压力（kPa）；P_2 为燃气管道终点的压力（kPa）；λ 为燃气管道摩擦阻力系数；I 为燃气管道计算长度（m）；L 为燃气管道计算长度（km）；Q 为燃气管道计算流量（Nm³/h）；D 为燃气管道的内径（mm）；ρ 为燃气的密度（kg/Nm³）；T 为设计中所采用的燃气温度（T）；T_0 为标准状态下的大气温度（T）；Z 为压缩因子，一般取1。

（3）环路方程

环路方程要求管网中任何一环路均应满足压降之和为零，矩阵形式为：

$$BP = 0 \qquad （4-71）$$

式（4-71）中：B 为管网图的回路矩阵；P 为管段压降列向量。

三、城市广场设计方法

1.大数据与POE结合的城市广场设计方法

信息时代背景下，大数据的出现为城市设计提供了新的角度，目前主要从微观的角度探讨一个城市广场空间的使用现状，并以POE理论和方法对其进行评价。POE主要包括三个部分：评估建筑物、建筑物在设计上的成功和失败、建筑物在建造完成后的所有表现[①]。

POE的操作顺序分为前期调研、数据处理、评价结论三个过程。其中，前期调研又称预调研，既有背景调研也有针对城市广场的实地考察，还有范围和内容的定制化测评，并制定出与之相适应的调研计划。数据处理阶段则是通过对所得数据进行收集和研究，并利用适合的数据分析方法处理，从而得出问题。评价结论阶段是根据数据处理阶段所得的结果进行评价。通过大数据和POE方法的运用，以城市总体设计为依据，结合城市对广场的需求，设计出了具有代表性的广场。提升城市广场体系，满足城市要求，能起到完善城市空间结构的作用。

2.公众参与的设计方法

从社会学角度出发，公众参与是指在权利和义务范围内，作为主体的社会团体、个人或单位所从事的社会行动。具体到城市广场设计，公众参与是指为提高空间公众的接受度和环境合理性，决策者、设计者和公众使用者之间的一种双向沟通[②]。

我国城市空间设计存在着大量的可行性和弹性空间，市民在规划和设计活动空间时，要树立公众参与的理念，建立切实可行的配套办法和制度，深入到具体的地区和社区进行调查研究。市民在参与城市广场设计时，主要用两种形式：一是咨询参与，市民可以通过征集调查资料、公布意愿等多种形式参与。可由专业人士提供若干设想，供公众参与能力不高或暂时难以明确参与对象时选择。按照国外设计参与的经验，同样能够保证其有效参与，只要尊重公众选择的结果。二是间接参与，主要指反馈方式的参与，是通过调查问卷的填写，反馈信息，然后再进行公众访谈，以反映活动和使用需求等。

四、城市绿地系统设计方法

绿地景观由不同大小和内容的斑块、廊道、基质等构成，通过一系列景观格局指标方法统计方法，可以研究景观格局特征[③]。

景观格局指数是一种简单的定量指标，其特征可在包括面积、数量、密度、形

① 叶玉欣.基于大数据与POE相结合的城市广场设计方法研究[D].中央美术学院，2021.

② 唐高争.当代城市行政中心广场设计[D].湖南大学，2013.

③ 巫涛.长沙城市绿地景观格局及其生态服务功能价值研究[D].中南林业科技大学，2012.

状、丰富度、多样性、优势程度、均匀度、分维数、聚集度等指数在内的单一斑块类型和整个景观镶嵌体的各个层面进行分析。景观格局指数分为斑块类型水平指数、斑块水平指数和景观水平指数。其中，斑型类型水平指数和景观水平指数对景观格局具有重要的描述意义[①]。

1.斑块数量

斑块数量是景观中类型数量和各类型斑块数量的总和，在某一特定区域，若保持其他条件不变，其斑块数愈多，表明其破碎程度愈严重。在景观水平上，若研究面积的大小、分辨率、各类型景观要素面积等条件不变，总斑块随着斑块种类数量而增加，其中景观斑块数量公式和种类斑块数量公式（statementoftype）表现为：

$$NP=N \tag{4-72}$$

$$NP_i=N_i \tag{4-73}$$

式（4-72）和式（4-73）中NP反映景观的空间格局，取值为$NP \geqslant 1$。NP越大，破碎化程度越高；NP越小，破碎化程度越低。

2.斑块密度

斑块密度是斑块数量与区域总面积之比，景观的斑块密度计算如式（4-74）所示：

$$PD = \frac{N}{A} \tag{4-74}$$

式（4-74）中，PD指景观中全部斑块的单位面积内的斑块数，N为总斑块数，A为景观总面积。PD值越大，该区域景观破碎化程度越大，且空间异质性程度也越大。

类型的斑块密度计算如式（4-75）所示：

$$PD_i = \frac{N_i}{A} \tag{4-75}$$

式（4-75）中，PD_i指i类景观要素在单位面积内的斑块数，A和N_i分别为景观总面积和某一类景观要素的斑块数。PD_i越大，说明i类型景观要素中破碎度大，反之越小。

景观边界密度计算如式（4-76）所示：

---

① 王胜.景观结构特征数量化方法概述[J].河北林果研究，1999（02）：28-34.

$$ED = \frac{E}{A} \qquad (4\text{-}76)$$

式（4-76）中，ED是在景观范围内，单位面积上景观边界的长度，其大小影响边缘效应和物种组成。E表示景观中斑块周长之和（单位：km），A为景观面积，通常用km/hm^2来表示。ED越大，边界越复杂，其物种组成越丰富，有利于物种交流和发展；ED越小，边界越简单，不利于物种发展。

类型斑块边界密度计算如式（4-77）所示：

$$ED_i = \frac{1}{A} \sum_{j=1}^{N_i} p_{ij}(j \neq 1) \qquad (4\text{-}77)$$

式（4-77）中，ED_i（单位：km/hm^2）是单位面积内某一景观要素类型的边界长度；P_{ij}为斑块周长。ED_i值越大，破碎化程度越高，ED_i值越小，破碎化程度越低[①]。

3.斑块面积

可描述景观粒度，并在一定意义上揭示景观破碎度的斑块面积，是景观中物种多样性的重要决定因素。

类型斑块平均面积计算如式（4-78）所示：

$$\bar{A}_i = \frac{1}{N_i} \sum_{j=1}^{N_i} A_{ij} \qquad (4\text{-}78)$$

景观相似性指数如式（4-79）所示：

$$LS = \frac{A_i}{A} \qquad (4\text{-}79)$$

式中，LS是指景观的相似性指数，A_i是某类型的面积，A表示景观总面积。LS越大，某类景观与整体景观的相似度越大，对于整体景观的贡献率大；若LS越小，相似度越小，对于整个景观的贡献率小[②]。

4.斑块形状指数

斑纹形状指标是指斑纹边长与面积的比值，经过数学改造而成。其测量方法是：找一个圆或方，面积与某斑块相等，再对其形状偏离的程度进行测量和计算。

---

① 杨国靖，肖笃宁.森林景观格局分析及破碎化评价——以祁连山西水自然保护区为例[J].生态学杂志，2003（05）：56-61.

② 李书娟，曾辉.遥感技术在景观生态学研究中的应用[J].遥感学报，2002（03）：233-240.

如式（4-80）为以圆为参照的斑块几何形状指数的公式：

$$SI_i = \frac{P_i}{2\sqrt{\prod A_i}}$$ （4-80）

式（4-80）中，SI是第i类景观要素的斑块形状指数（$S \geqslant 1$）；P_i是第i类景观要素斑块的周长；A_i是第i类景观要素面积。SI越接近1，该类斑形状越接近于圆形，SI越大，斑块的形状越复杂，偏离圆形越远[1]。

5. 分维数

分维数是描述绿地景观复杂度和空间结构的一个指标。它可以用来量化绿地景观在不同尺度上的细节丰富程度，以及绿地景观的空间分布和连通性。公式为：

$$D = \frac{2\ln\left(\dfrac{P_i}{4}\right)}{\ln A_i}$$ （4-81）

式（4-81）中，P_i为某一类景观类型的斑块周长；A_i为景观i类型的斑块面积；D为分维数，且D值的理论范围为$1 \sim 2$，D值为1时代表形状最简单的正方形斑块，D值为2时表示等面积下周边最复杂的斑块，不同景观要素其D值相同，说明它们具有一致的景观格局。

6. 多样性指数

景观多样性指数反映了景观要素的多少和各景观要素所占比例的变化，景观多样性指数的计算公式为：

$$H = -\sum_{i=1}^{m} P_i \ln P_i$$ （4-82）

式（4-82）中，H是多样性指数；m为景观中斑块类型的总数目；P_i是第i类斑块占景观总面积的比例。H值越大，景观的多样性越大，景观就越复杂，反之越小越简单。若$H=0$，说明景观中景观要素构成单一。

7. 优势度

优势度指数是用来表示景观多样性对最大多样性的偏离程度。优势度指数的计算公式为：

$$D_0 = H_{\max} + \sum_{i=1}^{m} P_i \ln P_i$$ （4-83）

---

[1] 李秀珍，布仁仓，常禹等.景观格局指标对不同景观格局的反应[J].生态学报，2004（01）：123-134.

式（4-83）中，D_0 为优势度指数；H_{max} 为最大多样性指数；P_i 是第 i 类斑块占景观总面积的比例；优势度指数 D_0 值越大，偏离程度越大，其组成景观的各景观类型所占比例的差异越大；优势度指数 D_0 的值越小，偏离程度小，说明景观类型差异小；若优势度指数 D_0=0 时，则景观类型的构造基本相同。

8. 均匀度

均匀度主要指景观中不同生态系统的分配程度。相对均匀度公式为：

$$E = \frac{H'}{H_{max}} \times 100\% \tag{4-84}$$

式（4-84）中，E 是相对均匀度指数；H' 表示修正了的辛普森指数；H_{max} 是指在给定丰富度条件下的景观最大可能均匀度。H' 和 H_{max} 的计算公式为：

$$H' = -\ln\left[\sum_{i=1}^{m} (P_i)^2 \right] \tag{4-85}$$

$$H_{max} = \ln m \tag{4-86}$$

9. 景观空间构型指数

景观空间构型是指在空间上布置不同形状、不同大小的景观斑块，它可以体现出异质性的景观空间。一般来说，主要从分离度、景观破碎化指数、廊道密度指数和景观斑块特征指数四个方面展开研究。

（1）分离度

景观分离度是指不同斑块个体在某一景物种类上的分离程度。

$$K_i = \frac{W_i}{B_i} \tag{4-87}$$

其中：

$$W_i = \frac{1}{2}\sqrt{\frac{N_i}{A}} \tag{4-88}$$

$$B_i = \frac{A_i}{A} \tag{4-89}$$

式（4-87）中，K_i 为景观类型 i 的分离度；W_i 为景观类型 i 的距离指数；B_i 为景观类型 i 的面积指数。式（4-88）和式（4-89）中，N_i 表示景观类型 i 的斑块总数；A 表示景观的总面积；A_i 表示景观类型 i 的总面积。K_i 越大，景观分布越复杂，在地域分布上越分散，破碎化程度也越高。反之越简单、分布越集中。

（2）景观破碎化指数

景观破碎化指数指景观被分割的破碎程度，可以反映出人为活动对景观的扰动有多强。

$$F_{N_1} = \frac{N_P - 1}{N_C} \tag{4-90}$$

$$F_{N_2} = \frac{MPS * (N_f - 1)}{N_C} \tag{4-91}$$

式（4-90）和式（4-91）中，F_{N_1} 和 F_{N_2} 表示两种景观类型的景观斑块破碎化指数，其中，F_{N_1} 表示整个区域的景观破碎化指数，而 F_{N_2} 表示研究区域内某一景观类型的破碎化指数，F_{N_1}、F_{N_2} 的理论取值为 $F_{N_1} \geqslant 0$、$F_{N_2} \leqslant 1$，0表示区域景观完全未被破坏，1表示区域的景观完全被破坏；N_P 为景观内各类型斑块总数；N_f 为景观内某一景观类型的斑块总数；N_C 为景观内最小斑块面积去除研究区景观总面积得到的数值；MPS由景观内所有斑块的平均斑块面积除以景观内最小斑块面积得到。

（3）廊道密度指数

廊道密度指数是指研究区单位面积内廊道景观长度的一种衡量景观破碎化程度的指标。通过对廊道密度的计算，可以弥补在斑块破碎化计算中同一种景观类型破碎化程度被忽视的一面。廊道密度的计算公式为：

$$M = \frac{L_j}{A} \tag{4-92}$$

式（4-92）中，M 为廊道密度；L_j 为廊道类型 i 的总长度；A 为研究区总面积。

（4）景观斑块特征指数

景观斑块特征指数主要体现在斑块多样性上，斑块的多样性主要表现在斑块的面积、周长和分维数等方面。分维数主要用来测定斑块形状的复杂程度，斑块面积 A 和斑块周长 P 直接影响着物种组成、生物量和养分贮量等，分维几何中斑块面积和斑块周长的关系被定义为对于单个正方形斑块常数 k 等于4，则：

$$D = \frac{2\log\left(\frac{P}{4}\right)}{\log(A)}, P = 4\left(A^{\frac{D}{2}}\right) \tag{4-93}$$

式（4-93）中 D 表示分维数；P 为斑块平均周长；A 为斑块平均面积。$D \in (1, 2)$，若 D 的值为1，则表示斑块为形状最简单的正方形斑块，若取值为2，表示等面积下周边最复杂的斑块。

10. 聚集度指数

聚集度指数主要反映景观组之间的最大临近度。其计算公式为：

$$AI = \left[\sum_{i=1}^{m} \left(\frac{g_{ii}}{\max g_{ii}} \right) P_i \right]^{100} \tag{4-94}$$

式（4-94）中 AI 表示斑块的聚集度指数，且 $AI \in (0，100)$；g_{ii} 是 i 类型斑块像元毗邻的数量；$\max g_{ii}$ 则表示类型斑块像元可能毗邻的最大数量；P_i 为包含 i 类型斑块的景观所占比例。若 AI 为 0，表示景观中同类型斑块的分布为最大程度的离散分布；若 AI 为 100，则表示景观中的同类型斑块被聚合成一个结构紧凑的斑块。在 0～100 的范围内，AI 的值越大，相同类型斑块的聚集度程度越大，即越分散，反之则越集中。

11. 景观均匀度指数

均匀度指数反映景观中各斑块在面积上分布的不均匀程度，主要以多样性指数及其最大值的比来表示。

$$E = \frac{H}{H_{\max}} = \frac{-\sum_{i=1}^{n} P_i \ln P_i}{\ln N} \tag{4-95}$$

式（4-95）中，H 为 Shannon 多样性指数；$H_{\max}$ 是其最大值；P_i 为第 i 类斑块占景观总面积的比例；N 为研究对象景观要素类型总数。E 趋于 1 时，景观斑块分布的均匀程度最大，反之越不均匀。

五、城市照明设计方法

城市照明设计的起初定位通常侧重于视觉艺术的布局，任务是根据审美原则组织物质环境的空间形式。城市照明应充分利用城市夜景的特征，选择和组织点、线、面等夜景元素，并在其中表达环境景观元素亮度、色彩和动态差异凸显了关键点，隐藏和减淡了环境要素的不足，充分表达了具有景观价值的城市空间和场所，并使夜间的城市结构更加清晰[①]。

1. 照度计算

照度是根据光强图或光强表计算的，比如正弦。一盏灯在灯光落点 P 点上产生

---

① 李铁楠.城市道路照明工程设计[M].北京：中国建筑工业出版社，2017.

的照度是：

$$E_P = \frac{I_{CY}}{h^2} * \cos^3 y (\text{lx}) \tag{4-96}$$

式（4-96）中I_{CY}为灯具指向方向的光强（cd/m²）；y为灯具投光方向与铅垂线的夹角，简称垂直投射角（°）；C为灯具投光方向与道路纵轴的水平夹角，简称水平投射角（°）；h为灯具安装高度（m）。

n个灯具在光线落点P点上产生的总照度E_p为：

$$E_P = \sum_{i=1}^{n} E_{pi} \tag{4-97}$$

计算时，首先须根据照明落点的位置，确定与各灯具相对的坐标，从这类灯具的等强图或光强表中找出各灯具对落点进行单独照射的光强，然后代入式（4-96）计算。分别求出每个灯具对落点的照度值后，根据式（4-97）求和，便可求得落点的照度。

路面上不同点的照度求出后，可以将它们标在道路平面图上，把照度值相同的各点（通常用内插法求品），用光滑曲线联结起来，得到实际路面的等照度曲线图。

计算某点的照度需要考虑和计算几个灯具叠加所产生的照度，一般来说，计算两灯杆间的照度，要考虑前、后相邻灯杆的照明器，所以单排灯杆要考虑4根灯杆的灯具。

2.亮度计算

计算路面上任意点亮度的方法和计算照度的方法类似，可分别按几种情况进行计算。根据简化亮度系数表和等光强曲线图（或光分布表）进行计算。

路面上某点P处的亮度为道路上所有灯具所产生的亮度的总和。

$$L_P = \sum_{i=1}^{n} R(\beta_i, \gamma_i) \frac{I(C_i, \gamma_i)}{h^2} \tag{4-98}$$

其中$I(C_i, \gamma_i)$为第i个灯具指向P点方向的光强，P点的位置用C_i和γ_i来表示。$I(C_i, \gamma_i)$可由通过配光测量得到的等光强图（或光强表）读得，而$R(\beta_i, \gamma_i)$可由γ表查出。因此，根据式（4-98）就能够计算出路面上任何一点的亮度值，把计算得到的许多点的亮度值标在道路的平面图上，然后把等亮度值的各点用光滑曲线接起来，就能得到等亮度图。

3.眩光计算

眩光计算包括不舒适眩光计算和失能眩光计算。根据眩光控制指标（G）可衡量不舒适眩光，道路照明符合照明标准，可以通过计算 G 值来判定。按式（4-99）计算 G 值：

$$G = 13.84 - 3.33 \lg I_{80} + 1.3 \left(\frac{\lg I_{80}^{0.5}}{I_{88}} \right) - 0.88 \lg I_{80} I_{88} + 1.29 \lg F$$
$$+ 0.97 \lg L_{av} 4.4 \lg h - 1.46 \lg p \tag{4-99}$$

公式（4-99）对通常使用的各种光源（除低压钠灯外），在 ±0.1 范围内是正确的。若采用低压钠灯，则应增加考虑光色影响的修正系数 C，其值为 +0.4。

该式中有的参量与灯具的特性有关，可从光度测试报告中得到，另一些量与路面及灯具的具体安装情况有关，一旦灯具的安装方式、路面的反光特性确定以后，也可以获得这些参量。将所有参数值代入式（4-99）可计算 G 值。

但需要注意的是，确定路面的平均亮度（L_{av}）。若路灯已全部安装完毕且运行，则通过实测来确定 L_{av}，但如果在设计阶段就无法对 L_{av} 进行实测，只能进行计算再确定。

4.辅助计算软件的应用

照明设计软件发展到现在，功能越来越强大，计算模型越来越完善，仿真结果越来越接近真实环境，成了照明设计师们必不可少的利器。

照明专业软件大致分为照明计算类软件、灯具设计类软件和专业类软件三大类。专业类软件如三维渲染软件 Lightscape、3DMax 等照明计算软件，其作用各不相同。三维渲染软件是一种绘图工具，是对最终结果起决定性作用的场景的立体再现，绘图人的主观并不是计算结果的科学性。

照明计算类软件（Light Computing Software）是一款计算分析照明设计、帮助设计师客观地评价照明设计的工具。其在方案阶段就可以预知目标空间的光环境指标，甚至是视觉效果，从而判断这个空间照明效果好坏。照明计算设计软件也有自己的优缺点，现在大部分软件都可以同时兼顾物理量计算和场景模拟两个功能，因为它们的物理模型不一样，所以其适用范围都是有所偏重的，一定要根据功能的要求来选择适合自己的照明设计软件。

六、环卫工程设计方法

随着人民生活水平不断提高，生活垃圾产生量也随之增加。目前我国环卫事业在环卫信息化设计方面越来越重视，比如垃圾焚烧厂，通过建立废气源点扩散模型，设计废气各项指标数据与可视化的映射。常见的扩散模型有高斯扩散模型、欧拉型模型、拉格朗日型模型和欧拉—拉格朗日混合型模式。以高斯烟羽点源扩散模型为例，通过垃圾焚烧厂废气排放对周边环境影响的模拟，从而对尾气的各项指标数据进行可视化分析，给有关环卫部门提供决策依据。

1.高斯烟羽点源扩散模型

高斯扩散模型[1]是指气体的扩散浓度服从正态分布，该模型基于以下假设：一是大气运动平稳，没有考虑到大气扩散的作用；二是尾气扩散时，化学反应不会发生；三是整个空间内风速均匀，强污染来源具有连续性和均匀性[2]。

在上述假设的基础上，任意一点的污染物浓度都可以通过高斯烟羽扩散模型计算出来。

（1）有风情况下

基于高斯烟羽扩散模型的污染源下风向任意一点的污染物浓度可以通过下式计算：

$$C(x,y,z,H) = \frac{Q}{2\pi u\sigma_y\sigma_z} \cdot \exp\left(-\frac{y^2}{2\sigma_y^2}\right) \cdot \left[\exp\left(-\frac{1}{2}\frac{(z-H)^2}{\sigma_z^2}\right)\right.$$
$$\left. + \exp\left(-\frac{1}{2}\frac{(z+H)^2}{\sigma_z^2}\right)\right] \tag{4-100}$$

式（4-100）中，$C(x, y, z)$表示任意一点的气体浓度（mg/m³）；Q为污染源源强（mg/s）；σ_y和σ_z为扩散系数；H是污染源的有效高度，包括烟囱高度h和烟气抬升高度Δh（m）；u表示风速（m/s）。

假定单位时间内的污染源源强是连续均匀的，它就可以通过废气流量和污染物排放浓度来确定：

$$q_t = f_t * c_t \tag{4-101}$$

q_t为t时刻的污染源源强（mg/s）；f_t为t时刻的废气流量（m³/s）；c_t为污染物排放浓度（mg/m³）。

当$z=0$时，可通过下式得到地面气体的浓度：

———————

① 李苗苗. 区域空气污染扩散数据可视化技术的研究 [D]. 山东大学，2011.

② 徐菲. 城市环卫数据可视化技术研究 [D]. 浙江工业大学，2017.

$$C(x,y,0,H) = \frac{Q}{\pi u \sigma_y \sigma_z} \cdot \exp\left(-\frac{y^2}{2\sigma_y^2}\right) \cdot \left[\exp\left(-\frac{H^2}{2\sigma_z^2}\right)\right] \tag{4-102}$$

当 $y=z=0$ 时，则得到地面轴线上的气体浓度：

$$C(x,0,0,H) = \frac{Q}{\pi u \sigma_y \sigma_z} \cdot \left[\exp\left(-\frac{H^2}{2\sigma_z^2}\right)\right] \tag{4-103}$$

（2）小风或静风情况下

计算方法如式（4-104）所示：

$$C_r = \left(\frac{2}{\pi}\right)^{1/2} \frac{Q}{2\pi u \sigma_z} \exp\left(-\frac{H}{2\sigma_z^2}\right) \tag{4-104}$$

2.扩散系数的确定

根据《制定地方大气污染物排放标准的技术方法》GB/T 13201—91，横向扩散参数和垂直扩散参数按照式（4-105）确定：

$$\begin{cases} \sigma_y = \gamma_1 \chi^{\alpha_1} \\ \sigma_z = \gamma_2 \chi^{\alpha_2} \end{cases} \tag{4-105}$$

其中 γ_1，α_1，γ_2，α_2 是与大气稳定度及下风距离有关的系数。

七、防灾工程设计方法

防灾工程是指以预防和减轻正在或可能发生的各种灾害为目的的工程项目，也可以称为减灾工程项目[1]。其可以是新建沿海防潮大堤、防潮闸坝等新工程，也可以是抗震加固现有建筑物、改造现有水库和防洪设施等原有工程的改扩建[2]。以泥石流防治工程优化为例，采用以系统工程理论构造的设计方法，在泥石流工程方案确定以后，再进行工程具体参数的设计，也就是工程结构本身优化的问题。由于泥石流荷载是不确定的，因此提出了用概率约束来表示的模型，再建立参数优化设计模型，将离散变量优化和随机仿真结合起来[3]。

---

① 张振峰.复杂艰险山区铁路减灾总体设计定量化方法初探[D].西南交通大学，2018.

② 孙明华.城市防灾工程投资优化模型研究[D].河北理工学院，2004.

③ 姚令侃.泥石流防治工程优化设计方法初探[J].中国地质灾害与防治学报，1995（04）：1-9.

1. 工程可靠性设计

在可靠性工程中，可靠性设计是一种基于可靠性理论的概率极限状态设计法。对于防灾工程，若将环境对工程的作用及工程抗灾能力归并为广义作用效应 L 和广义抗力 S，则设计公式如式（4-106）所示：

$$\psi = \psi(L,\ S) \tag{4-106}$$

其中 L 和 S 可再用一般基础变量表示，如式（4-107）所示：

$$\left.\begin{array}{l} L = L(x_1, x_2, \cdots, x_n) \\ S = S(s_1, s_2, \cdots, s_m) \end{array}\right\} \tag{4-107}$$

另外，设计基准是指函数 ψ 的特定值 ψ_0，如式（4-108）所示：

$$\psi \geqslant \psi_0 \,(\text{或}\, \psi < \psi_0) \tag{4-108}$$

要求任何范围都有设计结果。破坏概率的定义为，将基本变量 x_1，x_2，$\cdots$，x_n；y_1，y_2，$\cdots$，y_m 的一部分或全部当作随机变量，再根据设计公式（4-106）式和设计基准公式（4-108）式求下列概率，如式（4-109）：

$$P_{\text{rob}}[\psi \geqslant \psi_0] \tag{4-109}$$

对于防治泥石流的工程设计，期望通过可靠性与经济性的衔接，在满足工程可靠性要求的前提下，确定最佳方案，这就构成了优化设计的基本思想。

2. 主要设计参数的确定

泥石流灾害性质复杂，具有地域性的特点，而目前对泥石流的研究还不够深入，因此对现阶段泥石流设计参数的测算，大多是通过经验来进行的。因此，采用多种方法进行比较分析，才能较合理的确定。

（1）泥石流设计密度

泥石流密度 $\gamma\,(\text{t/m}^3)$ 是计算其他特征值的基础，如泥石流流速、流量、冲击力等，也是泥石流分类的重要指标，因此是泥石流最基本的特征值。

（2）泥石流设计流速

泥石流流速 V_c 是研究泥石流动力特性和防治工程设计时的重要参数之一。现在的计算方式多是经验性的，要结合当地特点，在具体使用时进行综合考量。稀性泥石流计算公式是苏联斯里勃内依在谢才–曼宁公式的基础上改进而成的计算公式。

（3）泥石流设计流量

决定泥石流防治工程规模重要参数是泥石流设计流量 Q_0。一定要注意泥石流衰减的趋势，既要考虑到以往的情况，又不能因为过大的流量参数而浪费工程。常用的计算泥石流设计流量的方法是雨洪修正法，根据设计标准确定相应频率的降雨量，然后利用有关计算公式，对泥石流流量进行测算。然而，暴雨这个因素并不是泥石流是否爆发的唯一决定因素，人类活动、固体物质储备情况、固体物质补给方式等其他因素，都会使泥石流的各种运动参数显示出随机性。

3.参数优化设计模型

考虑到泥石流参数具有随机性，工程设计时不能以其定值为基础。泥石流防治工程参数可靠性设计模式，是根据可靠性理论的概率极限状态设计方法，针对这种外部荷载提出的。该模型因为外荷载的不确定性导致约束函数具有随机性，进而提出一种以概率约束来表示的泥石流防治工程参数优化设计模型。

$$
\begin{cases}
f(X) = \min \\
s.t. \quad p_u\{g_u(X,Q) \leqslant a_u\}, u = 1,2,\cdots,n_p \\
x_i \geqslant 0, i = 1,2,\cdots,m
\end{cases}
\tag{4-110}
$$

式（4-110）中 $f(X)$ 为反映工程费用的目标函数；X 为工程结构设计变量；Q 为反应外荷载的随机变量；$g_u(X, Q)$ 为约束随机函数；n_p 为约束函数的维度；a_u 为预定约束条件需满足的概率水平。

第五章

区域开发市政工程一体化设计理念

本章中"一体化设计"是将区域之内各类市政工程作为一个项目整体所进行的规划和设计，各类市政工程设计应统筹考虑区域开发的空间地域与时间轴线上所有市政工程项目，遵循统一、高效、集约、整体最优的原则，做到不同市政工程项目之间建设的良好衔接、可发挥功能的相互支持，提升区域市政工程的整体功能与全生命周期价值。"一体化设计"强调对市政工程设计元素进行标准化归类和模块化组合，标准化设计是将市政工程中部分通用产品，如管线、管廊断面等设计为统一的标准和要求，作为区域空间地域内可普遍适用的设计；模块化组合设计是将相互衔接的不同类别市政工程标准化设计元素设计成不同的模块组合，以满足不同建设条件和使用要求下的设计要求，模块可以构成一个具有特定功能的通用市政工程子系统，将这个子系统与其他设计要素进行多种组合，构成完整的市政工程系统。

党的二十大报告提出"提高城市规划、建设、治理水平"，"打造宜居、韧性、智慧城市"，明确了高质量发展是全面建设社会主义现代化国家的首要任务。根据党的二十大报告，"高质量发展"是把握新发展阶段、贯彻新发展理念、构建新发展格局的发展，是科技自立自强、创新推动和引领的发展，是适应我国社会主要矛盾变化、不断满足人民群众美好生活需要的发展，是人与自然和谐共生的绿色发展、可持续发展。基于这一论述，高质量发展具有一系列的重要特征，市政工程作为建筑业高质量发展的"主引擎"，必须承担起发展方式转变和发展质量提升的历史责任，坚持以"创新、协调、绿色、开放、共享"为主要内容的新发展理念。

第一节　市政工程一体化设计的创新理念

党的十八届五中全会通过的《中共中央关于制定国民经济和社会发展第十三个五年规划的建议》中提出"创新是引领发展的第一动力"，这一重要论断是对"科学技术是第一生产力"重要思想的创造性发展，是新时期新阶段必须坚持的重要发展理念。创新作为规划设计的核心要素，需在市政工程的生态、韧性等方面开展持续性创新研究。

一、创新理念下市政工程一体化生态设计

随着城镇化水平的提高，城镇居民的居住与生活条件得到极大的改善，不同城市间与城区之内建成了高速、便捷的道路交通网络，提高了城镇居民通勤的效率。与之相伴随的是，持续的城镇化开发建设加剧了城镇自然与人工景观的破碎化程度，使得水系、湿地和森林等城市基础生态设施间景观连通性下降，生物交流渠道受阻，生态系统各生态过程的正常运行受到严重影响。市政工程的一体化生态设计，是在城市市政基础设施工程建设过程中，贯彻开发建设与生态可持续一体并重的设计要求，在提升城市居民生活舒适度的同时降低市政工程建设对生态系统的干扰[①]。

市政工程一体化生态设计过程中，需要完成对水系与区域空间的一体化设计。水系作为生产和生活中最基本的自然条件，它从宏观上确定城市空间建设，如城市选址、城乡空间格局以及城市整体空间结构的基本取向。伴随着城市空间的建设从宏观向微观纵深发展，水系这一自然条件在区域开发建设中的作用呈递减趋势，而持续不断的城市开发建设行为对水系的影响则呈递增变化。水系与区域空间一体化设计的本质，是城市自然子系统中河流水系要素与其他要素在区域物质实体层面的有机协同，水系和区域空间一体化设计的水平决定了区域生态环境发展和居民生活水平发展走向。因此，水系和区域空间一体化设计要求采用先进的设计理念与更加

---

① 赵文俊.市政工程生态化[D].同济大学，2008.

可靠的设计方法。对水系与区域空间的整合规划设计，在自然空间层面宏观上要对水系廊道、景观生态格局等要素进行整合规划；中观上要对滨河生态要素、河流形态等要素进行一体化设计；微观上要对驳岸形式、河道宽度等要素进行一体化设计。在经济空间层面宏观上要完成对水运条件等要素的一体化设计，在中观上要完成对水运交通节点等要素的一体化设计，在微观上要完成对滨水可达性、滨河用地条件等要素的一体化设计[①]。为了实现对上述各层级各要素的一体化设计，相应的行政主管部门在规划设计过程中，需完成流域水系生态格局与城市总体空间格局的一体化设计、水系生态环境与沿线城市用地布局的一体化设计以及河道沿岸景观与区域建设空间的一体化设计。

1.流域水系生态格局与区域总体空间格局的一体化设计

对流域水系及其周围空间进行建设，应遵循流域水系生态格局。该格局通过水系廊道、景观生态格局、城市气候等要素体现，并对城市发展方向、城乡发展格局、城市建设规模等区域宏观空间要素起主导作用。

水系结构是区域总体空间格局的核心要素。在进行流域水系生态格局与区域总体空间格局的一体化设计时，首先要对城市区域结构演进受到哪些河流、湖泊等水系要素的影响进行判断。如苏州市中太湖、阳澄湖、京杭运河这三个水系要素对苏州市城市空间总体结构的形成与演进起到了重要作用，苏州的城市空间建设情况也对这三大水系影响显著。其次，结合区域总体空间格局，对河流水系廊道和区域滨水腹地空间进行一体化设计。具有一定规模的水系，往往具有更大规模的物质、能量、信息流动与交换的廊道效应，对区域总体空间结构也具有突出的影响，这种廊道效应可作为维护区域水系生态环境健康、彰显区域水系生态环境特色的景观，也可作为构建区域生态与绿地系统结构的主导要素。在进行一体化设计时，水系廊道可以连接各类广场用地、公园用地以及风景名胜区，将破碎化的物质空间与生态环境连续化，提升空间的系统性和整体性。一体化设计应将水系廊道作为依托，逐渐向区域滨水腹地扩展，以达到增加自然环境与廊道交汇面长度的效果，进而保护生物多样性、改善区域生态环境、提升区域绿色公共空间建设质量。上海市以长江水系、黄浦江水系等为依托建立了由9条生态走廊所构成的网络化廊道体系。

上海市对网络化的廊道体系进行了系统的规划设计，充分利用廊道体系将崇明地区湿地公园、黄浦江滨江观光带、奉贤海滩、浦东港等滨水腹地进行了组织与串

---

① 刘洋."地水整合"的城市水系整体空间规划建设研究[D].重庆大学，2015.

联，在维护水系质量的同时，实现了上海市以普陀、长宁、徐汇、静安、虹口、黄埔、杨浦、浦东外环内城区为主城区，多功能分区协同发展的环形放射状的城市结构设计。

2.水系生态环境与沿线城市区域用地布局的一体化设计

水系生态环境与沿线城市区域用地布局的一体化设计，主要表现在河道空间、滨河自然空间、沿线生态景观与水系沿线建设用地、道路交通、公共空间、基础设施之间的一体化设计。一体化设计时，首先要对区域内滨水空间的建设用地进行整合布局，相关行政主管部门综合分析滨河土地使用性质与特点，以及行为方式等，确定用地类型是否能被生态系统容纳并产生功能与利益上的互补，进而判断该种用地类型是否适合于城市水系沿线。在确定区域滨水空间建设用地的用地类型后，自然资源与规划主管部门应从提高综合生态效益的角度优化用地布局，采用分割和置换、分化和归纳等方法提升布局规划与用地组合的合理性，从而提升区域建设空间的可持续效益，促进水系生态效益的发挥，实现对滨水空间土地利用的优化。其次，需结合区域内河流水系情况和区域道路交通情况对滨水道路交通系统进行一体化设计。一体化设计过程中应充分发挥河流水系对滨河道路交通的积极作用，重点体现平行方向河流水系整体空间丰富的生态环境与突出的景观价值，以及垂直方向联系滨水空间与区域腹地的交通线路布局。一体化设计时要相应避免河流水系对滨河道路交通的消极影响，重点防止出现河流水系对区域建设布局的空间分割，避免产生交通蜂腰现象。以上海市为例，在城市总体规划中所确定的延安路、中山路等主干路均与中心城区范围内黄浦江的水系形态存在垂直与平行的轴向关联特性，水系沿线的生态绿地为道路沿线提供了良好的景观。

3.河道沿岸景观与区域建设空间的一体化设计

河道空间的宽度与断面形式会对河道沿岸景观与区域建设空间的一体化设计效果产生影响。其一，河道宽度除其本身固有的空间效应外，宽度扩大会增加水陆交界面积，对河流生态系统的开放性与动态性产生积极影响。其二，河道宽度增大将使河流水体充分与大气接触并溶氧，提升河流生态系统生产能力。其三，河道宽度提升能显著增长水体行洪时间，丰富水体营养环境，有利于保持生物多样性。

河道空间断面形式通过是否渠化以及驳岸类型等方面对河岸景观产生影响。经过渠化的河道断面不仅改变了原有自然风貌并对陆域生态系统与水域生态系统之间的联系造成了阻碍，也加快了水体流动速度，对防洪工作和生物多样性保持产生不利影响。

为提升河道整体景观效果，应对滨河建设空间进行水平和竖向两方面的一体化规划。水平方面的一体化设计，需顺应河流水系平面形态特征，加强水系与道路布局间的协调，通过灵活多变的布局形式彰显河流自然生态景观与城市广场、市政慢行步道等人工建设景观的融合，适应人对滨水环境的需求，确保滨水景观价值充分利用。竖向方面一体化设计的核心在于对滨水天际线的设计，其主要由城市广场、滨江道路和各类建筑物作为背景并以城市河道作为前景，设计需要保证背景与前景之间的协调性，同时还应充分发挥景观照明的作用，通过水景照明方式并采用合适的照明灯具营造与滨水天际线相适应的色彩氛围，提升滨水天际线的整体观感效果。

二、创新理念下基于韧性理论的市政工程一体化设计

韧性理论是指导市政工程规划设计的重要理论之一，韧性强调持续不断地适应环境，提高学习力，进行动态调整，保持系统的动态平衡。在城市韧性防洪空间、城市防灾减灾设施等方面进行一体化设计的探索与创新，将有效提升城市市政工程抵抗各类灾害侵袭的能力，提升城市居民生活质量和生活安全性。

1.城市韧性防洪空间一体化设计

全球气温上升，导致极端恶劣天气频发，国内外部分城市均曾因特大暴雨引发城市洪涝灾害，对居民的生命财产安全造成了严重威胁。理论与实践证明了城市韧性防洪空间有助于提高城市的防洪能力和重组能力，有效降低洪涝对居民造成的影响。构建城市韧性防洪空间首先要对城市现状进行分析，需获取城市各区域实测洪水资料、地形地貌特征等相关数据，准确识别生态脆弱敏感区并绘制雨洪风险地图。雨洪风险地图是防范和治理城市洪涝风险关键的非工程手段，它以图的形式将不同重现期内洪水水位、淹没深度、淹没范围等参数的空间分布特征呈现出来[1]。在雨洪风险地图的指导下，城市应建立缓解暴雨对城市正常生产生活影响的"暴雨工具箱"，"暴雨工具箱"又称为灰色基础设施，包括给排水、电信通信、交运、基础能源供应等在内的六大系统构成的一整套以保障工业生产及人民生活为目标的基础性工程设施[2]。这些灰色基础设施与新建的绿色基础设施相连接，在各种天然和

① 张尚义，阳妍，邵知宇等.美国洪水风险地图编制技术分析及对我国的启示[J].中国给水排水，2017，33（21）：124-128.

② 熊子鹰.基于灰—绿设施耦合理念下的城市双排水系统构建研究[D].南昌大学，2019.

已经恢复的生态系统、景观要素的网络系统[①]基础上,再针对不同的城市空间设计不同的韧性景观,如城市广场、街道景观、慢行步道、城市水网等,通过一体化设计的方式保证这些韧性景观相互之间的连通性,并建立起雨洪缓解的路径以进行径流的拦截和调蓄[②]。

在韧性防洪空间一体化设计中,应进行场地的实地调研,充分搜集人文要素和自然要素。根据已确定的规划设计目标对所搜集的要素进行拆分、筛选和重组。根据要素分析情况,对城市空间和城市功能进行再定义和再组织,对城市基础设施和商业业态进行再构建,最终实现对城市区域韧性的提高。一体化设计时要提高街区廊道的空气流通性,有效减缓城市热岛效应和空气污染等弊病,并通过控制城市道路高差的方式,在道路中对洪水淹没区域和安全区域进行有效划分,以保障人行通道和建筑区域的安全性。韧性防洪空间的一体化设计,充分利用城市竖向空间将道路系统、地下管廊、地下通道与城市水岸和绿色空间相连接,以起到为动植物栖息迁徙提供场所、为居民日常活动提供新的空间、优化调节城市灾害适应能力的作用。一体化设计中应采用多功能技术,将堤内缓冲区多功能使用,平时作为城市主要景观带,灾时作为承洪区。注重模块化设计的应用,根据不同区块的功能特点和地形条件,采用模块化岸线段的方式,对不同区块采取相应的措施,最大限度地减少潮水对场地造成的损失。同时,采用冗余技术立足预防城市洪涝灾害,采取多样化的多重预防措施,通过"增加堤防高度+外河道缓冲区+大堤内承洪缓冲带"的设计方式,减小极端情景下潮水对堤内场地的影响,以保障多情景下的空间安全[③]。

2.城市韧性地下空间一体化设计

地下空间是指城市规划区域内地表以下,为满足人类社会生活、生产、能源、交通、防灾减灾等方面的要求而开发建设的空间。传统地下空间主要进行分层设计,其目标是满足该层所应具备的功能,但这种单一的分层设计理念难以有效保证各地下空间层之间的协调性,各层之间容易出现规划与设计上的冲突和功能之间的不匹配,影响地下空间整体功能的发挥。基于韧性理念的地下空间一体化设计,主要体现在四个方面:

① 高周冰.南京市中心城区绿色基础设施可达性对城市住宅价格的影响[D].南京财经大学,2023.
② 王无巍.基于韧性景观理论的城镇绿色基础设施规划设计研究[D].西北农林科技大学,2019.
③ 戴伟.基于韧性理念的珠江三角洲规划设计研究[D].华南理工大学,2021.

一是要求对地下空间进行弹性规划与设计，即进行合理留白。为本区域地下空间随着区域发展进一步规划设计留出相应的发展空间，并为地下空间预留相应的各类专业接口，满足未来地下空间进行功能转换、智慧化升级的条件。

二是要求对地下空间进行专业融合设计与功能衔接设计，通常情况下城市以15米和30米为界将地下空间分为浅层空间、中层空间和深层空间。浅层空间，一般进行支线市政管线和综合管廊、地下人行通道、地下商场的规划设计。中层空间，一般进行干线市政管线和综合管廊、轨道交通设施、地下停车场和人防设施的规划与设计。深层空间，一般进行地下仓储设施、地下变电站、地下工厂的规划与设计。地下空间一体化设计时，可通过网络化开发模式将地面交通、地下轨道交通、地上地下停车系统、地上地下商业综合体等浅层空间与中层空间进行一体化设计。浅中层的一体化，可有效保证各类地下空间之间的通达便捷性，同时有助于保障各类地下管廊和地下管线接口的即时接入，实现地下交通网、生命救援网、地下商业网的有机融合，保证战略物资储备充足、地下商业稳定发展、地下交通平稳运行。

三是通过先进技术提升城市韧性地下空间一体化设计水平。常见的技术，如：应用大深度探地雷达进行地下地质探测；基于全要素探测信息并采用智能建模和信息集成技术对地下空间进行三维全资源整体评价，实现有效管控地下空间建设全过程风险并提高决策水平；搭建建筑信息模型、采用虚拟现实大场景协同设计、应用3D打印、虚拟拼装、碰撞检测技术形成BIM+VR+仿真智能设计。

四是结合色彩组织系统、色系模型及地下空间特点对地下空间进行一体化色系设计和导向标识设计。在地下空间色彩体系中，一般将色彩分为禁止色、安全色和主题色三类。禁止色为黑灰色调，其含义为禁止并远离。安全色为红色、黄色、蓝色与绿色，其中红色的含义为禁止、停止、危险、消防及特殊设施，黄色的含义为警告和注意，蓝色的含义为指令和遵守，绿色的含义为安全和提供信息。主题色一般又分为基础色、辅助色和点缀色。城市应结合自身区位特征和地域文化进行主题色的设计，主题色应该与安全色和禁止色有鲜明的区分。在确定好地下空间色彩体系后，按照色彩体系相应地进行导向标识设计，要求导向标识严格执行国家标准并满足功能性、规范性和美观性要求 [1]。

---

[1] 雷升祥.城市地下空间开发与利用[M].北京：人民交通出版社，2021.

第二节　市政工程一体化设计下的协调理念

党的十八届五中全会指出，协调理念注重的是"解决发展不平衡问题"。就市政工程建设现状而言，需要通过规划设计将上位法规、政策、理念、开发模式与建设评估、反馈机制、运营管理等内容进行整合考虑，将各利益相关方、各专业技术人员及公众诉求进行系统整合，以减少工程返工和降低运行成本，更好地满足各方需求。目前，协调理念下的城市综合管廊一体化设计以及协调理念下的轨道交通站域一体化设计是未来市政工程一体化设计的突破点所在。

一、协调理念下的城市综合管廊一体化设计

综合管廊工程是在城市道路以下空间打造市政共用隧道，将多种市政管线进行集中，实施"规划—设计—建设—施工—运维"全过程一体化，实现地下空间的共享与综合利用。综合管廊工程具有良好的综合性，有利于与地下空间开发、地铁或地下道路建设相结合，集约化地开发利用地下空间资源，构建地下智慧城市。综合管廊工程将各类管线埋设于管廊内，属于外部可见的，可通过设置现代化的监控管理系统，及时发现安全隐患，避免了将管线暴露于外界自然环境中，降低了后期维修难度，并保证了工程的安全性[①]。基于BIM技术的地下综合管廊交叉节点优化设计能集中体现城市综合管廊一体化设计的协调理念。

进行地下综合管廊交叉节点优化设计之前，首先应完成对各类入廊管线的特征分析，进行管线入廊适应性分析总结；其次，需进行管廊交叉节点内部流线冲突分析，利用BIM技术完成对管廊交叉节点的设计。

1.对各类入廊管线的特征分析

（1）给水管线

给水管线用于输送和分配工业给水和生活饮用水。给水管网是给水工程的重要组成部分，担负着城镇的输水和配水任务。给水管线需做好管线综合平衡设计，主

---

① 刘丽菁.综合管廊现状思考及规划设计研究[D].华东交通大学，2017.

要是对弯头处固定支座进行设置，可采用增加弯头数量和拓宽上下层之间给水管道所开洞口大小的方法进行设计。

（2）排水管线

排水管线采用管廊结构本体输送，可以增加水力面积、提高输水能力，断面布置时雨水舱需在燃气舱上方，以防止变形缝防水性能不佳，导致燃气泄漏至雨水舱形成聚集引发事故。

（3）热力管线

热力管线可对高温高压介质进行传送，通常采用明管架空或直埋的方式进行敷设。按传热介质的不同可划分为蒸汽管道和热水管道，以蒸汽管道作为传热介质时热力管线应独立分仓敷设，以热水管道为传热介质时热力管线不应与电力电缆同舱敷设。

（4）燃气管线

燃气管线在城市中可采用直埋的方式进行敷设，管线可采用无缝钢管或PE管作为材料。燃气管线具有连续性和密闭性，在带压状态下对天然气进行运输，燃气线路受地形影响很小，输送介质为气体故不容易出现水击危害。由于燃气本身具有爆炸性，发生事故后会对居民与环境产生严重危害，因此燃气管线应单独敷设，其地面材料应能抵抗撞击时产生的火花。

（5）电力电缆

电力电缆具有传输和分配电能的作用，电力电缆的断面布置要求管廊内电缆需避免与热力管道同舱敷设，110千伏及以上高压电缆应避免与通信电缆同侧布置。改变电缆方向应满足电缆允许弯曲半径的要求，按支架形式设计电缆的敷设安装，同时电力电缆舱室应设置电气火灾监控系统，电缆接头处应设置自动灭火装置。

（6）通信管线

通信管线横断面由缆芯和外部护套组成，其横断面结构分为对称结构、同轴结构和综合结构，利用通信电缆可对数据、图像、电报等进行传输。

2.管线入廊适应性分析总结

结合对六类管线的分析，从入廊后的扩容可能性、占用空间、竖向要求、技术成熟度和综合经济性的角度对该类别市政管线是否适合入廊进行总结，如表5-1所示 [1]：

---

[1] 何明亮.基于BIM技术的地下综合管廊交叉节点优化设计研究[D].东南大学，2018.

管线入廊适应性分析表　　　　　　　　　　　　　　表5-1

管线类别	管线纳入综合管廊各影响因素分析					结论
	扩容可能性	占用空间	竖向要求	技术成熟性	经济性	
给水管线	小	占用空间大	无	技术成熟	好	适合入廊
电力管线	大	占用空间大	无	技术成熟	好	适合入廊
通信管线	大	占用空间小	无	技术相对成熟	好	适合入廊
燃气管线	小	需独立设仓	无	存在安全隐患，需采取特殊应急措施	较好	次高压、中低压适合，高压不适合
排水管线	小	需独立设仓	一般采用重力流，标高需协调	技术不成熟	差	由地形决定，平原地区不适合
热力管线	大	占用空间大	无	技术相对成熟	较好	适合入廊

3.管廊交叉节点内部流线冲突分析

管廊交叉节点处的管线平衡实质上是使各管线舱室有效衔接，管廊内部流线分为管线流线和人行通道流线。管廊交叉节点管线多、空间小，增加了管线交叉口设计的难度，为解决管廊交叉节点的规划设计问题，可采用加设巡视沟通平台、加宽和设置夹层、节点处结构加高等方法，并以先考虑管线间可能产生的冲突，再考虑人员通道流线的思维方式进行规划设计工作。

4.利用BIM技术进行管廊交叉节点设计

管廊工程设计是需要多专业配合的协同设计过程。基于BIM的协同设计在企业的推进应用是一项系统性工程，企业应从自身业务需求出发，充分考虑现有资源情况，建立适应企业需求的协同设计模式。现阶段多数的设计单位已从建立BIM模型、进行碰撞检测、进行虚拟漫游等方面开展基于BIM的协调设计应用。

（1）BIM模型的建立

Autodesk Revit系列软件在BIM设计中得到了广泛应用。该系列软件在设计建模方面提供的参数化构件集成了建筑构件的特性、参数等属性信息。设计人员通过调用Revit族库数据并根据实际情况直接修改族的参数可提高设计工作效率。在2D设计图绘制完成后，可根据图纸建立结构和机电BIM模型，将两模型进行整合形成完整的管廊交叉节点模型。

（2）碰撞检测

Revit系列软件中的碰撞检测功能可对建筑模型进行碰撞检测并输出结果。在Navisworks软件中进行碰撞检测规则的设定并运行，监测结果会显示工程中出现的碰撞点数量，在碰撞名称栏中可对碰撞点进行快速定位并相应地对碰撞点进行调整。

（3）虚拟漫游

虚拟漫游功能可实现建筑设计效果展示和方案比选，可输出形象生动的动画演示视频，该功能在管廊交叉节点设计中可用于内部人行通道净空的检查、单个管段进入孔洞的模拟。

二、协调理念下的轨道交通站域一体化设计

国家发展改革委印发的《2022年新型城镇化和城乡融合发展重点任务》中指出"支持有条件的都市圈科学规划多层次轨道交通"。城市轨道交通建设资金需求量大，建设周期长，在轨道交通建设尚未形成多换乘站点网状分布之前，轨道交通的运力受限，难以有效完成分流主城区人口和降低地面交通压力的任务，市民对乘坐轨道交通出行的积极性相对较低。为有效解决轨道交通建设所需资金问题，实践中多采用"地铁＋物业"开发模式或其他相似运作模式。政府将轨道交通沿线若干地块的物业开发权划归轨道交通集团，轨道交通集团结合所获得地块的实际情况进行相应土地的一级开发或二级开发，以此获取轨道交通建设为该地块带来的土地溢价收益，使地块升值的外部效益充分内部化以反哺轨道交通建设。同时，可结合轨道交通站点周边用地特征情况进行站城一体化设计，即将地下管廊、商业综合体、周边居住建筑、轨道交通、城市广场等进行统筹规划设计，提升各区域的功能互补性并提高市民乘坐轨道交通出行的积极性。

1. "地铁＋物业" 开发模式

城市轨道交通的"地铁＋物业"开发模式分为企业主导开发与政府主导开发。政府主导的"地铁＋物业"开发模式，在日本、德国、法国等国均有先例，能够有效地避免土地的过度开发，但是存在着开发专业性不足、缺乏有效竞争等问题。企业主导的"地铁＋物业"开发模式，在美国纽约和英国伦敦均有尝试，可以充分利用社会资本优势，提升效率，但是不能有效兼顾公益性，需要有强有力的政策制约[①]。目前国内政府主导的"地铁＋物业"开发模式以深圳、上海等城市较为典型，企业主导的"地铁＋物业"开发模式以我国香港地区较为典型。

---

① 张华军. 城市轨道交通"地铁＋物业"开发模式风险研究 [D]. 山东建筑大学，2023.

（1）深圳市政府主导的"地铁+物业"开发模式

深圳市轨道交通4号线是深圳市政府与港铁公司合作，采用TOD模式共同建设与运营的。将轨道交通4号线的规划设计与其沿线土地规划设计相结合，4号线沿线地块以公开招拍挂的形式进行公开出让，其所得收益会用于支撑4号线的轨道交通建设。如图5-1所示，港铁公司以建设—经营—移交的形式承担4号线轨道交通建设，全面、深入地参与4号线建设项目及其沿线土地开发的规划、设计工作。轨道交通4号线建设完成后，港铁公司拥有轨道交通4号线全线30年期的运营权，轨道交通的运营与物业经营互相促进，4号线的通车大大提升了沿线物业的价值，促进了商业、服务业的发展，带来显著的经济效益。由于物业价值的提升所带来的效益会加强4号线的客流吸引力，从而增加客流，提高轨道交通4号线本身的运营收入。

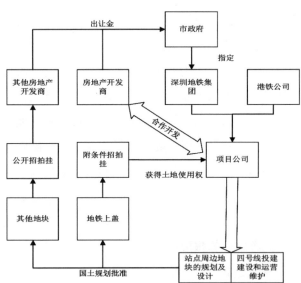

图5-1　深圳地铁4号线建设与运营模式

（2）港铁公司主导的"地铁+物业"开发模式

如图5-2所示，在港铁公司主导的"地铁+物业"开发模式中，香港地区政府通过协议方式将填海所得土地出让给港铁公司，港铁公司全面参与香港新区的可研规划。轨道交通建设公司主动参与新区规划的模式，可以让轨道交通建设公司更直接地获取资料，以便更加精确地对各条线路的预期客流量进行估计，提升轨道交通线路与城市规划的适配性。轨道交通建设公司具备自主开发周边土地的权利，可将地铁、土地、物业进行一体化设计，以点带面促进区域间的一体化，方便于带动周边土地溢价进而获得一定利润并促进沿线商业及居民区的发展，能够改善老城区内拥挤的居住条件并调节过度城市化带来的一系列社会问题，将市民的居住分布更加合理化。运营方面，港铁公司将运营完全交给轨道交通建设公司自主进行运维管理，政府只是作为其所有权的持有方，原则上不会对港铁公司进行行政干涉，充分调动了社会资本的积极性。

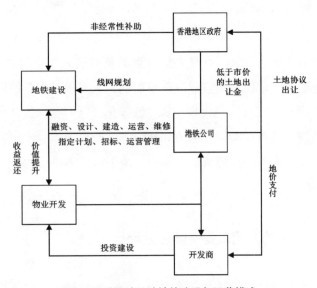

图 5-2 香港地区地铁的建设与运营模式

2. 站城一体化设计模式

站城一体化宏观上应将轨道线网沿线空间和轨道线网发展进行一体化考虑，微观上应将作为交通节点的站点站域空间进行一体化规划、设计、开发和建设。站城一体化设计前期应充分对站点及其附近地块进行调研，一要调研站点周边土地利用情况；二要调研站点周边已有交通设施的接驳能力情况；三要调研站点周边的空间景观设计情况；四要调研站点周边已有市政工程设施情况。完成前期调研工作后应进行站城一体化方案设计，在方案设计中实现站点与周边土地以及站点之间的拓展与衔接。对于单个站点，需要结合周边物业发展情况和站点原有的历史人文、自然资源，进行站点差异化的功能定位，并据此进行地下管廊、商业综合体、周边居住建筑、轨道交通、城市广场等的一体化设计。一体化设计时，通过叠合、穿插、连接、围合等衔接方式形成城市空间的复合利用，通过差异化的功能定位使站点之间联动互补从而形成沿线的带形组团发展模式。站点之间的交通设计，沿轨道交通线路加强慢行廊道设计引导，在土地利用上使站点之间的商业、公共服务功能形成连接，使站点之间形成叠加影响域以进一步加强站点之间的连接，扩大站点的辐射作用。

第三节　市政工程一体化设计下的绿色理念

党的十八届五中全会指出"绿色发展注重的是解决人与自然和谐问题"。当今世界生态环境遭遇严重危机，温室效应逐步加剧，人类赖以生存的地球家园面临前所未有的威胁。因此，实现绿色发展应以"低碳化"为主线，倡导建立节约、环保和健康的市政系统，其应在能源、交通和环卫等多个渠道建立实施路径。市政工程系统直接体现了城市资源和能源流动，集中反映了城市碳排放的全过程，是城市减少碳排放的主要阵地。

一、绿色理念下的照明工程一体化设计

照明工程的不合理规划设计，会导致光污染。光污染中难以感知的紫外线辐射和红外线辐射会对人体皮肤、视神经等造成不可逆的影响，也会对大自然中的植物、昆虫、鸟类的休眠与栖息活动造成影响。照明工程不合理的规划设计，还会导致能源的浪费。我国年照明耗电量约为2000亿千瓦时，其中三分之二是靠火力发电，火力发电的四分之三是使用燃煤，生产这些电力所排放的大量废弃物会对城市环境造成严重污染。

绿色理念下对照明工程一体化设计的总体思路，是在保证照明质量的前提下，通过合理布置照明光量，尽量减少照明，减少对周围人群和生态环境的有害光照，提高光照效率的科学照明设计。其要求采用效率高、寿命长、安全、环保、经济的照明设施，最终达到安全、绿色、舒适、文明的照明环境[1]。

绿色理念下对照明工程一体化设计的第一个环节，先进行照明布局，再选择合理的照明方式以控制光照总量，最后进行经济估算。其中，照明布局需要结合城市对于暗夜保护区、限制建设区、适度建设区和优先建设区四大照明分区的划分进行

---

① 王维清.基于绿色照明理念下城市公园绿地夜景照明设计研究[D].西安建筑科技大学，2014.

布局。功能照明，应结合标准规范中对于城市道路的三级划分（城市快速路与主干路、城市次干路、城市支路），相应地对不同级别的城市道路进行照明布局，其照明布局应与道路周边慢行系统、道路绿地等进行一体化设计。对于公园绿地，其照明布局可划分为交通空间照明、停留空间照明、软质景观照明以及硬质景观照明。公园绿地的照明布局是由园区景观各点、线、面所构成的，科学的照明布局有利于凸显公园绿地的整体风格和特色，也可为光照总量提供科学数据。不同的照明区域和照明对象应选择不同的照明方式，如道路照明、标识牌照明、泛光照明、轮廓照明等。对照明方式进行合理选择，可以将光照总量控制在一定范围内，能够减少能源消耗并防止被照对象受到光污染侵害。目前，因照明方式选择不规范而造成的能源浪费和光污染，主要体现在用投光灯照射植物使得大量上射光逸散到天空、大功率探照灯和激光灯产生大量天空逸散光等。

绿色理念下对照明工程一体化设计的第二个环节，需要综合分析拟照明区域的人流车流情况、景观节点的功能情况以及照明对象情况，确定合适的光照范围和照明灯具。根据车流人流调查可以得出停留人数和车辆最多、时间最长的景区和路段，并将其作为重点照明区域范围。同时确定景区内人流的观景方式，以及道路周边物业建设情况，并以其为基础进行照明视觉心理分析，最终确定不同区域的主要景观、最佳观赏点和观赏流线。照明灯具应结合前期进行的经济估算，合理选用绿色照明灯具[1]，常用的绿色照明灯具包括高强度气体放电灯、LED灯以及新能源灯具。

绿色理念下对照明工程一体化设计的最后一个环节，是进行科学的照明控制。通过采用智能化的照明控制系统，结合照明区域附近道路、广场的实际情况，以及当前的时间和季节，对照明色彩、明暗分布和点灯时间等进行控制，并通过各种组合来创造出不同的意境和效果，提升照明环境的品质。

二、绿色理念下的道路交通一体化设计

随着城市交通拥堵问题与环境污染问题日益严重，绿色理念下的道路交通一体化设计应运而生，一体化设计通过新技术和新方法使城市交通向可持续性方向发展。绿色理念下的道路交通一体化设计倡导根据行人、自行车、公共交通和私家车的优先级别进行差异化的交通组织设计，提升公共交通与慢行交通的优先权；倡

---

① 葛君.绿色照明设计在景观中的探索与实现[D].苏州大学，2014.

导结合居民区规划设计情况对公交车道和地铁线路进行合理安排，减少使用公共交通的接驳距离和换乘时间[①]。

绿色理念下的道路交通一体化设计首先应进行街道断面设计，包括城市道路横断面上机动车道、非机动车道、人行道、绿化带和其他道路附属设施的一体化设计。街道断面设计评估了居民出行需求、街道功能要求与城市街道的空间形式，并以此重新分配了各类交通方式的优先级，优化了城市交通结构。

街道断面设计之后，绿色理念下的道路交通一体化设计的下一步工作是进行公共交通的设计。其一，是结合道路客流需求预测情况，在不影响机动车通行速率的情况下对公交车道进行规划设计，在规划设计中应结合公交车流量的实际情况有选择地向私家车开放公交车道。其二，是结合区域内已有物业规划情况，以路内换乘"微枢纽"的方式，将轨道交通站点、公交站点、慢行、出租等换乘设施进行整合，结合区域内已有景观、城市广场等市政设施，设计出安全舒适的"微枢纽"站台，实现减少乘客步行距离和换乘时间，提升乘客选择公共交通出行的积极性以降低废弃物排放量。

绿色理念下的道路交通一体化设计最后一项工作，是进行深化融合设计。在深化融合设计中，一是要保证慢行交通与机动车的协调，选择合适的绿植类型作为绿化带，防止私家车侵入慢行交通的空间。二是要统筹考虑道路红线内与红线外的人行区域铺装设计，结合文化景观特色与生态环保理念对铺装面材、结构、色彩、纹理、标高等进行设计。三是要打破道路红线、基地红线、绿线等权属限制，整合利用步行与建筑退界空间，将交通、沿街活动、绿化、市政设施进行一体化设计，实现对街道风貌与交通品质的提升。

第四节　市政工程一体化设计下的开放理念

党的十八届五中全会指出"开放发展注重的是解决发展内外联动问题"。对于市政工程建设而言，"开放理念"要求各市政工程参建单位开放信息获取渠道，将工程信息进行整合应用以提升建设效率、工程质量与安全。当参与市政工程建设的

[①] 夏雨澍.基于绿色交通理念的太原城市完整街道设计[D].长安大学，2019.

各方不公开其各自的工程信息时，将导致相关的数据信息无法进行有效整合，不利于提升工程建设效率，而且增加了工程建设出现质量、安全等方面问题的概率。集成管理强调运用集成思想指导管理行为实践，各要素的相互关系为集成关系，反映了各要素之间信息、物质和能量等的交流[①]。基于BIM技术，对市政工程项目从组织集成和过程集成两大层面进行集成管理，能更好地减轻项目各相关方对于信息隐私泄露的顾虑，同时提升信息集成应用的效率，从而促进各方将建设信息开放获取的积极性，提升建设效率、工程质量与安全。

一、基于BIM技术的组织集成

基于BIM技术的组织集成以"虚拟组织"概念为指导，1991年肯尼斯·普瑞斯（kenneth Preiss）在一份报告中提出了"虚拟组织"这一概念，其以整合外部资源、优化企业边界，进而创造竞争优势为目标，是对传统组织模式的变革。陈永强在2004年结合国内实际情况对"虚拟组织"的概念进行了解释，提出"虚拟组织"是采用信息技术及通信技术将地理上分布的独立机构、公司和专家进行临时或者永久性的集合，实现资源共享、核心竞争力互补以完成整个生产过程[②]。

市政工程项目组织集成采用虚拟建设的方式，在虚拟组织环境下通过信息技术创建交流媒介，各参建方基于交流媒介开展协作。虚拟建设模式变传统纵向沟通方式为多参建方横向沟通方式，大大提升了沟通效率，降低了建设成本并利于实现项目利益最大化。

利用参数化的建模方法建立BIM模型可实现市政工程项目的组织集成，为集成化组织提供可视化的决策平台，各方人员基于BIM技术的模拟仿真环境，可以更加全面地对建设项目中的各类约束因素进行考虑并展开论证和研讨。

二、基于BIM技术的过程集成

过程集成即市政工程建设项目全生命周期集成。对于单个市政工程项目而言，

---

① 张发平，阎艳，卢继平等.数字化生产准备技术与实现[M].北京：北京理工大学出版社，2015.
② 陈勇强.基于现代信息技术的超大型工程建设项目集成管理研究[D]天津：天津理工大学，2004.

其传统的建设项目全生命周期管理主要包含三部分：一是项目前期的策划管理；二是实施期的项目管理；三是项目使用期的设施管理。传统的建设项目全生命周期管理存在一些弊端，如三个阶段的咨询服务单独委托，将导致各阶段不同参建方之间难以有效沟通，不同建设阶段之间的信息差导致信息割裂，形成信息孤岛，对项目信息交流和信息管理造成影响。

史密斯（Smith P B）在1997年提出了建设项目全生命周期集成化管理理念[①]，该理念运用管理集成的思想，在项目的管理目标、管理理念、管理方法等方面进行集成。在市政工程项目建设过程中，各参建方运用统一的语言和规则，以及集成化的管理系统，将规划、设计与施工阶段进行集成，以实现项目的全生命周期为目标。市政工程项目过程集成纵向表现为上下游过程或时间先后过程的集成，横向过程集成表现为平行或并行过程的集成[②]。

市政工程项目实施过程各个阶段之间的紧密搭接，可以有效减少界面交叉造成的损失，并改善上下游各参建方沟通不畅的情况，避免过程割裂带来的问题。以设计、施工阶段的界面交叉为例，通过技术手段对设计方案的可施工性进行模拟，预先发现其存在的问题并进行优化，可以降低施工过程带来错误的可能性，即纵向过程集成。

区域开发中市政工程项目的建设包含不同类型的市政工程项目，各项目容易相互交叉、相互影响、相互制约。在整个区域市政工程项目建设过程中理清建设过程和任务之间的逻辑关系，减少不同项目建设的缓冲与准备时间，有利于缩短工期、提高资源利用效率，即平行或并行过程的集成。

首先，BIM技术有助于实现上下游之间的过程集成。BIM模型可携带建筑全生命周期中的各类数据，完成不同阶段之间的协作以防止信息断层。其次，BIM技术有助于实现时间先后的过程集成，采用BIM技术应用前馈控制的方式降低建设过程的风险。最后，BIM技术有助于实现平行过程集成，通过BIM模型对并行实施的不同项目进行模拟，有助于理清各项目的建设时序和空间关系，避免各项目产生冲突。

---

① Smith P B. Engineering life-cycle management of products to achieve global success in the changing marketplace[J]. Industrial Management & Data Systems，1997，12（4）.

② 向卫国. 新城区集群市政工程BIM技术应用研究 [D].中国铁道科学研究院，2020.

第五节 市政工程一体化设计下的共享理念

党的十八届五中全会指出"共享发展注重的是解决社会公平正义问题"。共享理念下的市政工程一体化设计要求对各类区域中要素的内在关联性进行挖掘，充分利用各种功能的相互作用机制，积极改变或调整区域内各构成要素之间的关系，以克服区域乃至城市发展过程中构成要素分离的倾向，实现区域内的功能整合与共享。

城市综合体是集多个城市功能空间于一体的建筑实体，通过不同的整合方式实现各城市功能间的交通与功能联系，各功能之间彼此依存以成为充满活力的城市中心。将城市综合体与城市交通进行一体化设计，一方面可以提升区域内居民的出行便利度和出行积极性；另一方面可以吸引优质人才流入并促进本区域经济发展。将城市综合体与城市交通进行一体化设计需完成综合体与地铁站点空间的一体化设计、综合体与机动车交通的一体化设计以及综合体与城市步行交通的一体化设计。

一、城市综合体与地铁站点空间的一体化设计

城市综合体通过点状空间（如地下连接厅）、线状空间（如地下通道）、面状空间（如地面广场）与地铁站点进行一体化设计[①]。

1.城市综合体点状空间与地铁站点的一体化设计

点状空间是指地铁站点与城市综合体连接线路上的小型节点。连接线路中建筑空间内退形成的凹形空间，以及城市综合体多功能地下连接厅等都属于点状空间。

地下连接厅具有快捷、醒目，需要较小过渡空间的特点，不会影响地下商业活动，经常位于地铁站厅延伸出的通道空间尽端或地下商业部分的人行流线交汇处。建筑退让设计方式常用于用地资源紧张地区或既有综合体的改造，能疏解地铁站点建筑与用地资源紧张的矛盾，也能使城市综合体的外部空间更有层次感。

2.城市综合体线状空间与地铁站点的一体化设计

线状空间是当地铁站厅与城市综合体的直线距离较远而不能直接产生联系时，

---

① 康凯. 城市综合体整合交通设计方法研究[D]. 天津大学，2017.

由地铁站厅向城市综合体建筑空间内部延伸出的空间，地下通道与空中连廊都属于线性空间。

在地下通道与地铁站厅进行一体化设计的过程中，可采取拓宽通道空间的方式使步行空间与商业设施充分结合，创造功能复合化的地下建筑空间。空中连廊与地铁站厅进行一体化设计的方式适用于用地资源极度紧张且周边路网等级较低的区域。人群由站点空间出站后直接沿空中连廊步行至城市综合体二层以上建筑空间。空中连廊具有识别度高、美观性高、功能性强的特点，合理的一体化设计可将空中连廊充分融入城市中心区，提升城市整体形象。

3.城市综合体面状空间与地铁站点的一体化设计

以面状空间作为联系地铁站点与城市综合体的方式，具有建设成本低、不受建造技术限制的优势，其开放性也为城市居民带来了休闲、交流的空间。根据广场空间所在的纵向位置可将其分为下沉广场、地面广场与空中平台。

通过地面广场与地铁站厅空间进行一体化设计，可以对城市综合体与地铁站厅地面出入口进行整合。地铁站厅的出入口通常位于城市综合体广场处，是组织区域内步行交通的重要节点，以一体化设计的方式提升综合体广场与地铁出入口的吸引力与整体性。下沉广场位于地下空间和地面空间之间，具有集中人流、疏导人流与实现空间自然过渡的作用。由于下沉广场属于半地下空间，其可以通过多样的处理方式形成层次丰富的独特景观，进而提升空间的人气与用途的多样性。空中平台可对往来于地铁站点与城市综合体之间的人流进行组织，其功能同地面广场相似，能够在空中将数个城市综合体内的人流进行汇聚并完成接驳工作。

二、城市综合体与机动车交通的一体化设计

将城市综合体与机动车交通进行一体化设计应能有效组织机动车停放、到达、通过等行为，缓解综合体及周边道路的通行压力。一体化设计方式可按所整合空间的平面位置分为地下空间、架空空间、屋面空间三类。

1.通过地下空间对综合体与机动车交通的一体化设计

通过地下空间对综合体与机动车交通的一体化设计，要求机动车车行路线在经过综合体时由城市道路转向地下空间，与城市综合体位于地下的交通体系结合，实现对建筑空间的穿越。这种一体化设计的方式可完成综合体及其周边区域的人车分流，并保留了步行空间与城市景观的完整性，降低了机动车道对步行空间与城市景

观的影响。

2.通过架空空间对综合体与机动车交通的一体化设计

通过架空的方式，将综合体建筑空间的首层让给机动车通行，是处理城市综合体与地面机动车交通一体化设计的有效方法。综合体与周边城市交通路网完全融合，一方面可以缓解提高土地利用率与交通设施占地之间的矛盾，另一方面也为机动车提供了更加高效的到达方式。

3.通过屋面空间对综合体与机动车交通的一体化设计

由于首层面向城市空间的界面有限且商业价值较高，仅通过在首层开设出入口的方式往往不能满足需求。可充分利用建筑物屋面空间加强综合体与城市机动车道之间的联系，利用架体将机动车道与不同标高的建筑物屋面进行连接实现接驳。

三、城市综合体与城市步行交通的一体化设计

城市步行交通是联系城市公共空间、建筑空间、轨道交通、机动车交通设施之间的纽带。随着城市交通立体化程度的逐年提高，城市步行交通系统由原来的单一地面道路空间开始向空中、地下发展并延伸至建筑物内部。通过将城市综合体与空中步行交通、地面步行交通、地下步行交通的一体化设计对提升居民出行体验、提高土地利用率、疏解交通压力等产生积极的影响。

1.城市综合体与空中步行交通的一体化设计

根据空中步行空间自身形态与城市综合体的连接方式，可将城市综合体与空中步行交通的一体化设计方式分为连接型和贯通型。

连接型一体化设计，在城市主干道路两侧城市综合体中应用较为常见，将空中步道设置外综合体外立面外侧并与过街天桥相连，进而实现空中步行系统与地面步行道之间的转换。

贯通型一体化设计中，空中步行空间贯穿综合体，与需接驳的步行交通体系形成整体，位于建筑立面上的接口空间可作为供市民休息和布置商业业态的空中广场。

2.城市综合体与地面步行交通的一体化设计

地面步行空间与城市综合体建筑空间的一体化设计，具有一体化程度高、施工难度低、改造成本低等优势。城市步行空间直接延伸并穿过城市综合体，使得综合体内部公共空间获得与城市空间的足够联系。地面步行空间一体化设计的方法，包括直接穿越综合体和与内庭院空间整合。

城市步行道路直接穿越综合体的一体化方式，可解决由定期的城市规划调整所造成的城市主轴线受阻问题。与内庭院整合的一体化设计方式，将庭院空间作为节点对综合体周边道路进行串联，形成了综合体周边的步行交通体系，使综合体内地面步行空间具备了更多功能性，也给城市人群增加了新的活动场所。

3.城市综合体与地下步行交通的一体化设计

地下步行交通的发展起源于轨道交通的开发，城市综合体作为未来城市中心区的重要建筑形态，与地下步行道的一体化设计提升了地下步行系统与各城市功能的联系性，城市综合体可以与地下商业功能有机结合、以下沉广场作为地下步行空间节点或通过中庭下探形成整合空间。

城市综合体可将其位于地下建筑空间的商业功能延伸至地下步行通道内，形成地下商业街，兼具城市交通功能与商业功能。地下商业街与地面空间的接口处位于综合体建筑空间内部，二者的一体化设计保持了步行空间的室内连续性，对于气候条件有着更好的适应性。下沉广场是汇集人流的重要节点，也是向城市综合体建筑内部、上部功能空间以及城市地面空间转换的重要场所。通过城市综合体的中庭空间向地下空间延伸，与地下步行通道进行交汇，中庭延伸至地下的平面部分即为人群停留或进行二次转换的节点空间。

第六章

区域开发市政工程一体化设计方法

第一节　整体定位方法

一、整体定位的概念

工程项目规划相关研究范畴下的整体定位是指从不同的规划编制阶段开始考虑，全面综合制定规划对象的未来发展方向和目标。它是在总体规划指导下进行的一项系统全面的调查研究活动，其目的在于确定规划方案中有关指标与项目的选择依据。对于规划对象的未来发展方向，进行定性、定向和定位系统的研究，是具体规划编制工作和开发建设的基石 [①]。

二、构建目标体系

为了更好地解决工程项目的整体定位问题，需要首先明确工程项目的规划设计目标。宏观角度，城市规划工作的目标可以分为两个大的方面：一是上位规划，其规划目标是下一级规划目标约束条件，上位规划目标从表述上更具广泛性和宏观的特点。二是规划编制工作的委托方负责进行整体定位。在较大规模的区域开发项目中，控制性规划编制工作的委托方通常是指有开发意向的投资企业，而修建性详细规划的委托方则多为开发企业。因此，规划中整体定位的首要任务是梳理上位规划和委托方的规划目标诉求。

规划目标通常呈现为四种形态：第一种是对规划区域功能的追求，例如规划建

---

① 卢卓君. 效率引导开发—城市规划策划理论及应用研究[D].中央美术学院，2012.

设成为全球一流的旅游胜地、北方重工业基地、北方最大的国际金融中心等。第二种是对规划区域形象的目标诉求，如山水城市、宜居城市、大唐风貌、宋城、北方香港地区、东方威尼斯等。第三种是对规划区域经济指标上的目标诉求，主要是由城市政府相应部门对规划区域建设提出明确的社会与经济收益要求，如区域开发需要十年产生二十个亿的财政收益，规划期末要引入五十万人口等。第四种是对规划区域品牌和影响力方面的目标诉求。

整体定位需要全面考虑上位规划和委托方的目标诉求，但这些目标诉求只是在作规划时的愿景，并不能简单地从目标直接转化为城市定位。目标需要和城市实际相结合，将公共政策属性与城市规划相融合，进行统筹考虑，才能得出城市定位的合理方案。诸多规划失效的原因之一是将目标简单概括为定位，规划师被视为委托方的工具，强调在规划编制过程中贯彻委托方的意图，导致"规划与领导同行，规划与违规同行"的混乱局面，因此，有必要明确规划定位的重要性。在规划调研阶段，梳理目标是一项至关重要的任务，这需要规划编制人员对目标体系进行梳理，但这只是定位工作的起点，因为这些目标的真实性、合理性和公共利益性缺乏充分验证。

三、利用SWOT研究工具进行相关分析

SWOT分析工具是策略研究的分析工具之一，最初的研究与应用是在管理科学范畴下的企业决策领域。SWOT分析是针对企业发展目标的优势、限制、机遇和挑战的分析，是企业管理中科学决策的基础。随着管理科学与工程学科在20世纪90年代之后的研究拓展，SWOT分析方法已经逐步应用于城市规划战略定位方面。在城市规划中应用SWOT分析方法，其主要目的是通过确定战略方向、系统分析实现规划目标需要解决的关键问题，通过解决关键问题以实现整体定位，借助SWOT分析工具的帮助，有助于对目标体系进行对标规划。

SWOT分析方法的基本要素包括四大类：优点、局限性、机遇与挑战性。分析这些基本要素，需要参考SWOT分析对象的具体规划要求，然后确定优势和限制。优势和限制存在对立统一的关系，是可以相互转化的矛盾；同理，机遇和挑战亦是可以相互转化的。比如：对于城市或区域规划设计而言，城市现状是优势；志向打造新型旅游城市下的规划设计，城市现状则可能变成局限。所以，必须把SWOT的要素分析放到特定的规划目标系统中去分析。其中，SWOT分析对象的内

部条件分析是优点和限制，反映的是规划区域本身所具有的长处和不足，相对于具体的规划目标，也可称为内在因素。SWOT分析对象的外部条件分析是以特定目标为基础，对规划区域所面临的外部有利情况和不利因素进行的机遇和挑战。

四、问题导向的案例研究方法

集系统性、动态性、实践性、政策性于一体的一体化设计，是将规划化解为一系列经过前期工作的具体问题体系。接下来，是要研究如何利用相关理论、工具与方法解决这些问题。此时，需要利用理性规划的核心方法，即实证研究的方法。实证研究方法，在管理科学与工程范畴，又称之为案例法。一体化设计领域中应用实证研究方法，是对城市规划进行案例研究。科学深入的案例研究能够使规划的参与者深入到一体化设计案例的环境当中，体验规划的过程和成果，对于规划的建立、选择、决策和实施都有重要作用。

案例研究的过程分为四个步骤：第一步，将问题界定清晰，通过梳理问题提炼出对案例选择的基本要求，使得所选案例能够对即将进行的一体化设计起到较强的借鉴意义。第二步，案例选择，即根据问题的导向选择案例，案例的真实性、完整性和客观性是案例研究的前提。在此前提下，通过案例研究所揭示的规律及其相关研究结论，作为一个被准确定义的个体样本，才有可能推广到更广泛的相似性群体中。第三步是案例分析，对选定一个或多个案例进行分析，以问题为导向，重点分析其形成原因和发展规律，同时要注意严谨性和逻辑性，要多利用数据和工具分析。第四步，形成规律，即在案例分析中寻找解决类似问题的办法和规律，这些规律是指导规划设计的核心。

五、问题的结构化与整体定位生成

通过案例分析，形成规划区的总体定位，研究解决个案中解决问题的办法和措施。案例研究中得到了系统解决问题的方法，针对个案中区域发展所面临的问题，将问题进行结构化分析，拆解为不同的子问题或关键要素，识别构成子问题或关键要素的组成部分，并明晰它们之间的相互关系。基于问题的结构化分析和评估结果，考虑各个组成部分之间的影响，并寻求最佳的整体解决措施，生成城市设计的整体定位方案，确保工程的各方面相互协调和一体化。

第二节   站城一体化方法

目前TOD这一概念受到了广泛的关注和评论，通过对东亚城市的研究发现，城市空间问题变得日益严峻。以日本为代表的东亚新兴国家也开始研究TOD的应用问题，发现东亚城市和我国城市情况一致，并不完全适合TOD的理论模式。因此，日本提出了适应于其城市发展的站城一体化理念。站城一体化理念是将TOD理论与亚洲紧凑型城市特征相结合。站城一体化是以地铁交通为核心要素的延伸，将地铁站房空间、私人物业等融合为整体规划理念。站城一体化理论层面，在城市景观空间舒适度的同时，强调在功能上的综合利用，对站域和周边公共空间进行一体化设计 [①]。

所谓"站城一体化开发"，就是通过地铁站空间的融合，将地铁站域空间与城市发展相结合，作为交通节点，创新为一种新型城市居住空间的发展形态。规划以构筑城市核心、人行循环、集聚城市功能、塑造城市形象、生态绿化、节约能源六个方面为工作重点。以实现共同构筑发展架构为本质的轨道城市互补发展模式。站城一体化开发的发展模式，从根本上解决了与城市资源、功能空间紧密衔接枢纽的问题。让地铁站的公共生活空间直接享受到城市资源和功能空间的多样性，通过地铁交通枢纽站空间为这一区域注入了新的触媒节点。"站城一体化"方法的应用，能够很好地整合地铁站域空间。一体化的地铁站口节点，使功能区域与景观空间在地铁站口公共空间中有机结合，形成"站点即城市"的一体化设计特征。站城一体化方法是为解决地铁站域内因公共景观空间呈现形式单一、人行流线混杂等问题，优化组织城市中地铁站域公共空间内的功能，综合多点规划布局，方便乘客高效便捷出行。

一、站城一体化景观性格空间开发模式

通过对日本地铁交通建设与城市发展结构关系的研究，将地下车站景观周边的

[①] 安飞亮. 站城一体化景观性格空间设计研究 [D]. 石家庄铁道大学，2022.

综合开发分为两种模式：一是中心枢纽型开发模式，即以城市空间密集度高、结构复杂、难以成为中心开发城市地铁枢纽站的开发模式；二是郊区沿线型开发模式，即沿线开发方式与地铁建设同步，开发强度较低。

1.中心枢纽型开发模式。地铁枢纽站空间既与交通路线相关联，又与提升城市魅力的枢纽基本建设相关联，是城市中心区的形象窗口。地铁站景观性格空间将景观形象打造成具有城市文化特色的空间，对城市形象窗口起到积极的作用。地铁站景观性格空间具有城市文化特色的空间形象，既是行人换乘交通的功能空间，也是城市树立形象的空间。地铁站房形象的打造，合理布局的景观空间设施，基本建设的舒适空间，文化导入的地铁站房周边，都为城市的共享与文化水平的提升作出了贡献。

2.郊区沿线型开发模式。站城一体化景观个性空间的规划范围是以地铁站为核心的200米半径步行距离范围。规划范围中应具有医疗教育、商务办公、文化娱乐、购物中心等完善的公共服务设施，形成地铁站点多元化经营的综合空间，是连接城市与地铁站域景观的核心区域。地铁站的综合空间不是简单的空间连接或叠加，而是为了实现高效的一体化而设计为一个整体。

二、站城一体化景观性格空间与城市宏观联系

城铁站域景观空间是城市的主要组成部分，因此城铁站域景观也必须与城市环境相结合。在进行城市景观设计时，应建立城市与地铁站之间的相互联系，使城市地铁站域景观与城市景观融为一体，与城市整体规划相配套，构建城市综合空间，构建为以城市为中心的综合空间。因此，在着手城市地铁站域景观空间设计规划时，需将城市总体规划引入现代环境景观设计理念，对环境与建筑进行整体规划，防止景观与建筑之间出现割裂，设计出从整体到局部、从宏观到客观的高品质城市地铁站域景观空间。

三、站城一体化景观性格空间参与性

站城一体景观个性空间，是说明地铁站外部空间景观环境应满足不同层次人群需求，是一种景观综合体。在有限的空间环境中给行人提供娱乐、休憩和舒适的场所，是站城一体化景观性格空间主要的目的，最主要的就是要让群众真正地参与起

来，最终成为地铁站域景观性格空间的一部分，使景观性格空间具有动态的美感。

四、站城一体化景观个性空间融入文化特色

地铁站域景观个性空间，是一种彰显地铁站域景观特性的空间自然美感与人文特色优势相结合的城市特殊景观空间，是根据地铁站域与城市的融合关系而设计的。城市地铁站域景观中的人文景观，要表现出人文感和历史感，需要在满足站域基本功能的空间布局基础上，植入城市自身的历史、人文及自然元素。所以进行地铁站外部空间景观设计时，要注意保留传统文化元素，善于提取地域历史文化中的优秀元素并展现，使现代城市与传统元素相结合，使人们对地铁站域内的景观个性空间产生一种归属感和舒适感，既要保留传统文化元素，又要保留现代城市元素。

五、站城一体化景观性格空间提升方法

1. 引入景观要素

通过研究站城一体化景观个性空间，总结出站城一体化理论对地铁站域内景观空间环境进行提升和优化的四大要素，以此为基础展开景观空间设计，具体包括：交通要素、辅助要素、管理要素、美化要素。对于现阶段地铁站域公共空间而言，可以通过动线串联景观空间，规划统一周边破碎空间等方式，关联地铁站域公共空间轴线骨架关系，最大限度地发挥景观整体功能的能动性。

新的景观元素可能会在地铁站景观空间的重新规划过程中被打造出来，同时，可以将不相关的景观环境联系起来。如街心公园和地铁站一起建设，通过景观的重新规划设计，可以提出将动感空间结合起来，将其设计成形式感十足的"林荫大道"。基于类似的设计思路，在地铁站域总体规划中融入景观元素和设计理念，可以使景观规划与建筑主体相协调。在尊重历史和原有较好结构的前提下，实现从大尺度到小尺度、从整体到局部、从宏观到微观、综合品质的城内地铁站域景观个性空间。

2. 功能空间复合

合理的功能空间复合，能够最大限度地提高地铁站域和景观空间的复合利用率。在对站城一体化景观个性空间进行规划设计时，新建地铁站区的景观空间设计，需要考虑其对现有空间环境的优化和提升。空间设计过程中易出现的问题，是

将公共空间功能复合划分为住宅小区、公共服务区域和办公区域，并对各功能分区的不同空间属性分别进行分析。地铁站区空间属性划分的边界过于清晰，在将人与环境人为分割裂的同时，亦会造成交通系统时段拥堵和不同空间的功能呆板。因此，结合地铁站区景观空间周边路网，综合考虑各功能区域的关联度和行人流向，使功能区域与公共空间的关系更合理地组织起来，同时还要结合景观设计方案，形成合理的规划布局。

3.立体绿化景观

现代城市快速推进地铁建设，带动了城市经济的快速发展，城市的交通系统变得越来越立体化。城市景观设计理念应顺应这一趋势，即实施站城一体化的规划设计方法。高密度的城市土地资源通过站城一体化的模式，可以更好的集约利用，城市景观品质得到提升。设计者应将城市地铁站区景观空间的绿化做到最大化，给市政公共景观环境带来更多的正面效应，同时也为行人营造更为惬意的乘车环境。地铁站区景观空间设计方案通过多种类型的植物组合，选择设计立体绿化景观，增强行人流线的可达性，从而解决目前城市存在的问题。

第三节　慢行空间一体化设计方法

一、慢行空间一体化设计内涵

在对城市慢行空间景观进行改造一体化设计时，要充分考虑其所在地区的地形特点和城市建设的实际情况，既要满足市民的上下班需要，又要兼顾户外活动、休闲游憩和景观欣赏的多样性要求，立足于"以人为本"的设计思想，因地制宜地多维设计。以慢行空间为载体，一体化设计为方法，以营造宜居、安全、连贯的居住环境为目标，既要兼顾功能，又要兼顾城市特征和步道空间的景观设计，打造出高品质、高效率的慢行空间[①]。

1.共同指向关系

城市发展的每个阶段都伴随着整体性的情形，其中必然伴随着城市功能的完

---

① 周阳光.西安市二环南路慢行空间一体化设计研究[D].西安建筑科技大学，2022.

善、环境质量的提升以及城市治理能力的增强。而内部慢行空间，更是城市内发生相关结果的有效区域，一般而言，城市慢行空间是协调经济和社会发展的良好区域，其中蕴含的以人为本、多元相融的理论，也便于促进改善居住环境，营造更加安全、舒适的城市环境。同时，整体设计也是对街道空间"人本思想"的再一次回归，城市街道是城市最基础的公共物品。而整体式设计的中心目标就是创造出一个更加适合于城市的公共空间，而这一点与慢行空间有着同样的目的。总之，在城市发展的大背景下，一体化设计的出现是必然的。

2.明确指导关系

城市慢行空间的构建是为了适应城市整体发展进程而产生的发展思路，而一体化设计则是一种新兴战略，致力于统筹完善城市发展道路的改建问题。作为城市街道发展重要组成部分的慢行空间的发展，受到了辩证统一设计思想的指引，其对于当前城市街道改造设计中涉及的各种理念进行辩证分析，尤其是针对如何将这些理念进行融合的问题，提出了系统性的解决方案和策略。

二、市政景观的一体化设计

一体化设计慢行空间首先强调的是市政景观和功能的一体化，可将其进一步细分为市政景观与街道管理、文化脉络、环境更新的一体化设计。街道治理与景观设计缺乏相互制约，未按照一体化进行设计，是其管理权责分散、街道设计不可持续性的主要缘由。因此，市政景观与街道管理一体化目标的实现，首先需要确立明确的管理机制，进而逐步实现对于慢行空间改造更新的一体化设计。

城市蕴含与展现出来的文化是一个城市的标志，而街区则是一个城市形象的最直观表现。假设城市街区的设计没有展现出城市所蕴含的文化要素，将导致在观感与体验上的"千城一面"。街道文化是城市文化要素的必然组成部分，因此慢行空间的一体化设计必须与城市、街道文化相吻合。

1.慢行空间与街道管理的一体化设计

由于城市慢行空间内诸多要素分别受不同的管理单位或部门制约，导致管理者、设计者与使用者对街区的设计需求呈现多样性特点。差异化的需求容易导致街道更新设计构思的冲突，最终造成街道内不同要素之间无法有机融合，甚至因为衔接不当而产生撕裂感。因此，在慢行空间与街道管理的一体化设计过程中，需要确立一种相互协调的城市慢行空间设计思想，统一规划主管部门、建设主管部门、道路主管部门，以及绿化园林、市容等管理部门的诉求。除此之外，尚要清晰、明确地界定慢行空间的目标，并通过多种方式不断宣贯与引导，让慢行空间的概念深入人心，从而进一步实现管理者、设计者、使用者对慢行空间的共同治理。

慢行空间与街道管理的一体化设计，具体包括交通节点一体化设计和交通路径一体化设计。交通节点的一体化设计，首先要在道路交会处，即路口采取统一的处理方法，以充分体现慢行交通的一体化设计、功能和美感，确保行人的安全。其次，将十字路口转角处的机动车道用一条绿篱或一道风景栅栏分隔开，保证慢行空间的相对独立性。再次，设计过街相关设施时，在规划设计慢行通道的基础上，适当增设缓行路段，既可以确保道路之间慢行系统的相互联系，又不会对快车道的作用产生不利影响，还可以防止一些路口的行人和车辆发生碰撞。慢行人群通过快速路的间距应该设置为300～500米，设计过街设施时应注意使用设计手法统一、功能与美观性并存，体现出一体化设计理念。最后，设计换乘站点，将公共交通站点与自行车停放点集合放置于近路口交叉处，这样方便慢行人群短时间内快速便捷换乘，或安全快捷地通过马路。使用一体化设计方法要对各站点统一设计，考虑功能统一化，集合智慧、美观、使用设施于一体，这样不仅能解决安全问题，而且对城市交通的拥堵现状也能进行一定改善。

交通路径一体化设计中，首先要构建慢行交通道路网络，将主干道中的慢行道与机动车道利用绿化相分隔，对于次干道的机动车道与非机动车道之间，则通过抬高人行道的方式来进行隔断。城市支路和街巷以步行为主，强化慢行空间的充分利用，使居民可以在附近进行室外活动。其次，对慢行道路进行优化设计，在人行道空间中划出慢行道，设置快速、缓慢的交通分区；临近建筑一侧，综合性设计慢行区域，增设一定种类的休憩娱乐设施，用来进行丰富的步行活动。在交叉路口人群汇集处，设置过街中转岛，做好慢行安全保障。公交车、地铁口、自行车停放处采取一体化设计方法，将功能整合起来，进一步促进交通高效率。再次，对慢行交通与停车系统进行衔接设计，强化整治占用人行道的缓行空间，在有充分空间路段，尤其是人行道和自行车道交界处，增加平行停放；在停车需求较多的路段，快速干道下方设置立体停车设施。除此之外，采取一体化设计方法，将停车位区间内美观与功能相结合。

2.慢行空间与城市文化的一体化设计

慢行空间与城市文化的融合，是城市景观与一体化设计的基本目的。一个城市的历史文化风貌展示，既是城市形象面貌的输出，城市个性的展现，同时也能提升居民的城市尊严感。所以，必须遵守以下设计原则：一是，在设计慢行空间时，要足够尊重和展现城市地域文化，营造出不同的城市个性，还需要深入了解这个城市的街道文化和历史，借助建筑界面、铺装材料、街道基础设施、微空间等因素，形成完善的城市街道慢行景观。二是，注重街道整体细节设计，既要体现街道文化，又要注重协调。三是，要在统一中寻找变化，在变化中寻找统一，营造出一种和谐的街景。

3.慢行空间与生态环境的一体化设计

打造生态环境，必须提倡市民绿色交通，提高慢行空间的绿化质量。慢行空间与生态环境的一体化设计过程中，在植物的选择上，应选择地方性、特色性和经济性的地方树种，既要突出地方特色，又要注重经济性和实用性，寻求街道绿化层次分明。打造街区生态化的绿色共享慢行空间，应以微型绿化为基础，利用一体化设计手法，将碎片化整合起来。

在慢行交通空间设计丰富的绿化配置，能够极大地提高休闲节点的环境质量，比如进行垂直方向绿化配置的优化，设计灌木丛、草坪灯等。在停车场及人行道上，设置绿化隔离带、绿化小品等，以反映道路的空间品质与空间分割，还能强化功能区分，提升人行道安全。在休憩节点的空间内，丰富植物配置，种植乔木、草坪等，设置绿色植物等景观小品，以增加绿地的层次。还可以将绿地布局与园林雕塑、建筑立面等相结合，使休闲空间的一体化设计更加完善。

三、功能的一体化设计

将一体化设计结合街区景观需求，综合考虑各种功能，形成具有综合性的慢行空间，使其从传统的单一功能转变为具有多样化功能。迅速丰富和完善街道功能，使得街道将各项属性如交通、休闲、娱乐和慢行整合于一体。

慢行空间功能包括交通、交往、娱乐活动等，并且城市街道空间的未来发展也会向复合型空间聚拢，是发展的必然方向。不同的街景形式承载着街道的发展，慢行空间的一体化设计更是有重要作用。"以人为本"是城市慢行空间设计的指导思想，其基本目标是满足人们对城市公共空间的需求，实现街道功能的一体化。

四、要素的一体化设计

慢行空间一体化设计是指在道路两旁建筑的交接处构成U形的街区空间内进行整体性设计。通过这种方式对慢行空间中的各种要素进行整合，可以更好地发挥街区的潜能，增强街区的凝聚力，增强城市的协调性和节奏感，从而延长步行空间的逗留时间。

慢行空间一般由立面空间、边界空间和两侧延伸空间构成。因此，在慢行空间设计过程中，需要充分了解街区单元情况，基于以人为本的思想，将城市慢行空间划分为五大要素，即道路系统、绿化配置、建筑功能、休憩节点与基础设施，按五大要素进行细分，制定相应的空间要素指南。在对空间要素设计时，要按照"因地制宜"的原则，根据地形和功能需要，选择合适的景观表达方式。基础设施也是慢行空间要素中重要的组成部分，在保持原有功能性的基础上，加入景观性的优化设计，与周边景观空间相融合。

1.道路系统要素设计

道路系统设计时，首先是对人行道、非机动车道和盲道进行设计。保证人行道的宽度和可达性，在人行道上不能设置阻挡、不能移动的障碍物，并且路口的转弯半径不小于9米，特殊道路不小于6米。非机动车道的设计要采用带有显著标志或颜色的、具有耐用性和安全性的材料，如透水性沥青，并在风格上与整个街区的外观相协调。盲道在材料选用上，要与路面的行驶方向相协调，并具有很强的抗滑性保证。其次是设计井盖和铺装样式。在满足规范和安全的前提下，适当在人行道上采用装饰性井盖，井盖要与路面统一高度，保障行人安全性，井盖的装饰风格可参考当地街道整体风貌。路面铺设要尽可能保证平整，防止出现高差，设计风格也要参考所在街道风格，选用耐滑耐用的铺装材料。再次是设计地面停车和非机动车停放点。地面停车的设计要对街道两侧的停车容量现状进行分析，在保障街道两侧停车数量不变的基准下，尽量避免路面的停车状况，避免与人行流线的穿插干扰。对非机动车停放点的设计，要了解当地街道的规范化管理方式，加强自行车管理，避免占用盲道，根据所需情况设计智能围栏限制共享单车的停放区域。

2.绿化配置要素设计

首先，设计路侧绿化，路侧绿化的形式多样，如：均匀间隔式绿化、小型绿地、背景林草地等。在设计过程中要结合道路周边环境及土地类型综合考虑，与其所属的街道风格统一。均匀间隔式绿化在慢行道路宽度不足时，采用路两侧种植单排乔木或者灌木，与线性空间相协调，并且要考虑树种的选择、色彩搭配、植物种植的间隔距离。慢行道路宽度在2米以上时，均匀间隔式绿化可以考虑乔灌草的种植搭配，以标准公式化的风格进行整体搭建。若道路两侧绿化宽度大于8米，则需要进行隔离和防护，要选择耐阴比较高的灌木和地被植物。在道路两旁绿化达到8～15米宽时，考虑使用小型绿地，使用乔灌草搭配，但要注意通透性，以乔木为主，灌木为辅，以花地被作为路侧色调。当道路两侧的绿化宽度超过15米，考虑采用背景林草地形式，后一层采用高郁闭度常绿树种，道路旁开放大草坪，营造出一种清新的气氛。

其次，对树池、花坛、花池进行设计。在树池的选择上，根据道路宽度选择单独的、连续的或者提升式的树池，保持风格统一。如：外框、内盖板、材料、厚度等保持一致，树池边线要与路面铺设保持高度统一，风格应与周边环境融合；花坛和花池也要统一设计，设计方案需要结合路面自身特点、道路特定要素，按照实际情况进行材质选择，确保街景的和谐。再次，对车行道分隔绿化进行设计，分车带要视路面的宽度而定，道路沿石的设计高度为0.3～0.5米。分车带绿化主要形式要简洁大方、颜色搭配方式要合理，可采用两种或更多的绿化方式，营造出沿路交通的韵律之美。

3. 建筑功能要素设计

首先，是对建筑外立面进行设计。第一，选择相对简单的方法，比如拆除破坏了建筑风格的建筑，包括遮阳伞、清理管道、清理外墙等。第二，结合街区的一体化设计，提升建筑的外观、色彩、空调挂机点等，可以增加建筑立面的结构，比如：金属、木材、石材等，利用不同的建筑风格，形成不同的墙壁风格。其次，是设计门店招牌。门店招牌设计的类型多样，但形式设计要统一，确保其风格、高度、大小和颜色具有协调性、可观性，做到一店一牌。

4. 休憩节点要素设计

休憩节点主要是对公共活动广场进行设计，重要节点包括：城市地标、政府要地、广场、大型公园、交通要道、尚未开发的土地等。这些重要节点在城市发展中占有重要地位。公共活动广场的设计要分散于线形空间中的点状节点，以斑块形式出现，通过点带动整个区域的发展和气氛的活跃，从而使活动空间周边人群的生活品质、居住品质大大增强，还能增加居民凝聚力，帮助城市成为整体，更能提升城市的知名度，使得城市居民的自尊感得到满足和提升。一体化设计对于公共空间的设计需要依据实践进行，总体设计要与城市更新、街道设计核心理念相结合。一是公共空间，要确保空间形象特点的庄重、大气和便利性；二是城区形象，要增强城市城区的特色性、文化性和高品质，力争突出节点特色，促进片区发展；三是交通功能，要明确公共空间的安全性，确保其后期的可维护性。

5.基础设施要素设计

公共服务设施属于基础设施的一部分，其种类繁多，包括城市照明、公共座椅、电箱、海绵设施、消防设备和垃圾桶等。城市照明要素设计时，要符合所有与之相关的照明标准，并根据道路的自身特点和风格，进行统一性设计。具体要求：一是在保证照明质量的前提下，严格避免照明污染；二是注重街道照明的整体规划，以实现城市街面完整性。在设计公共座椅、栏杆和垃圾桶等基础设施的时候，要确保设备风格、材料和颜色应与整条街的风格相结合，以保持与周围环境的和谐统一。各种设施应采用坚固耐用的材料，并且充分考虑其不得影响通行便利。对于市政的电箱等外部箱体，也要考虑如何美化，比如对箱体位置进行移动布局，合理铺设材料确保环境的协调性，多箱整合过程中也要综合考虑放置位置。公共绿地是放置位置的最优选，若是电箱处于同一道路，色彩和样式不要出现多种形式。

对交通、标识系统进行设计时，包括的要素有标识系统、"多杆合一"与智慧系统。标识系统本质上是街道一体化设计的向外延伸，能够将街道特征与标识系统设计相整合，并且强化街道视觉形象。"多杆合一"本质上是为了取缔现有街道空间中的各类设施所出具的新原则。通过"多杆合一"原则，将包括交通、市政规划、景观设施在内的各类型"杆"的标志进行系统梳理和整合，避免街道中存在多余构件。"多杆合一"，除有助于提升居民信息采集与识别能力之外，还能更具体地体现出街道各类型"杆"之间的标准和功能要求。当前概念范畴下，城市智慧系统多指的是城市内的智慧交通设施。所谓智慧交通，是基于新技术的运用使得城市内出行更为智能、更为清洁、更为安全和高效。现如今，城市内的智能交通设施一般在路灯、公众交通等方面体现较多，相关设施对于居民的时间节省、交通便利性有很大帮助。城市智慧系统是一体化设计理念下的发展必由之路，公共系统必然会基于这一发展趋势不断向前。慢行空间的一体化设计也需要强调和鼓励沿街智能界面的智慧性，促进城市与智能交通相互交融。景观设施的设计强调其与街道整体风格的一致性，考虑相关内容与周边环境的一致性和协调性，不能妨碍行人视线或占据通道，需要根据街道特点来考虑元素，以更好地体现街道风格和特色。

第四节　地上地下一体化设计方法

一、设计目标

城市地下空间发展状态高低的标志是城市地下空间的形态、结构和功能三者之间的相互协调程度。城市地下空间功能与结构之间存在对立统一的关系，一方面，城市地下空间结构的变化往往以功能的改变为先导；另一方面，一旦城市地下空间结构发生变化，就需要有新的功能来配合这个变化。所以，城市地下空间的形态、结构和功能达到互相耦合是一体化设计的目标。道路空间通过一体化的设计，有利于优化行人步行的空间体验，在空中、地面、地下三个基面上形成充满生机活力的城市画面，提高行人的通行效率。同时，立体化的人行道路，由于绿地景观空间的地下开发对城市的效益不仅仅局限于景观效益，在绿地景观空间的一体化设计中，有机会使城市呈现更多的经济、文化和生态效益等。所以，对城市的效益多元化是绿地景观空间一体化设计的目标[①]。

二、平面总体布局一体化策略

向地下拓展空间是开发利用城市地下空间的本质，将城市的各种功能机体合理布局在更广阔的纵深空间，使城市的地面压力得到释放和缓解，并且有效改善城市的地面环境。城市地上地下总体布局是在研究城市地下、地下可利用资源和城市地下空间合理开发量的基础上，在城市性质和规模总体城市总体布局形成之后，统一安排布局城市地下空间的各组成部分，使其有机衔接。

我国城市早期建设地下空间时对一体化平面总体布局认识不足，各个地块各行其是，城市地下空间基本都是由建筑地下空间单独构成。发展到今日，许多城市区域的这种空间布局已明显不能适应城市人们居住、购物、办公与上下班等需求。基于此，部分城市开始着手二次改造，以实现不同功能空间的互联互通，如南京新街

---

① 黄润开.城市地上地下空间一体化设计研究[D].华侨大学，2022.

口城区域、上海陆家嘴区域和广州琶洲西区等。城市或其部分区域的二次改造，虽然能够形成人员的流动，但实际效果均不理想，且地下空间与地上空间要素整合的结果较差。因此，如今更多的城市新城片区，都是先着手于平面总体布局进行设计，主要布局策略包括：网络化平面系统建设，耦合城市形态的平面结构建设，上下层耦合城市功能调研，多层级公共空间体系建设，已建成地下空间有机联系等。

三、道路空间一体化策略

城市道路承载着物质运输和日常人流活动，是综合城市各要素的空间骨架，历来影响着城市居民的日常生活。前工业社会时期，城市居民的生活与街道环环相扣，街道是城市居民日常生活的重要场所。在工业化初期，城市道路上逐渐出现了机动车辆，因为数量偏少，对城市居民的街道生活影响不是很大。然而，当代社会中机动车逐渐成为道路上的主宰，不仅造成了城市道路拥堵，行人道路空间也被一再压缩，行走舒适度进一步降低，交通出行的安全隐患越来越大。因此地上地下一体化设计的道路空间已经成为城市设计的关键点。

1.高效的地下车行道路

将一部分道路置于地下或把地下道路建在地面公路下，可使驶入市区的汽车分流并由地下驶入对应地区，地面道路上的汽车很快就能通过这一地区。例如在日本新宿SUB——中心区域，为从根本上解决SUB——中心交通堵塞现象，地面原路面被拆掉，路面被放置在地面以下，这不仅可以减少通行时间、解决城市拥堵，而且还能提高局部空气质量、带来局部城市设计上的胜利。郑州龙湖金融岛打造三维立体车行交通系统、金融岛南出入口主通道和连通城市街道。内部路网划分为内环、中环与外环。外环化解机动车交通压力，私家车由外环隧道入口驶入内环，仅环湖公共汽车、消防车可穿越中环地形。地面空间还给行人，以内环作为人行道，布设4米宽的消防车道。如北京金融街位于地下两层行车系统中，太平桥大街和西二环路由地下隧道直接连接，即可实现地下自金融街东端至金融街西端。同时还在地下二层车行系统和地面五条城市交通主干道间设置出口，切实保障公园道路交通畅通，减轻公园停车资源统一调度难题。

综合上述城市的道路设计，城市中心区地下道路平面形态有环形道路与线性道路之分。环形道路一般为单向交通组织方式，能够将各地块地下空间高效地连接在一起，使用便捷，适用范围广，但交通承载量受到限制。在城市空间剖面上，地下车行道路大致划分为四种类型，即中间行驶、中间两边行驶、环形两边行驶，以及山体内部上下平行行驶。居中行车应安排地下快速路，该方式为适用性最广泛的地下道路安排方式，能尽可能少对周围建筑和城市设施产生干扰。环绕行车模式是将地下环道设计于规划街区周边，当车流驶入地下环道时，便会驶入地下停车区域内，街区内地面和地下均无车辆驶入，能够营造出一个舒适、立体的人行环境，该模式在较大规模的城市规划范围内具有适用性。两侧行车模式为车道置于地下空间的两侧，停泊区域位于两车道之间，用于车辆暂泊接乘客和送乘客，人流可以经过中央停泊区垂直交通抵达地面，地面为大型步行广场或公园。该模式的设计中应注意将地面地下步行街与地下步行接驳区进行高效衔接，并分类设置地下车道。

2. 立体连续的步行系统

全天候城市空间活力要求人流持续不断地为其提供动力，而地下道路规划则保证社会上有大量车辆驶入地下并在最大程度上把地面留给行人。构建地面、地上和地下三个层级的空间系统能将空间中的区块进行有效连接，并在其人流核心节点上设计一个沟通地上地下与空中的垂直交通系统，提升交通效率。如深圳华强北路改建方案，设计师将精准的交通、柔美的景观与建筑形体美学有机结合起来，突出了城市区域的个性特点，同时对流线进行优化，设计者把这样一个空间界定为"灯笼"，并通过它来建构立体化步行系统。该方案对街道五个空间节点进行立体化人流疏散设计，地面道路预留正常道路宽度从而保证车辆正常通行，地面架空步行系统，直接垂直接入地下设计二层步行街，让人流由地下直达地面各标高空间，所需位置处，也可接入既有地下层。这五种"灯笼"与地下空间可以共同为人们提供更加丰富的公共空间。20世纪90年代末，香港地区开始推动空中—地面—地下步行系统一体化发展，从而实现三维立体化步行网络。直到今天，香港地区中区空中步行系统的网络涵盖了约600条的空中连廊，形成便捷通畅的三维空间网络。上海北外滩区域立体步行系统作为国内近几年比较完整的立体步行系统实例，区域内各建筑之间均有贯通，地下空间、地面慢行道相连，构成立体交通网络，同时地下交通工具将在地下行驶，将地面空间变成步行区与绿地。

总结立体连续步行系统的建设实例，可归纳为三种设计策略：一是立体步行道路应该是连续的，所谓有连续就是便于辨认空中、地面与地下步行系统接合处的连接情况，需要安装必要的自动扶梯、电梯之类的装置。二是适当加宽空中和地下立体步行系统步行基面宽度，以增加步行系统舒适度，并使其能够承载更多城市活动。三是主张立体步行系统的功能复合化、步行道路可贯穿室内外道路一体化连接、步行道路连接室内外多种城市功能、使建筑空间城市化等。

四、绿地景观空间一体化策略

当代城市绿地景观空间系统要素正在向多元化发展。在城市土地有限的情况下，需要进一步提升土地的利用效率，合理应对城市绿地面积和城市空间短缺等问题。城市绿地和地下空间的一体化开发，是缓解城市用地矛盾的有效方法之一。通过一体化开发方式，将与绿地"争地"的城市功能和设施转移到绿地地下空间，同时实现经济、生态和社会效益。

1.与绿地形态有机结合

城市地下空间是城市空间中的一个重要部分，规划设计首先要考虑到它与地上绿地形态的融合，按照顺应自然的原则处理好不同的绿地形态问题，典型的案例如武汉光谷、上海樱花谷、巴塞罗那屋顶公园购物中心等项目。以武汉光谷项目为例，项目中有一条线型的绿地景观带，光谷地下空间形态顺应绿地形态呈曲线布置，也为项目提供了良好的景观环境，同时不干扰绿地的情况。项目充分融入"阳光、空间和水体"等元素，实现了地下空间绿化环境的地面化、室内环境的室外化和空气质量的地面化。再如巴塞罗那屋顶公园购物中心项目，其是基于森林面状绿地而发展起来的集居住、休闲和零售为一体的新型城市空间，该项目布局上对片状绿地进行了合理切分，使得地下空间呈多带状分布，优化了地下空间的使用效率及与绿地的交互关系。上海樱花谷项目是将地下空间发展为城市点状绿地，该工程尽量弱化结构对地下空间的遮挡，使得空间虽小却显得宽敞明亮，极大地方便了人们和绿地之间的交互。该工程规模不大，但是层次非常丰富，可以提高空间利用率与丰富性。

综上所述，城市绿地形态可大致分为点状、线状和面状绿地三种形态。点状绿地是城市比较常见的绿地类型，尽管它对地下空间的开发要求不高，但部分城市在重要节点上是有具体要求的。因此，为保留点状绿地的生态能力，设计过程中一般把生态基面以下放置于地下空间内，而保持地下空间尽量在空中不受遮挡并富有层次，使更加精细化的设计在小空间中带来足够的空间活力。线状绿地地下空间设计时，因其生态连续性较为脆弱，应降低绿地地面生态干扰。面状绿地设计地下空间时，宜进行局部中低强度开发，使原先的绿地生态基面尽可能地保留。

2.地下入口结合绿地布置

城市里许多地下空间入口都是和城市硬质路面相结合的，这类入口若采用地下空间入口和城市绿地景观空间结合，能够缩短人们与地下空间之间的心理距离。基于对金丝雀码头、太湖新城滨水地下空间以及万科云城公社等项目的设计进行分析，发现其采用的空间策略如下：金丝雀码头地铁站出入口结合全岛最大绿地公园布置，椭圆形透明顶棚在符合公园要求的前提下，还能为出入口带来自然采光，在绿荫斑驳处使行人心情惬意；太湖新城位于太湖湖畔，设计者通过在大平台上布置巨大的水盘天窗来实现这一目的的，这里同时也是太湖新城地下空间主要出入口，在水盘天窗下投射太湖水底景象以提示地面环境；万科云城公社工程地处深圳南山区境内，整个工程就像城市绿色公园，设计公社地下空间出入口巧妙藏于园区内，并与园区融为一体。

综上所述，从项目实践中可得出三条设计方法：一是将地下空间入口平面形态和绿地中景观平面构图融为一体，从而自然地纳入绿轴景观体系中；二是通过铺设绿植使入口步行台阶处持续存在绿轴空间质感；三是设计具有强识别性的入口，使之具备某种城市标志物或创造复合周围景观室内空间气氛，使得城市景观和绿地公园遥相呼应。

第五节　轨交站点出入口与城市空间的一体化设计

一、与交通系统一体化设计策略

城市空间是个有机的整体，交通系统也作为一个整体在城市空间内运转。轨道交通作为一种快速的城市交通，其客流运输表现能力较强，而城市中其他交通方式速度缓慢，但在覆盖城市区域可达性方面深度很强。城市交通的服务效率深受轨道交通与其他交通方式之间衔接度的影响。通过城市中的其他交通方式扩大轨道交通在城市空间中的服务效率，真正意义上形成一个完整的城市交通系统并充分发挥二者的效能，通过站点出入口连接城市"微循环"交通，与城市空间一体化连接。步行与非机动车接驳设计位于站点核心区，目标是建设高密度连续性慢行系统^①。

1.慢行系统网络化、出入口设施精细化

慢行系统指为步行及非机动车服务的交通网，由主干路、次干路及支路人行道、非机动车道及共享路面组成。慢行路径和站点出入口一体化设计多是从宏观视角讨论，整体态势中追求慢行路径网络化对站点出入口直达高效化的改善程度，通过结合道路设置车站出入口独立于非机动车道的设计策略，以完善车站出入口的配套设计等，使其更好地对接城市功能。

根据商业中心型车站出入口位置特征基本划分为三类，包括结合城市道路设置、城市开敞空间设置与建筑空间设置。其中和城市道路相结合的布置型出入口和交通系统产生了空间直接联系，而另外两种类型的站点出入口则是在和城市交通道路相互作用中，需要中途变换其他空间类型，然后才能和城市道路连接。两类出入口和交通系统互动性差，故主要实施和城市道路相结合设置型站点出入口和城市交通一体化设计。

第一，慢行交通结构网络化，出入口直达高效化。"结合城市道路设置的类别"出入口直接设置在步行道上方，也可通过短距步行到达的方式，以求不改变空间性质。这类出入口在城市空间中充当人流引导和集散洞口的角色，而城市空间一体化则建立在站点出入口与城市空间所形成一种良性的互动关系基础之上。

从城市设计角度，实现轨道交通与城市空间之间"无缝高效"衔接，实践中提出步行路径高密化、站点出入口直达高效化的设计策略。网络化慢行系统需梳理慢行道路层级系统、组建"微循环"慢行网络、保障连接车站出入口和慢行道路，为车站出入口附近的客流提供多种步行路径选择，使人群以"地铁加慢行"方式到达城市每一个角落。去除"车本位"惯性思维，实现由"车性"都市向"人性"都市的复归。在轨道交通的引导下，网络化站域步行空间作为媒介，将轨道交通、慢行空间等功能空间一体同步连接。减小地块尺度以增加步行道路的密度。《城市轨道沿线地区规划设计导则》建议："*在城市中心区车站800米的影响区域内街区尺度应在120米以下。以多权属利益方联合协商为基础，可多角度构建网络化慢行系统。首先是进行了建筑空间属性上的转变，弱化了建筑体量对其的遮挡作用。另一种是加强一些小型支路慢行功能，例如加大慢行道路宽度、使道路成为慢行路等。*"从经济性角度和可实施性角度来看，这类策略适用于土地价值有待提高的地块。

---

① 李泽奇.商业中心型轨交站点出入口与城市空间的一体化设计策略研究[D].重庆大学，2019.

第二，核心区非机动车路径的持续和独立化。连续性对慢行网络质量具有重要意义，它通过路网规划、交通组织及街道设计等手段来保持步行和非机动车骑行网络之间的连通性，加强轨道交通出入口与主要目的地的连接性。非机动车利用便利程度、道路系统密集程度、骑行空间好坏、骑行环境安全程度均显著影响到居民是否选择非机动车接驳交通。所以要围绕站点出入口，改善周边非机动车道路系统。

进出站前广场应结合非机动车道路系统进行统筹考虑，规划设计条件许可时，进出站布局应尽量接近非机动车道，使人流能够以最短的距离换乘。以"隔离"形式保持非机动车道路系统完整、免受机动车占用。隔离的技巧在提高非机动车道质量的同时把非机动车道从机动车道中分离出来。轨道站点出入口核心区域的城市主干道、机动车道和非机动车道之间采用物理隔离，物理隔离一般用绿化带或隔离栏进行，在条件许可的情况下宜用绿化带隔离。次干路上方宜采取机非物理隔离措施、支路可采取非连续物理隔离措施、交叉口的合适范围应采取机非物理隔离措施。采用空间隔离，使非机动车道完整独立。

第三，中心区设施的人性化和标识系统的清晰性、准确性。一是公共服务设施人性化，《场所精神——迈向建筑现象学》中写道：*"场所精神是建筑物通过外部特征与人发生各种关系。"*从而可认为，场所精神的内涵是营造人性化空间环境。建立宜人的出入口空间环境已成为世界轨道交通规划者们的共识。首先，高质量的公共服务设施是人性化的根本，例如景观绿化、公共休闲座椅、小型售卖商铺及其他以人们行为需要为先决条件的配套设施，在城市空间中进行物质介入，并和空间构成一种互相需求的状态是出入口和城市空间融合发展的必然途径。其次，改善站点出入口无障碍设施匹配，在这些站点出入口中，越来越多的城市开始使用超越无障碍设计的"通用设计"。再次，"以人为本"设计以人为中心，应重视公众参与，公众的使用感受与需要是设计与评定效果的依据。

第四，是实现标识系统的清晰化、准确化。站点进出口空间因标识系统导向不明，易诱发人群寻路，导致拥堵。人们习惯通过选择熟悉基准点作为起始点而对周围环境熟悉，以逐步构建自身导向系统，达到高效疏散客流。缺乏标识系统将给人们找到基准点带来困难，也给导向系统的设置带来困难。因此，应完善站点出入口核心区域标识系统，强化其在周围空间方位引导作用。为了使标识系统能较好的服务于客流、精准地协助客流找到，经过站点出入口的设置原则一般都会遵循以下几个方面：第一，选址恰当。轨道交通标识牌或者指示方位牌应设于易于找到的地方，并应区别于商业区广告宣传标识牌，且要求醒目以快速辨认；第二，信息精准。路线方位指引这类重要标志，需在图文指示中作出更细致的表达；第三，信息连续性。以站厅层为起点，在通道内、地下空间的交汇点、车站进出口空间以及其他部分空间，设置有关信息标识以确保顺序的完整性和图标识规范的统一性。

2.车行系统与站点出入口接驳"无缝化"

第一，与非机动车衔接的设计策略。商业中心城区土地紧张度高，城市空间呈现高密和集约化的特征；通常停泊点应按"小规模，高密度"法进行设置。同时《城市轨道沿线地区规划设计导则》建议："*非机动车停车场至站点出入口步行距离以50m为宜。最后中心区居民对于轨交站点入口周围非机动车需求量有不同需求，应归类探讨。*"

在面积有限的情况下，与城市消极空间的设定相结合。"消极空间"的概念最早由日本建筑师芦原义信（Yoshinobu Ashihara）提出，"*他是一个自然发生的、扩散的、无计划的空间*"；罗杰·特兰西克（Roger Trancik）后来把它叫作"*失落空间*"。因与步行道、绿化等其他城市功能空间相结合而设置的出入口周围空间普遍狭小，在建设之初缺少兼顾非机动车停靠的场地，而且站点出入口多分布在中心城区，土地资源比较紧张，很难对一块非机动车停泊点进行特别规划。分析停泊空间特征后发现，其空间形状和地理位置要求并不高，故场地面积有限的情况下城市"消极空间"可被选做非机动车停泊空间。通过交通停泊空间和城市消极空间的重叠组合，既能盘活城市消极空间，又能使非机动车停泊点数量在基本停驶的前提下最大化。非机动车和城市消极空间的组合设置，主要分为四种方式：一是，组合设施带停车；二是，过街天桥和高架桥的桥下空间停车；三是，在树池之间使用道路设施带停放；四是，在出入口的后侧走向上布置。停泊点的设置不影响轨道交通客流的集散，在需求较多的情况下，应另设停车场。车站为跨路口式型车站时，主要疏散出入口靠近城市十字交叉路口，因而对机动车的停泊空间面积提出了更高的要求，需设置立体化停放设施。这种设置方式有助于对相关人员的集中管理，提高城市空间的有序性。具备条件时可利用绿植景观等来对非机动车停泊区进行软性围合界面处理，使得停泊区域空间质量更高。

第二，接驳公交车的设计策略。公共交通系统是TOD模式中占主导地位的城市交通系统，也是城市交通一体化的一种重要实现途径。城市轨道交通在快速长距离输送客流之后，利用公交系统进行衔接，有效疏散了大量人流并实现了中长距离客流疏散。与轨道交通相比较，公交系统在路线、站点选择上更具有灵活性，能够随城市空间不断更新和变化来改变站点位置。公交线路在城市空间中的覆盖范围也更大，更深层次地触及到了城市中各种不同类型的大空间和小空间。

站点因所处地理位置、规模或担负特殊作用，出入口和公交车衔接方式各不相同。站点出入口连接常规公交站通常有水平式与集中式两种。水平式通常是城市步行道路或者站前广场相结合的两种类型。与站前广场的设置相结合时，在车站与交通枢纽功能相容的情况下，采用出入口站前广场横向铺展的方式来布置各公交站台，占地面积大。沿着城市步行道路的组合设置时，在车站规模适中且功能业态主要为商业的情况下，公交车站通常沿着城市道路设置，而在城市中心区通常按500米的距离设置车站，这种接驳布置方式要做好站点核心区的选址及布局设计工作。集中式是指一定用地面积上的立体布局方式，更适合用地紧张的市中心，各参与方建设管理配合难度大，适合在综合体建筑中应用，是立体化高效布局，实现了各种交通立体化衔接换乘。

二、与城市敞开空间一体化设计策略

站点出入口与城市敞开空间之间形成相互促进的积极影响关系，基于城市敞开空间与站点出入口的相互关系，可构成一体化设计策略。

1.与城市广场空间复合化设计

城市广场是一个以城市公共属性为特征、以人群集散与交往为特点、以各种行为活动为发生地的区域中心点状空间。节点空间作为城市活力中心与站点出入口共同集散着城市海量客流，二者构成互助互利合作格局，因此将二者进行组合设置成为现代交通与城市一体化发展的必然趋势，充分体现了公共交通引领城市发展（TOD）战略思想。下沉广场由于具有高质量的空间特征，能与周围空间构成立体而丰富的连接形式。通常下沉广场和场地基面高差约3～5米，车站进出口地下通道伸入下沉广场围合界面内，界面相交处构成车站进出口空间。站点出入口采用地下通道与下沉广场相连通，以达到降低工程量和提高经济效益的目的，但是需与空间权属方进行沟通和磋商。车站出入口通道把地下客流输送到下沉广场并经下沉广场引入地下，所以下沉广场需大面积平整场地，以它为入口的一级集散广场的规模应符合车站入口高峰人流量撤离的最小要求。

2.与城市公园的一体化设计

首先是景观资源的有机整合与序列性景观要素的利用。顺应人流往返于城市空间和交通空间的现实情况，把植物景观要素、休闲设施要素等以某种序列规律结合起来，实现总体景观序列，实现风格与风貌的一致性，追求和谐统一的丰富多样的公共空间。沿着车站进出口的围合界面，栽植从低级至高级且有层次的景观植物，可以为硬质进出口围合界面和周围软质景观元素提供缓冲带。为使出入口符合城市公园风格，在色调等方面实现统一化，可以充分运用植物绿化等景观资源来协调城市公园内站点出入口与其他各要素的相互关系，例如园区中的重要建筑物或雕塑，其与车站进出口地面亭的材料保持一致。其次，是强调标识系统要与周围环境和谐设置，以免周围树木或者公共设施产生遮挡。

三、与建筑空间一体化设计策略

站点出入口和建筑空间一体化设计，必须先整合站点出入口与周围建筑空间的关系，并设置站点和建筑空间的通道直联，在客流进行空间转换时，可以降低不必要的交通流量，以此提高了空间转换的通行效率。

根据站点出入口类型的不同，与建筑空间组合布置的站点出入口可分为四大类。第一类是融合式进出口。站厅空间在建筑空间之下，城市中心区大型建筑物通常是已建并投入使用的建筑物，第一类进出口是被用作后期加建的项目。出入口设计时需确保不会威胁到建筑结构，需增加向下挖掘的深度，土石方工程量比较大，建设难度高。因此，第一类出入口通常适用于基于 TOD 概念的轨道交通和上盖物业一体化的开发和建设。第二类是附着式进出口。是附着于其他建筑，对所附着的建筑空间提出了比较高的要求，比如设有足够大的进出口站前广场。第二类出入口被纳入建筑体量内，适用于城市中心区集约化建设。第三类是靠近式出入口。其对周围建筑结构产生轻微的影响，形态建设要与周边建筑的空间形态进行一体化设计。第四类是连接式进出口。该进出口通常分布在山地城市中，对于城市街道空间的影响很大，选择应慎重考虑。四类站点出入口及建筑空间的一体化设计要发挥连接通道引导现场主要客流的作用。

基于站点出入口的类型与选择适用条件，其与建筑空间的一体化设计策略主要包括：一是空间连接的多种形式和立体化。即从立足建筑空间特点出发，将多元化、立体化的连接空间建立在适宜的出入口之间，从而在地上、地面及地下三个层次上构建立体连接体系，构成步行交通系统。二是空间功能组织的连续性和一体化。在车站、出入口、建筑空间两两之间创造经过型的城市空间的同时，以"串联"或者"并联"的方式使周围的城市空间更加贯通。为了使出入口通道的影响范围更大，实现轨道站点在周围空间的经济锚固与效益提升的功能。最后是站点出入口设计要结合建筑物业实际管理情况，如有需要，通道100米处设直通地面辅助进出口。

1.空间连接形式多样化、立体化设计

多样化、立体化的连接形式，主要是依据水平与垂直两大方向实现空间的多类衔接。通过站点出入口导入人流，与立体多样化连接空间相协调，使慢行系统连续性渗透到建筑三维空间内，完成了以轨交客流为核心的周边建筑功能空间经济效益提升和"轨道—建筑物"一体共生系统的构建。行人的过街设施主要有平面过街和立体形式。在城市中心区道路等级高或者车流量大的情况下，适合采取立体过街方式。对已建成的轨道交通站点，应设置独立的人行过街通道，以减少人、车流线交叉，同时要满足其空间及管线迁改条件允许的情况。

2.空间功能组织连续、一体化设计

轨道交通和城市空间一体化设计是使两者从功能和空间两方面达到一体化的衔接。第一，过渡型商业通道模式类型。商业中心型站点已逐步从单一交通站点在空间上趋于综合多功能，出入口通道在地上和地下各种空间中不断延伸，成为人流高度集中的商业中心区，"站点通道的商业化"已是大势所趋，它给出行者带来了便捷而多样的城市空间。创建功能化站点入口地下通道应与其所处商圈业态定位和未来发展计划相结合，以确定通道和商业空间相结合的方式。站点通道形态按其与商业空间组合模式可以划分为双侧商业式、单侧商业式、纯通道式三种类型。双侧商业式对通道宽度有很高的要求，总宽宜达20~28米、步行宽7~14米，这种通道形式适合大型换乘站点使用；单侧商业式通道的宽度相对来说是12~20米，步行宽度则适合7~14米；纯通道式无店铺占用空间，所以总宽6~12米就可以了。为确保立体慢行通道的安全，舒适和通畅，立体慢行通道净高不得低于3米。

第二，与目的型城市的空间结合模式。空间序列组织以车站出入口通道为主轴，对原本相互隔离的空间布局协调，然后构成一个整体，将地上和地下各类型建筑空间融合在一起，形成一个互相联系，有机交互的复合空间。轨道交通出入口通道有机地结合在建筑的各种空间中，主要采用串联、并联、复合、穿插等几种形式。所谓"串联"，是指通过车站出入口通道或者高架桥等方式，对周围建筑空间进行串接；"并联"就是以主通道为轴心，并通过主通道与其他城市空间相连；"复合"主要是指车站出入口设于建筑物内，交叉复合交通空间和中庭空间等建筑空间；"穿插"指入口通道和其他地下转运空间、地上空间或者集散空间之间

的路径交叉。

随着国内越来越多的城市步入轨道交通建设行列，以开发时序不一致和权属管理冲突为主要特征的建设现状使得城市中心区车站设置与其周围快速变化的城市空间的冲突越来越凸显。站点出入口是轨道交通与城市空间复合空间中的一个重要组成部分，它直接联系着地上、地面及地下空间，在轨道交通与城市空间融合发展中占有重要地位。

第七章

区域开发市政工程一体化设计管理

第一节　一体化设计的时序管理

工程一体化设计时序管理是一种管理和协调整个工程项目中时序相关方面的方法和实践。其目标是确保项目按时交付，避免不必要的延误和额外的成本。这对于大型复杂的工程项目尤其重要，因为它们通常涉及多个团队、资源和任务，时序管理可以帮助协调、整合这些方面，以实现项目的成功完成。科学合理的时序管理，可以有效地推进区域一体化设计的实施，保证项目按时完成，达到预期的效果。

一、综合管廊设计的时序管理

1.综合管廊的优先级分析

综合管廊是集地底下建设电力运输线、通信线路、燃气管道、供水管道等管线于一体的集约型隧道的总称。《城市综合管廊工程技术规范》GB 50838—2015中按照综合管廊的特点和结构，将综合管廊分为干线综合管廊、支线综合管廊和缆线综合管廊。缆线综合管廊实质上是电缆沟的升级版，干线综合管廊和支线综合管廊所涉及的管线种类基本上涵盖了缆线综合管廊所收纳的管线，因此在设计中主要侧重于考虑干线综合管廊和支线综合管廊。

综合管廊的划分与城市道路网中主干路、支路的划分不同。其中，干线综合管廊虽然不直接服务于沿线区域，但具有直接连接原站的独特地位。如果缺少了干线管廊，整个管网的运行就会陷入瘫痪。由于干线综合管廊能实现城市内部不同功能分区之间的交通联系，从而使得城市管廊能进行整体管理，同等条件下确定管廊线路建设顺序时，应优先考虑建设干线综合管廊。目前，国内大部分城市都开始对城市管廊进行改造，以适应未来发展需要。值得一提的是，干支线综合管廊的兴建不仅具备了干线管廊连接各个原站和支线管廊直接服务沿线的独特特点，而且其敷设方式最为灵活，因此在整个综合管廊网络的建设中拥有最高优先级。

2.综合管廊线路建设顺序确定

影响综合管廊线路建设顺序的因素较多，涉及环境地理、社会发展、工程技术、城市发展等多方面，为了保证综合管廊线路的建设需要充分考虑其影响因素的特点。根据影响因素的特点，可将其分成如表7-1所示的两层指标。

综合管廊线路建设顺序影响因素　　　　　　　　　　　　　　　　表7-1

准则层	指标层
线路条件	线路长度、道路宽度、断面尺寸、线路所在区位、位置系数、所在道路等级、所收纳管线种类
城市影响	沿线土地开发价值、与城市空间发展轴一致性、与城市景观风貌的协调
可实施性	与地下空间开发的协调性

通过收集指标相关的数据之后，利用方法计算可以得到区域内综合管廊建设的合理顺序。以西安市综合管廊建设为例，通过专家为西安市进行打分确定指标权重之后，再通过TOPSIS建立顺序决策模型，接着通过累计前景理论优化决策模型，最后得出西安市综合管廊的建设顺序[①]。

二、综合交通枢纽和土地开发之间的时序管理

站点选址和规模规划是基于未来客流数据，以满足城市形态发展成熟后对交通运力和效率的需求。然而，在站点建成后，如果相关区域内的土地开发速度滞后，将会导致该区域交通设施的闲置或利用率不足，从而影响其正常运行。土地开发滞后导致的能力或利用的损失可以归入闲置成本，并且这个成本将随着交通需求的增加而逐渐减少。而由于成本的不断增加，以及城市开发对交通项目的影响会导致建设成本随着时间逐渐增加。为了使土地利用与交通之间达到平衡，需要对未来一定时期的用地进行合理预测，对资源的合理分配非常重要。因此，就单个站点而言，当综合成本（即闲置成本和建设成本的总和）随着时间的推移逐渐降至最低点时，就是综合交通枢纽的最优建设时机。

---

① 唐文博.城市地下综合管廊建设时序研究[D].西安建筑科技大学，2019.

现实中综合交通枢纽站点的建设资金是逐步投入的，因此不能将单个站点的建设时机独立考虑，必须把它纳入整体规划中一体化分析，在资金有限的条件下依次确定各个站点的建设顺序。整个交通枢纽系统中不同位置的站点其功能和作用也存在差异，如城市外围的次中心交通枢纽站点会有利于推动外围组团的迅速形成有序的综合交通线网，基于这种特殊功能，便不能简单地因其闲置成本过高而推迟其建设时间[①]。

第二节　一体化设计的标准化管理

一、设计的标准化

区域一体化设计的标准化管理是确保区域一体化项目按照一致的标准和流程进行规划、实施和监督的关键要素。标准化管理有助于提高项目的效率、质量和可持续性，同时减少风险和不一致性。标准化管理可以根据具体的区域一体化项目和行业特点进行定制，它有助于降低项目风险、提高效率，并确保项目达到高质量和可持续性的目标。这需要紧密的合作和协调，涵盖各个项目阶段和涉及的各方。

1.城市公交站点的标准化设计

伴随着社会发展和城市化进程加快，更加便捷、安全和舒适的公共交通服务设施才能满足城市发展和人们日益增长的需求。公交站点作为城市公共交通的重要组成部分，在设计过程中引入标准化的设计理念，并利用模块组合的思想为不同功能部件的设计提供预制组合的设计方式，然后将各个功能构件统一装入一定的框架模块中，从而方便工厂集中生产，等构建出厂后再根据不同车站类型进行分类组装。按照上述方式，等设计完成之后，需先进行预制生产所需要的框架模块的生产模数，随后需要确定不同站点预制模块的需求情况进行构件组合和生产。用标准化的方式对站点构件进行设计可以使得生产和施工更加便捷，并为公交站点的改建和扩建提供了可能。

新式的标准化公交站点的设计主要包括一体化公交站点、通透式公交站点和长

---

① 齐一鸣.综合交通枢纽站点协调规划理论研究[D].西南交通大学，2011.

廊式公交站点三种。其中，一体化公交站点是城市公交站点的主要形式，采用模块式组合而成，便于安装、迁移、维护管理，能够明显改善道路功能和市容市貌，适合安装在城市中心地区、主干道和新近维修的道路两侧。一体化的公交站点的设计内容分为大型标志牌、连接棚、座椅、站标，以及小型标志牌等五个模块。

基于公交站点的标准化设计，需要对于一体化公交站点的五个模块提出控制性指标，通过为模块构件制定标准化的规格尺寸，可以保证设计的一致性和统一性，保证公交站点设计符合特定标准和需求，在便于维护和更换的同时，推动公交站点向可持续的方向发展。对于一体化公交站点五个模块的标准化控制，具体如下：

第一，大型标志牌。大型标志牌模块一般由棚顶、LED显示屏、大灯箱和立柱组成，主要功能包括遮阳挡雨、显示到站信息以及发布公益和商业广告等。可将该模块整体的长定为40米，宽定为18.50米，高定为30米，便可以满足乘客正常站立和行走的需要，并保证站点在特殊天气时舒适的环境。

第二，连接棚。连接棚模块一般由棚顶、站名标识区与立柱组成，主要功能是提供遮阳挡雨和方便乘客在公交站点的通行，同时承载公交站名。整体长22.40米，宽18.50米。连接棚模块的下部是人行通道，可显著改善候车厅内的通行条件。

第三，座椅。座椅模块一般由龙骨及面板组成，整体长15.30米，宽2米，高6米。设计需要保证座椅的经济性和耐久性，并不能影响乘客站点内通行。

第四，站标。站标模块主要以三角形立柱为主体，上方标注站点名称，其功能是为乘客标注站名，方便识别。

第五，小型标志牌。小牌模块一般由棚顶、小灯箱与立柱组成，整体长12米，宽18.50米，高30米，可设置提供公交车程信息的标志牌。

除上述的单独规定外，五个模块之间的连接处也应该采取一样的方式进行设计，并注意方便维护和更换的连接规格。随着技术发展和需求增加，未来更新颖的模板将加入一体化公交站点的系统中，标准化设计之后也需要考虑新模块和一体化公交站点的兼容问题，使一体化公交站点更符合可持续发展的要求。

通透式公交站点是针对不适合安装一体化公交站点的环境而设计的简易公交站点，多适用于道路条件较差的老城区，或者道路狭窄、离街边商业店面较近的公交站点。通透式公交站点的设计应简洁、实用以及简易大方，以两边支柱支撑顶棚来遮风挡雨，并装有显示公交信息的电子站牌。

长廊式公交站点是按照长廊的样式设计的，此类站点较为美观，更能体现公交建设的时代气息，并且与现代建筑的风格和格调也更为和谐统一。长廊式公交站点凭借美观和容量大的优势，一般安装在公共交通停靠比较密集的大型场站之中[①]。

2.景观设施的标准化设计

标准化是工业化大发展的结果。在产品通过大批量工业生产的大背景下，许多原本是靠着手工制作或者现场设计施工的景观设施，逐渐变成了工业化生产的成品或是半成品。景观设施设计从此开始大量使用各种工业材料或产品，标准化生产的景观设施涵盖诸多方面，包括功能、效率、规模及其时代特征等，都具有明显优势，有力地促进和影响整个景观设施标准化的设计趋势。标准化是现代设计的一个重要方向，景观设施的设计将逐渐呈现出标准化的态势。

景观设施标准化设计主要体现在形态标准化、色彩标准化、材质标准化和设计手法标准化四个方面。景观设施的形态是景观设施功能的载体，也是视觉传达的媒介，例如美国旧金山街道的鱼形排水格栅设计，是将鱼的形象用于基础设施，有助于解决有人向排水口倾倒有害物质，污染旧金山海湾的问题。标识不仅仅具有导向的功能，更具有警示、教育和引导人们的功能，各类功能的完美结合才能最大限度地体现标识的价值。鱼形排水格栅设计既满足了其应具备的基本功能，又丰富了旧金山的街道景色。此外，其对于不同背景的使用人群都具有良好的辨识性，给人们的使用带来了极大的便利。景观设施的形态标准化可以从现实形态入手，以人们熟知的基本集合形体或者所熟悉的自然形态作为造型基础，来完成整套的景观设施。景观设施的设计形态标准化可以实现该地区景观设施的系统性，有利于人们感知、识别并留下深刻印象。

景观设施的色彩也是传达其功能的重要因素，景观设施的色彩设计不能局限于某一设施，而是要考虑到各设施之间的配合以及设施与整体环境的关系。设计中，色彩的选择不能脱离当地的环境，不仅要突出景观设施，还要与环境相适应。作为景观的一部分，景观设施可利用色彩传达其存在的意义，但应考虑其对于所处大环境的强调和协调的作用。对比色和邻近色的巧妙运用，例如黄色电话亭和古朴典雅环境相对比而成为视线的焦点，这种对比色的运用可以提升色彩的强度和识别度。邻近色的应用，以海洋世界中的景观装饰为例，座椅常以蓝色为主色调，这种手段使环境和设施更加协调，让游客的观感更加直接。在街道上的十字路口，纵横向采取不同的颜色设计，可以使行人感到心情愉悦。因此，能够区分景观设施的设施色彩问题是非常具有研究价值的。在德国，人们将街道上的回收啤酒瓶箱按白、绿、

---

① 邵楠.城市公交站点标准化设计研究[D].华中科技大学，2013.

棕色三色并排摆放，行人便可以按照三种颜色对应处理各色废瓶，体现了德国人的环保意识和严谨的民族性格。景观设施的色彩需要根据当地的自然环境及相关产业的标准色来定制，与此同时还要照顾到其美观性与整体环境的融合性。

景观设施的材质关系到设施最终的展现形式与使用功能，景观设施结构的实现和风格的表达都与设计材料的选择有着密切联系。不同材质具有不同的特性和美学特征，材料的材质是突显景观设施的关键。材料是景观设施的支撑体，不同的材料需要不同的加工与成型工艺，景观设施的呈现效果与其材质和加工工艺直接相关。设计中要对材料阻燃性和耐候性等材料特性进行考虑，并根据不同主题要求采取不同材质。景观设施设计材料的选择主要从经济性、环保性和易维护几个角度考虑，实现材质的标准化，比如采用统一厚度的钢板或玻璃，统一宽度的木板等，以实现生产和组装的标准化。

景观设施的设计手法是设计人员创意的方式和创作的方法手段，景观设施的设计需要根据功能的需求与景观环境整体性的需要相结合而进行的有目的、有意识的创造行为，其设计的表达是通过综合运用各种设计手法来实现的，最终统一于产品的外在风格展现[①]。

二、模块化设计

区域一体化设计中的模块化设计管理是一种方法，它将大型、复杂的区域一体化项目分解成更小的、可管理的模块或子项目，以更有效地规划、实施和监控整个项目。这种方法有助于提高项目的可控性，降低风险，加快进度并提高质量。通过模块化设计管理，区域一体化项目可以更灵活地应对变化、更容易管理、更容易监督和控制。这种方法有助于提高项目的可管理性，特别是对于复杂和规模巨大的项目。

1.地铁站点地下空间的模块化设计

构成地下空间的各功能空间类型主要有两种，即单一功能的地下空间和复合功能的地下空间。单一功能的地下空间，即建筑内部空间仅作为一种功能用途使用，无法再对其内部空间进行功能的划分，其功能较为独立。单一功能的地下空间包括地下综合管廊、地下机动车道、地下物流系统和地下停车场。复合功能的地下空间

---

① 宋红伟.科技园景观设施标准化设计探究[D].河北工业大学，2014.

的建筑内部则是由多个单一功能的空间组合而成，如地铁站则是由站台功能、站厅功能、设备管理空间、附属空间等构成，地下商业空间则是由商铺单元空间、设备空间、办公空间等构成。复合功能的地下空间如若缺失某一功能则会对正常运营产生影响，甚至可能无法正常运营。

对于单一功能的地下空间，将其本身视为一个模块单元。复合功能空间的模块化需要先进行模块分类，再进行模块建立。前者是对功能空间进行划分，后者是其中相同属性的空间进行整合。根据中心型轨道交通站点复合功能的地下空间的使用性质和功能在其中的职能作用将各大功能划分为三种类型，即职能空间、交通空间与辅助空间。

（1）职能空间是建筑内主要活动空间，是建筑物的核心空间。在地铁站中则主要是地铁站厅空间、地铁站台空间；在地下商业中则为商铺空间。职能空间直接影响着地下空间能否满足人们的使用需求。

（2）交通空间在建筑物中起着交通集散的作用。在地铁站中表现为出入口通道、连接站厅和站台的楼扶梯及垂直电梯等形式；在地下商业空间中则表现为联通不同层高的垂直交通和集散人流的中庭等枢纽交通空间。

（3）辅助空间是不作为主要功能使用的空间，但是缺少此类空间可能对主体功能的正常运营产生影响，甚至使主体功能无法运行。比如轨道交通车站和地下商业的卫生间、设备管理用房等[①]。

2.装配式综合管廊的模块化设计

装配式综合管廊从属于装配式建筑，根据装配式建筑分解模式中的分类体系，可以将装配式综合管廊分为结构总体、管道管线和附属设施三个功能部分。其中，标准段及吊装口、管线分支口、交叉口等高级节点模块组成了管廊的结构总体；管道管线包括给水、排水、天然气、电力及通信管道管线五个高级模块；附属设施包含有照明、消防、监控和安防系统等高级模块。

装配式综合管廊的模块融合设计时，首先设计单位应完成基本的建筑方案设计，建筑设计人员从建筑模型库中挑选出一定的模块进行组合。其次是结合部分结构库、管线库中的模型进行拓扑组合完成各个专业整合。最后是根据工厂生产要求、模块运输要求及管线的安装要求协同设计，形成整体模型。

---

① 张健鹏.中心型轨道交通站点地下空间模块化建筑设计及BIM技术应用研究[D].西南交通大学，2021.

3.景观的模块化设计

景观设计由于其特有的艺术形式，需要将景观元素、结构和特征模块化，并且深入理解景观设计的复杂和特殊，最终表达出的效果特异性很大，对设计师的要求较高。景观的模块化设计需要设计师从不同的景观实体中抽取元素，进行重组，满足模块化生产的要求。通过预制生产和重组独立的景观模块单元，可以节省景观模块的设计和生产时间，实现标准化生产，满足快速拼装的要求。模块化的设计方式不仅具有良好的经济效益，还能以多样化的模块化组合满足各种功能需求，从而灵活地应对设计中的不确定性。根据模块化景观设计对空间设计认知和设计表达形式的影响，景观的模块化设计可以分为空间构成的模块化、景观设施组合的模块化与元素组成的序列化三大类。

空间构成的模块化设计出现较早，主要是指将空间的构成要素划成不同模块，需要在早期设计阶段就对整体景观设计进行空间构成模块化的规划和构思。相比于传统景观设计方式，模块化景观设计形式更加突出，视觉效果更显著。一般为了更好地适应周围环境和风格，采用简单的图案对景观进行布局，常用于对功能性要求不高的大尺度开放式景观设计项目。

景观设施组合的模块化，可以视为模块化家具设计的延伸和发展，得益于模块化设计在建筑、室内以及家具设计等方面的早期研究和应用。基于家具设计的视角，景观设施具有不可替代的社会公共功能价值。景观设施组合的模块化设计突破了传统观念，打破了设施功能单一的局限性，可以满足不同场景、不同组合的使用。景观设施组合的模块化设计适用于土地面积有限，但景观设施使用频率和功能需要较多的场景，特别是在大型城市活动开展期间，可以通过变换和组合的景观设施来改善环境氛围。

除了上述两种设计方式之外，还有一类是通过景观元素的序列化组合实现的设计，即元素组成的序列化设计。这种设计旨在构建形式感强烈或者具有高识别度的环境氛围，主要是通过改变元素大小和排列，将一系列元素结合到空间构成中，进而满足场地的实际需求。元素组成的序列化设计具有明确的整体主题和较强的功能性，一般用于相对完整且开阔的项目场地中[①]。

---

① 刘一鸣.基于BIM的装配式综合管廊模块化设计及优化组装研究[D].华中科技大学，2018.

第三节　一体化设计

一、交通空间的一体化设计

交通空间的一体化设计可以更好的利用道路，优化各种公共交通的连接和布局，提高整体交通系统的效率和流畅度。因此，交通空间的一体化设计在地上和地下一体化体系布局中具有重要地位。通常情况下，交通空间的一体化设计需要解决好流线组织和转换节点布局两个问题。

1. 流线组织

流线组织是交通空间一体化设计中最关键的因素之一，其目的是未来使人的流动变得更加顺畅、高效和舒适，需要考虑到人的移动路径、方向、速度和行为模式。要做好流线组织就需要解决好对外交通衔接、行人流线组织、交通系统接驳与停车空间衔接等重点问题。

进行轨道交通枢纽流线的组织设计时，通常采用地面和地下空间分层的策略，以此来平衡地面和地下空间的不同功能差异。设计需要充分考虑枢纽周围城市的公共功能空间，将公交车、小型汽车与非机动车等车辆的行驶路径进行明确的层次划分，同时将乘客、购物或休闲的人群、居住或办公的人群等不同的行人路径也进行明确的层次划分。通过以上措施，减少流线之间的负面影响，保证两者能充分合理的交汇，引导行人快速便捷地进行换乘，或者直接引导公共活动空间和枢纽的衍生空间中去体验购物、餐饮或聚会等丰富的行为选项。同步地，还应尽量将地面和地下空间通过各种形式联系起来。除此之外，尚需确保各种功能节点如通道、楼梯、大厅和出入口能够流畅衔接，并减少转角的设计。注意建筑内部各个分区之间，以及各种公共活动区域内人流流动的方向与强度，避免形成拥堵现象。在人流量过大的区域，不应设置如立柱或自动贩卖机这样的设施来阻碍流线，而走道的设计应考虑其宽度，并配备容易识别的导向功能。需要保证建筑内部各部分之间，以及各区域内不同公共活动之间有一定的间距，避免相互干扰，使整个系统具有良好的协调性。在设计停车连接时，应根据停车换乘或接送换乘等不同的组织模式，以确定各自的停车地点、空间和进出路径。结合城市环境特征的流线组织设计，实现各类交通路线之间的有效连接关系，可以降低道路拥堵现象发生的概率。随着交通方式的进步，流线的组织设计也需要考虑到不同流线的综合设计，比如允许乘客带自行车乘坐公共交通，这样可以为乘客提供便利，从而形成多样化、复合化的出行选择。

2.转换节点布局

交通枢纽地上地下空间的垂直优势，在转换节点的功能空间布局中可以得到充分利用。将不同交通形式在垂直维度上进行分层布置，再通过垂直转换节点实现分层连接。例如，美国旧金山的港湾交通枢纽集聚了当地、区际和城际之间的各类公共交通系统，不同类别的交通方式布置于各自相对独立的交通功能空间，拥有专属的流线体系。在港湾交通枢纽的空间内分层衔接了轨道交通、城市街道和MUNI、换乘、公交汽车和长途公交汽车五个层次。其中，铁路、城际轨道和高速铁路在轨道交通层；有轨电车、城区有轨交通、出租车以及金门运输专用车使用城市街道和MUNI层。乘客在换乘层内通过专门的通道和楼梯可以自由、便捷地选择不同层分布的各种交通工具。除了枢纽内部一体化设计外，港湾交通枢纽也凭借多样化的进出通道和方式，与周边的城市功能空间充分融合，可以视为在转换节点布局设计中的一个经典案例。

二、公共活动空间设计

公共活动空间指的是社区、城市或其他公共区域中，规划和设计用于人们进行集体活动、社交、休闲和娱乐的区域。公共活动空间旨在设定的空间内满足人们的多样化需求，促进社交互动、增进社区凝聚力、提高居民生活质量。

1.步行系统衔接城市

步行系统衔接城市，旨在提高步行者的舒适度、安全性和便利性，促使步行成为一种可持续的交通方式。步行系统的设计中要确保步行系统中无障碍通行，包括斜坡、无障碍通道、盲道与轮椅通道等，以满足行动不便者和残疾人士的需求。还要考虑连续性，保证步行者在整个行程中不会受到中断，避免不必要的障碍、断裂和死胡同。设计安全的人行道和人行道横穿通道，包括良好的照明、交通标志、行人信号灯等，以确保步行者的安全。在步行系统中增添景观、休息点、座椅、绿化等配套设施，提高步行的舒适度，吸引人们步行。采用人性化的城市布局，以人为本，鼓励步行，缩短步行距离，提供便利的步行路径。实现步行与公共交通、自行车、出租车等多种交通模式的顺畅衔接，提供交通枢纽、停车设施等便利步行的设施。

2. 向上过渡式

向上过渡式经常被设计为地下空间向地上空间的进出通道，因其简单的结构对城市的空间环境影响较小。根据地下空间固有的封闭性，可以将这种模式分为开放式与封闭式。这两类设计方式的主要区别是有没有明显的封闭空间。开放式设计的主要优点是能在过渡阶段将阳光、新鲜空气和户外景色保持良好的衔接和协调。如直接联系地上地下空间的楼梯、台阶或者电扶梯等都属于开放式的设计。而垂直电梯和封闭式楼梯间这样的设计都属于典型的封闭式的设计，特点就是与城市自然景观相结合，但又有表明地下空间存在的标识特性，还可以不受天气和环境的干扰。

3. 向下过渡式

向下过渡式是一种利用地面建筑构成完整系统的方式，通常表现为下沉广场，在实践过程中，通过将常见的地上建筑向地下空间拓展，丰富了地下空间的功能，而且会影响区域内人群的活动和流动。为了发挥其开放性的优势，下沉广场一般设置在多条交通流线的交汇处，用其来避免不同方向的人流交叉，在为行人提供停留空间的同时，还可以将人流迅速分散到不同空间中。因其可以容纳较多人群，作为城市公共建筑在地下空间中的延伸，还具有城市公共性。在城区内，可以缓解交通压力和疏散人群，其空间属性的多元化受人欢迎和使用广泛，能够满足不同人群对于户外生活环境的要求，使得人们在其中可以进行各种公共活动，例如休闲、娱乐、观光、餐饮、交往等。另外，由于下沉广场是一种开放空间设计，它能使人与环境融为一体，因此，对发展中的地下综合体来说，也应该考虑到这种特殊需求，将下沉广场作为一种新的功能载体来利用。

4. 上下贯通式

中庭空间作为上下贯通过渡空间的典型代表，其最显著的特性是能够创造一个既能与外界景观视觉连接，又能隔绝气候影响的空间场所，因此又被称为上下贯通式空间。中庭空间的设计手法，是将地上外部环境和地下内部空间融为一体而进行的整体构思的结果。通过地上地下空间的连接变换，在中庭内部实现自然融合和过渡，能够创造出一个吸引人与自然紧密相连的过渡区域。这种变化是对传统建筑空间设计理念的挑战。对于那些空间规模较大的公共区域，有必要构建一个由中庭连接而成的"核心"空间来连接不同的城市公共空间，打破空间层次之间的隔阂，从而使空间具有扩展性和导向性，形成丰富的层次空间。中庭空间的开放程度大，能够满足不同人群的需求，逐渐成为现代建筑环境设计的重要组成部分之一。中庭空间的设计方案常用楼梯、电梯和扶梯将地面和地下空间直接连接起来，同时，在中庭空间周边分层设置各种娱乐和商业活动，以中庭空间为中心，逐步向外扩展形成地上和地下一体化空间体系。按形状划分，中庭空间常见有两种类型。一是圆形的中庭空间，由若干相互连通且呈放射状排列的独立建筑单体组成的综合体。圆形的中庭空间用于多层面的交叉，既保证空间中心的中心地位又保证了其功能向周边的正常发散。美国伊利诺伊州中心是一个典型案例，其通过一个圆形的中庭实现了地面和地下空间的过渡转换。二是矩形中庭空间，即沿竖向方向呈环形交叉排列布置，与建筑内部构成立体空间结构。矩形中庭空间以线性动线作为主要的空间轴线，通过轴向空间的连接来划分各种功能空间，具有很强的空间指向性。以加拿大多伦多的伊顿中心为例，它通过一个长条矩形的中庭空间连接了整个空间的多层次功能分布。

三、绿化景观设计

根据环境优先设计策略，绿化景观设计包含地上景观空间覆盖式设计与地下景观空间引入式设计两方面内容。

1.地上景观空间覆盖式设计

（1）地上景观空间覆盖地下交通空间

基于立体综合开发策略，将地面的景观扩展到地下停车场、地下快速道路和地下轨道交通等交通空间，被认为是扩大地面景观空间和解决城市交通瓶颈问题的有效手段。地上景观空间扩展到地下交通空间有助于实现地上地下的交通分流，能够优化城市景观，使人们从传统上的只关注地上绿化而忽略地下建筑与路面之间相互联系的观念中走出来。以美国波士顿的"中央大街"改造项目为例，该项目拆除了原有的地面高架道路，并在地面上布置了绿色的景观空间，同时在地下也修建了一条双向8车道的高速道路。该项目中，中央绿化带内种植了大量绿色植物，并铺设了透水铺装，使整个路段成为一个生态友好型公共花园。波士顿的这一改建项目为其带来了约80公顷的绿色空间，显著的改善了交通拥堵和空气质量。

（2）地上景观空间覆盖地下市政公共设施空间

地上景观空间覆盖地下市政公共设施空间的设计模式可以分为两类。其中，第一类是将市政公共设施，如自来水管道、污水管道、电信通信线路和热水管道等，安置在道路两旁的线性绿化带之下，以起到美化城市道路和提升市政公共设施可靠性的作用。第二类是在与绿色景观空间相对应的地下部分，对地下水的回收和储存进行规划，以起到提升利用地下水的效率的作用，进而为城市景观提供水资源支持。

（3）地上景观空间覆盖地下防灾避难空间

地上景观空间覆盖地下防灾避难空间的模式，需要将地上景观和隐蔽的地下空间结合来设置，以保证地上开放和地下的安全性。通过地面景观空间与地下建筑之间形成"人—地"关系，使灾害发生时能够及时撤离并进行有效救援，最大限度降低人员伤亡和财产损失。地上景观空间覆盖地下防灾避难空间的设计模式，能够为人们提供一个立体的防灾避难空间，可以用于紧急避难、疏散转移或临时安置。其常见的应用形式包括地上景观公园加地下人员掩蔽空间、应急物资储存库、应急避难通道等。

2.地下景观空间引入式设计

地下景观空间引入式设计是为了提高地下公共景观空间的品质，消除地上地下的品质差距，将地下空间打造成具有美观、舒适、多功能的环境，以满足人们休闲、娱乐、社交等多种需求。通过引入各种环境要素优化地下公共景观空间，旨在克服地下空间常有的局促、狭窄、昏暗等特点，为地下空间注入生机与活力，创造舒适的居住空间。

首先是将自然光线引入地下空间，可以通过下沉广场或者采光井和天窗等设施来实现。将自然光引入地下空间，可以提高空间的明亮度和舒适度。这种设计旨在将自然光引入地下空间，改善地下环境舒适度，提高可用性和吸引力。利用地上地下一体化空间结构将自然光线引入地下景观的空间的方法有多种，比如天窗、采光井、玻璃顶棚、光管、透明穹顶或独特的入口结构等。将自然光线引入的地下空间的设计在实践中已有广泛的应用，例如，日本札幌地铁站的地下步行街用街道中间的绿化带布置条状透明引光天窗；英国伦敦的朱比利线地铁站采用若干个贝壳状玻璃采光罩来引导自然光线随自动扶梯倾斜照进地下公共空间；加拿大多伦多的伊顿中心则通过设计将采光天窗设置在了地下共享中庭空间，一举为地下多层的空间引入了自然光线。

其次是在地下空间设计中融入植物、花草、水景等绿化元素，通过景观设计营造出绿意盎然的环境，打造一个宜人的场所。将这些地上自然元素直接引入地下公共景观空间，进而引入自然风和动物等其他因素，增强地下景观空间的地上模拟感。例如德国慕尼黑的哈特霍夫地铁站，该站凭借地势优势，将地上公园的绿地景观向地下大厅下沉，乘客在地下空间即可享受地上公园的景观。另一个实例是加拿大多伦多的汤姆逊音乐厅，其特点体现在水景向地下空间的延伸。地下景观庭院与地下公共步行道路齐平，庭院内的水池周围布有山石、花草和树木等自然景观，水池大小可供居民游玩溜冰，多方面扩展了地下景观空间的公共功能属性[①]。

最后是为地下空间的艺术景观引入设计，主要是将艺术品、雕塑、装置艺术等文化元素融入地下空间设计，提升空间的品质和文化氛围。对地下空间公共设施进行相关的艺术提升设计，如设计舒适的座椅、休息区域，为人们提供休憩场所，增强地下空间的舒适度。

---

① 吴铮. 城市中心区交通节点地上地下一体化设计研究 [D]. 北京工业大学，2013.

第八章

市政工程与主交通设施的交叉设计

第一节　市政工程与高铁站点的交叉设计

一、轨道交通与综合管廊结合 [①]

将轨道交通与综合管廊结合在一起设计，可以提升城市地下空间的利用效率，减少空间浪费，有利于城市可持续发展。此外，轨道交通与综合管廊结合建设，可以减少重复施工以提升建设效率和协调性，有效降低建设和维护成本。通过统筹规划地下综合管廊与城市轨道交通的设计布局，同步推进两者的建设实施，可以提高城市的综合承载能力、城市的发展质量和城市转型发展的速度。在考虑轨道交通和综合管廊的结合设计时，一般需要考虑明挖车站主体、暗挖车站主体、轨道交通地下区间三者与综合管廊的关系。前三者需要在设计时，就要考虑清楚并预留综合管廊的位置，与管廊的距离、结构设计要求必须符合安全标准，能够同时保障综合管廊和车站的运行不受影响，协调彼此之间的布局，减少资源浪费和设施安全。

1.明挖车站主体与综合管廊关系

明挖地铁车站的施工方式是地下两层明挖法施工作业，车站位于道路中间，顶板埋深在3～3.5米，上翻梁顶部距离地面约2米，出入口自动扶梯提升高度约9.6米。综合管廊的断面形式和尺寸根据容纳的管线布置和排列、功能需求、地下空间、维护要求和未来扩展等综合考虑确定，结构高度一般在5米左右，宽度在6～8米。两者交叉设计的典型方式是综合管廊布置于明挖车站主体上方，布置于主体一侧，布置于车站附属上方，以及附属下方。

---

① 张景娥.地铁车站与综合管廊结合设计研究[J].铁道工程学报，2019.

第一种方式是综合管廊布置于明挖车站主体上方。采用此类设计，管廊和车站之间的相互影响较大。为了满足冻土深度的要求，在管廊结构高度上需进行压缩，控制在3～4米，同时受上翻梁的影响，管廊内高和管线敷设会受到限制。设计时，一般只在管廊上方覆盖300毫米的土层，较浅的覆土会使道路荷载对管廊结构产生负面影响。受地下竖向空间影响，第一种方式主要适用于管廊尺寸设计较小，而且地铁车站覆土较厚的站点。

第二种方式是综合管廊布置于明挖车站主体一侧。在这种布局方式中综合管廊其内部管线布局、数量等设计可以更加灵活。如果是车站和管廊一体化设计，管廊受周围建筑和设施影响；如果是管廊和车站主体合建，则受车站影响。第二种布置方式将综合管廊安排在车站站台层高度，并与车站主体同时建造，适用于空间开阔的站点。

第三种方式是综合管廊布置于明挖车站附属上方。综合管廊与车站附属合建共用底板，可以避免道路的反复开挖，但需要确保地铁车站的地基和建筑结构能够承受综合管廊的负荷。

第四种方式是综合管廊布置于明挖车站附属下方。这种形式将地铁车站和综合管廊结构分开，相互影响较小，使得综合管廊可以采用明挖法或者暗挖法施工。这种布局增强了灵活性，使得管廊的设计和施工更具弹性。

2.暗挖车站主体与综合管廊关系

综合管廊和暗挖车站主体可以在地下空间共享利用，通过合理规划和设计，充分利用有限的地下空间，实现最优的空间利用效果。暗挖的地下两层地铁车站拱顶覆土通常约8米左右，无须上翻梁。暗挖工艺下，综合管廊的结构高度一般为5米左右，因此，在地铁车站进行暗挖的情况下，综合管廊可以考虑在车站主体上方进行施工，也可以选择在暗挖车站两侧进行施工，暗挖地铁车站对综合管廊的影响较小。地铁车站的暗挖与综合管廊可以整体设计也可分开设计。

3.轨道交通地下区间与综合管廊关系

轨道交通和综合管廊的共建方式多种多样，在实际建设过程需要对不同方案进行比较，选择最为合理的结合布置形式。为了不影响综合管廊的建设，一般将轨道交通地下盾构区间置于地下6～15米，而与轨道交通盾构区间平行或垂直的综合管廊可以根据实际情况灵活地选择路由、埋深、内部布置和施工方法。此外，还可以将管廊拆分开来围绕车站布置，或者将其上下叠起，以最小化管廊占地。如果管廊需要横跨车站的主体结构，车站主体的设置需要先让管廊满足横跨车站的埋深。

二、轨道交通站域一体化 [①]

由于轨道交通在城市交通中的特殊性，轨道交通站点对周边范围有明显的影响作用，影响区尚无明确的范围。但是，不同的站点由于区域、站点等级不同，影响范围存在差异。基于国内外相关理论和实践研究，轨道交通站点吸引客流的大小与离车站的距离成反比。一般情况下，轨道交通站点500米半径范围通常是出入车站较为合理的步行值，同时也是轨道交通直接覆盖和影响的范围，这一区域的土地城市建设价值很高，称之为轨道交通站域。500米站域范围内拥有丰富的城市功能空间，包括购物、休闲、办公、游憩等，此区域内交通客流也最为密集，而车站周边300米范围内是客流的覆盖区域。

将轨道站域作为城市区域中的新元素，通过一体化综合开发的手段引导轨道交通站域建设为契机，从而推动一系列城市建设开发，主要包括交通枢纽站体开发、商业开发、商务办公开发、公共服务设施开发、住宅楼开发，以及城市地上地下空间开发、城市中心区再开发、城市广场、绿地开发以及历史地段保护开发等。通过城市设计和建筑设计的进一步执行，将轨道站这一新元素导入城市网络中，并且对轨道站域自身的建设进行控制、引导和激发后续周边开发。通过轨道站域的一体化开发，达到城市功能聚集和整合效应，建立起城市立体化步行系统，引发地上、地面、地下空间开发等一系列社会、经济、环境的反应。

轨道交通及其周边区域的开发应考虑如下原则：

（1）轨道站体与商业设施紧密结合。商业是作为轨道站域综合体的重要组成部分，轨道交通带来的人流可以充分转化为客流，刺激了站域经济，又方便了乘客。同时，商业空间还起到了主要人流通道的疏散作用，不至于大量人流迅速涌入出入口而形成拥堵或安全问题。轨道站应与周边其他建筑物建立起公共步行通道，在通道两侧可适当布置小店铺，既可通过小型商业的租金回补投资，还增加了步行道的热闹气氛。

（2）建设网络型的地下步行系统。通过轨道站域的触媒效果，轨道站厅层尽量与周围建筑进行地下层的连通，形成大型地下空间，并组织地下步行系统，使人流能通过地下步行系统先水平疏散进入各个建筑体再垂直疏散，减少人们步行距离。

---

① 孟凡迪.哈尔滨市地铁出入口城市设计策略研究[D].哈尔滨工业大学，2015.

而出入口应尽可能跨街区设施，连通被机动车所隔断的地面道路空间，提高轨道站点的步行可达性。

鼓励公共建筑设置公共步行道，使其地下空间与轨道站相连并获益。另一方面，这些公共建筑则担负着轨道站点的交通疏散职能，如商业、会展等公共建筑体，其步行通道可作为轨道站步行通道的延伸。

轨道交通是一个现代城市文明、先进的标志之一，轨道交通的建成，将刺激一个城市的商业、文化活动与便利市民出行，人们形象地称轨道交通为城市的"血脉"。它不仅使城市健康有序地运作，交通网络上交通载体的流动又加速了市民各种活动的发生，特别是商业、购物、文化、休闲等大众生活上带来了诸多商机，形成商业磁场。就像催化剂一样催生成熟、多样的城市生活，催生成熟的地上地下空间，城市触媒作用不可低估。

三、轨道交通站点与公共建筑结合布置

轨道站域集合了多种城市功能在内，其站点建筑融入交通、商业、文化等功能，创造出一个新生而活力的城市综合体。轨道站点与周边公共建筑结合布置时，需要以轨道交通站点为核心，协调轨道站点与周边公共建筑的衔接，直接在建筑内实现交通的换乘和多元城市功能的相互转化，促进周边物业的发展，有利于促进区域的可持续发展。

站点与公共建筑的紧密结合是优化资源配置，将轨道站点与其周边公建进行一体化规划，提高站域地区土地开发利用率。随着站域经济的广泛传播和被认知，以及综合体所带来的综合效益，促使未来站域一体化综合开发越来越多地被采用。北京、上海、中国香港地区、东京等国内外城市的轨道站点，在与公共建筑结合设计中均取得了良好的效果。通常轨道站与周边公建结合时，对建筑内部的动线组织要求较高，不论在平面还是垂直方向都有着清晰和明确的动线才能使整个建筑综合体发挥出综合效益。轨道站与周边公建的结合，提升了周边物业的可及性以及物业品质，还增加了物业的收益。而建筑之间的有效紧凑衔接，为地面腾出了更多的开放空间，利于整体站域的景观环境打造，创造出良好的站域氛围。

四、轨道站域商业开发

中国香港地区在轨道交通营运方面走在世界的前列，因其自有一套成功成熟的商业模式，充分利用轨道交通的外部性，带动周边物业尤其是商业增值的优势。通过轨道站结合轨道交通的营运，以及站点周边上盖物业来获取源源不断的利润，成就了香港地区轨道站域内繁华的商业景象。香港地区的轨道枢纽站，凭借上盖的购物中心，均成为片区之内最繁华的地带，实现轨道交通与商业的互利共赢，为轨道公司带来了不菲的收益，是轨道交通持续建设资金的重要来源。轨道公司与政府达成协议，通过征用轨道站点周边用地作为轨道站总体的建设用地，使得轨道站能与周边用地联合开发，为一体化发展创造很好的条件，又有效解决了资金的来源问题。相应的政府就无需对轨道交通进行补贴，实现轨道交通能自主经营，并创造出可观的业绩，为轨道交通可持续运营提供保障。

轨道交通属于城市的公益事业，但是其巨额的建设费用主要由政府财政支出，回收成本较慢，基本处于亏损运营的状态，如若解决不好亏损运营的局面，会严重阻碍轨道交通事业的发展，也会对市民的出行造成很大的不便。香港地区轨道交通的商业模式提供了一个很好的范例，展现了轨道站域商业繁荣的景象，以轨道站建设为契机对站点周边物业一体化开发，充分利用轨道交通的外部性对站域商业的综合开发。在轨道站厅、轨道站连通的地下空间、轨道站的上盖都可进行商业开发，可通过引进知名品牌以吸引更多的商家入驻，打造轨道站域的整体品牌效应。轨道站域通过轨道交通的运营与商业开发经营，创建持续稳定的资金链，为轨道站域带来了生机，促进轨道交通的良性发展，增强地区竞争力，改善城市空间形态，提高城市运作效率。

五、综合交通枢纽的出入口设计

城市的综合交通枢纽吸引了众多的人流和车流，为了优化交通转换效率，这些枢纽的出入口设计通常遵循"多进多出"的原则，从而实现城市交通的多方向和多层次接入。城市的综合交通枢纽的布局包括独立建设和附加建设两类。

1.独立建设式

独立建设式具体还可以分为封闭、敞开和下沉式三种方式。

封闭式通常采用厚实的封闭式建筑，配备出入口的门，主要出于安全考虑，但现在使用较少。敞开式出入口是最常见的形式，设计相对轻盈、美观，运用多种材料和结构赋予其独特的形象特征。下沉式出入口的优势在于可以最大限度地减少对城市景观的遮挡，有利于削弱地铁出入口对环境的影响。下沉式出入口设计，能有效融合城市绿化、广场设计，增添趣味，但对地铁标识和出入口的防灾排水措施有较高要求。

2.附加建设式

附加建设式是通过与现有大型建筑或预开发的综合体建筑相结合，使大量人流快速进入枢纽，或便捷换乘其他交通工具。这种方式能有效整合周边物业空间，丰富建筑内外空间，增添城市立面景观变化。

在城市综合交通枢纽设计中，独立建设式和附加建设式的设计策略经常被综合应用。例如，在上海徐家汇地铁站的出入口，不仅设置了多个方向的人行道出入口，还有通往附近大型商场的通道入口[①]。

第二节 市政工程与地铁的交叉设计

一、轨道交通站点出入口与其他空间关系衔接[②]

地铁出入口在规划形式上通常分为独立式、公共式和下沉式三种类型。其数量应综合考虑当地客流量、站点容量、未来发展规划和紧急疏散的要求等因素。浅埋式车站出入口原则上不应少于4个，如果地铁分期建设，那么初期开通出入口不得少于2个。对于客流量较少的车站，可根据具体情况适度减少，但总数不得少于2个出入口。

1.地铁出入口与道路空间关系

从地铁站整体出入口与道路的空间布局方面，通常有四种主要形式，分别是"跨路口式""偏侧路口式""路口中间式"和"道路红线外侧式"。跨路口式地铁出

① 杜丽娟.城市综合交通枢纽设计研究[D].长安大学，2008.

② 孟凡迪.哈尔滨市地铁出入口城市设计策略研究[D].哈尔滨工业大学，2015.

入口，通常将地铁出入口设置在主干道道路交叉口划分出的四个象限内。特别适用于道路等级较高的交叉口，这一类交叉口处交通流量大，道路红线宽度较宽，能满足出入口建设用地需求。跨路口式地铁出入口布局能有效分离不同交通方式的流量，可以确保地面交通流畅性，特别适用于地下过街通道的设置。

偏路口式地铁出入口，将出入口全部设置于路口的同一侧。这种设置方式会增加乘客的步行距离，而且可能会降低其他出入口的使用效能。一般用于地铁站地上空间某一侧道路等级较高，或者地上空间的土地受限，需要减少出入口设置的情况。

路口中间式地铁出入口，可以兼顾两个路口，具有较大的出入口服务范围，可以提高乘客使用地铁的效率。因其设置，可以为出入口外的横向道路减少交通压力，主要用于出入口外纵向道路道路等级较低、横向道路的道路等级较高的路口或线路中。

道路红线外侧式地铁出入口，一般设置于单独的地块内。这种出入口方式对于地质要求较高，在用地许可的情况下这种地铁出入口形式往往与地块内的城市公共空间联合开发，以最大化利用土地空间。

2.地铁出入口与城市开敞空间关系

在公园环境下，由于人们的互动和交往，如何平衡公园空间的私密性与公共性变得尤其关键。目前我国多数大型城市都有地铁或者轻轨交通方式可供选择，因此人们对地铁站点的要求也越来越高，除了要满足基本的功能需求之外，还必须具有一定程度上的安全性和舒适性。当地铁的进出口与公园相连时，出入口主要为两类人群提供服务，一是选择公园作为目的地，希望在公园内进行休闲和娱乐活动的人；二是临时经过的人流。由于不同人群对交通方式选择的差异，导致了各自需求上的差异性。人群需求的差异，导致了他们对城市公共空间的利用方式也有较大差别。选择公园作为旅行目的地的人，其首要愿望是快速前往公园核心休息区，享受公园的公共设施；临时经过的人，其主要是希望能够通过设置出入口，以最短的步行距离到达他们的旅行目的地；以交通方式离开园区或其他公共场所的人，需要特定的出入口和配套设施，以便他们能迅速而便捷地与城市交通系统进行连接。出入口与公园空间的结合互动，处理好公园本身元素和出口建筑之间的协调关系，达到和谐美观、融为一体的效果。

广场作为城市重要的开放空间，每日都聚集着大量人群。对于城市广场，地铁的入口和出口能有效且迅速地帮助广场内的人流得到疏散。由于地铁车站载客量大，运行频率高，会带来相应的客流高峰时期的问题。在规划与城市广场相融合的地铁出入口时，应依据对特定广场人流方向的深入分析，将各个方向的人流进行分散配置，以减少乘客在地面上的步行距离。由于客流流向和时间分布不一致，也需要进行适当分流，以达到缓解拥堵的目的。特别是在大规模的广场设计中，通过散布的入口和出口，为广场提供更安全的疏散通道，应对紧急情况和集会活动时的人群疏散，避免拥堵，提高广场的通行效率和安全性。地铁出入口位置选择要考虑多种因素，如地铁站点附近是否有商业设施、交通流量等情况。如果出入口在空间布局上过于集中，可能会导致人流过于集中，进而对广场的功能使用产生不良影响。因此，需要结合客流需求和周边地块规划情况，合理地设计地铁站台出入口位置，并保证其能够有效发挥应有作用。上海人民广场站在人民广场空间内设置了地铁的进出口，这样做是为了将前往城市其他区域的人流与前往人民广场站的人流进行有效的分流。

3.地铁出入口与城市交通空间衔接[①]

（1）地铁出入口与步行交通衔接

地铁是城市公共交通体系的重要组成部分之一，其具有方便、快捷等诸多优点。当居民决定将步行方式与地铁出行方式进行切换时，他们通常会权衡地铁出入口的步行便利性和步行的安全性。因此，步行至地铁入口和出口的距离将直接影响人们是否选择乘坐地铁。对于不同性别和年龄人群而言，其对地铁站点附近步行可达性及安全程度的需求有较大差异。在距离较远的情况下，人们可以根据自己的实际情况选择更加便捷的公共交通工具或选择自驾出行。反之，若距离较近，则人们可以选择更方便、快捷的步行和自行车等交通工具进行出行。

地铁出入口是乘客从地铁站内出来或步入地铁站的纽带，连接了地铁系统和城市的步行交通网络。出入口的设置会影响地铁人流的行为选择，衔接好地铁出入口和城市步行系统非常重要。此外，两者的衔接将直接影响地铁的使用效率和城市可达性。促进步行系统和地铁的良好衔接，会吸引更多人选择使用地铁系统，有助于缓解地上交通压力，增加商业、文化等地段的人流，活跃城市经济，推动城市可持续发展。

（2）地铁出入口与自行车交通衔接

选择自行车出行，一般是市民出行距离在适合步行和适合乘坐机动车的距离之

---

① 冷虎林.地铁出入口与周边空间的互动研究[D].西南交通大学，2012.

间时。骑行交通比步行更快捷，停放相对方便，还无需支付停车费用，但安全性较差，出行距离限制也比较大。在设计地铁出入口时，应全面考虑与自行车道路系统的整合，在条件允许的前提下，出入口的方向和位置应尽量靠近自行车道，以确保其能与地铁出入口的人行道有效地衔接，从而使乘客在换乘自行车和地铁出行方式时更为便捷和安全。

（3）地铁出入口与小型汽车交通衔接

小型汽车与地铁出入口的衔接对城市汽车交通量有直接影响，衔接的设计质量直接影响到使用小型汽车换乘地铁的人数。随着城市中小型汽车的数量日益增长，有效地与城市轨道交通进行衔接换乘可以在一定程度上缓解城市中心区域的交通压力；而在偏远一点的郊区居民可能会选择驾车前往地铁站换乘，再前往目的地。关于小型汽车与地铁出入口的衔接主要有停车衔接和接送衔接。停车衔接是指驾车到达地铁站附近的停车场，然后步行前往地铁出入口进行换乘；接送衔接则是指由他人接送到地铁出入口进行换乘。以上两种方式都是为了实现便捷的小型汽车与地铁之间的衔接。通过实现远郊—近郊以小型汽车通行为主，近郊—城市中心以城市轨道交通为主的出行方式，可以有效地缓解城市交通压力。这对于应对庞大且不断增长的小型汽车使用群体尤为重要。

1）停车衔接

停车衔接是指地铁出入口与停车场之间的衔接方式，使乘客可以将私家车停放在地铁站附近，然后步行或使用其他交通方式进入地铁站。这种衔接方式主要适用于需要较长时间停车后，再回到原地点使用小型汽车的乘客。衔接设计时，除需要协调好停车场和地铁出入口之间的空间关系之外，还需要考虑停车场的管理、停车位的数量和分布以及停车费用等问题。

要处理好停车场和地铁出入口之间的关系就需要通过步行道路将两者紧密联系起来，让人们停车之后可以直接步行进入地铁。设计两者的空间衔接一般有水平式和立体式两种方式，水平式因为将地铁出入口和停车场置于同一水平面，所以需要较大的空余空间，这也会给换乘带来压力。而立体式的设计，可以结合地上空间，形成地铁和停车场之间的立体式过渡空间，人们停好车之后可以由上而下地进入地铁空间，占地更小，换乘更快。

2）接送衔接

在地铁站附近设立专门的接驳站点，为乘客提供方便的接送服务。可以设置候车区、候车座椅、信息显示牌，提高乘客的候车体验。同时，针对老年人、残障人士等特殊乘客，设计无障碍接送设施，如无障碍电梯、轮椅通道等，确保他们能够顺利换乘。

以上海一号线莘庄地铁站出口为例，该站设有单独的停车空间供出租车等小型汽车接送乘客。这种接送衔接方式应该在接送空间与地铁出入口之间设置足够的集散空间和回车场等基础设施。

地铁出入口与小型汽车的水平式衔接，需要较大的空间来布置站点，会对周边交通产生一定的影响，要充分考虑人流导向和道路规划，其优点是建设相对简单、成本较低。地铁出入口与小型汽车的立体式衔接，通常用于大型地铁枢纽站，将周边道路作为集散道路使用，建设专用的车道和停车空间，对地铁出入口周边道路的要求较高。

接送方式的选择取决于城市的特定需求、空间布局、经济承受能力和交通流量等因素，可以根据具体情况进行综合考虑和规划，以实现高效的地铁与小型汽车接驳。

（4）地铁出入口与公交车站交通衔接

地面公共交通与城市轨道交通相互协调、相互补充，共同构建了全面覆盖城市空间的城市公共交通系统。地面常规公共交通是城市公共交通运输体系中不可或缺的重要组成部分，与城市轨道交通的衔接结合，实现了城市公共交通的全面覆盖。常规公共交通系统适应短距离、中途停靠、临时出行的需求，更具灵活性和多样化，弥补城市轨道交通的空白，共同作用于城市交通问题。

城市地铁系统是城市轨道交通系统中的重要组成部分，通过城市地铁系统的建设，地面常规公共交通与城市轨道交通形成了紧密的衔接与协调，共同构建了更加便捷高效的城市公共交通体系。这将为居民提供更多出行选择，减少私人汽车使用，改善空气质量，提升城市的可持续发展水平。

我国香港地区在地铁与城市地面公共交通的功能衔接方面具有成功经验。由于香港地区的经济发达和人口密度高，城市公共交通系统相对较为完善。在20世纪80年代，为了最大化城市公共交通的作用，减少交通压力，其采取了"公共交通优先发展"战略，有效地缓解了当时香港地区城市道路拥堵和交通问题。

与地铁相比，常规公共交通的载客能力较小且运行准点率低，但它具有较大的灵活性。常规公共交通的站点选择和线路调整相对灵活，更易于改变线路和公交站点。地铁与常规公共交通之间的换乘和衔接质量会直接影响城市的交通状况。公共交通车站与地铁出入口之间应建立空间互动，出入口和公交站点的形式设计都应考虑其位置、彼此之间的配合、人流量和线路数量等因素。规划清晰、直接、便捷的接驳通道，确保乘客能够方便快速地从地铁出入口到达地面公共交通站点。通道宽度、通行能力等要与预期乘客流量匹配。在地铁站的通道、楼梯、电梯等位置设置信息牌，沿途展示前往综合枢纽站的信息，提醒乘客需要换乘，并指示换乘的方向。在公交站点处也应标明该站点可换乘地铁的线路及出入口的方位图，方便乘客快速在地铁和公交之间换乘。此外，还要确保接驳通道和设施符合无障碍设计标准，包括坡道、无障碍电梯、盲道、轮椅通道等，满足老年人、残障人士和儿童等特殊乘客的需求。

根据公共交通车站的等级，地铁出入口与公共交通车站的衔接互动主要有综合枢纽换乘站、大型接驳换乘站以及一般换乘站。

综合枢纽换乘站，人流量大且集成了多条公共交通线路和公共交通方式，地铁站和枢纽站之间交叉设计时，需要综合考虑、协调两者建设关系以避免冲突。利用地铁出入口引导乘客进入综合枢纽站实现换乘，需要设计合理、清晰、便捷的导向系统和标识，以确保乘客能够方便地换乘。最常见的做法是将地铁站出入口设置到枢纽站内，将两者直接相连，这样既可以实现无缝换乘，还能快速分流避免拥挤。

大型接驳换乘站是城市交通中的重要节点，集成了多种不同的交通方式的换乘。这种换乘站具有较大规模和复杂的交通接驳功能，一般位于地铁线的始末站或者换乘人流量大的交通枢纽。在设计时，要确定站点集成的交通方式，合理设计站点容量和布局，确保各交通方式之间的接驳通顺，乘客可以舒适且快速地到候车点换乘。例如，北京动物园周边的地铁换乘站在设计时，将配套的公交站点分成多个候车点，再用地下通道将地铁出入口和公交站台连接起来，不仅实现了人员分流还避免了拥堵，还让游客可以更便捷地实现地铁和公交之间的换乘。

公交换乘站是城市交通网络中，被用于乘客转乘不同公共交通线路的站点。一般位于公交线路交会或交叉的地方，在有地铁的城市还需要考虑地铁线路再进行设置。公交换乘站是最为常见也是数量最多的换乘站，多位于城市主城区内，与其他换乘站相比，公交换乘站占地小、覆盖面广、换乘简单。但由于各地条件不同，公交站点的布置有时比较分散，在地铁出入口的设计上需要满足较高要求，如哈尔滨地铁一号线哈东站就因道路条件限制而导致公交站点分散设置。在设计这类换乘站时，需要先分析换乘站附近的流量和道路状况来调整公交站点的位置，确保乘客换乘时能轻松步行到达，还不能让换乘影响道路交通。

二、地铁车站给排水系统接驳

车站市政给排水接驳虽然位于地铁车站外部，属室外工程，但与地铁运营工作息息相关。接驳工程设计与运行的情况，直接影响到地铁后期运营中给排水功能是否能正常使用。室外给排水工程由于管材选用、施工工艺、地理位置等因素，与室内给排水存在较大差异，具体表现为：一是，在对地铁项目进行给水设计时，要使得设计方案能够充分遵循节约用水和合理用水的原则，能同时满足生产生活与消防用水在水质、水量等诸多方面的要求与标准；二是，在地铁给水水源的选择上，要首选城市的自来水，如果沿线没有城市自来水，就无法提供可靠的饮用水和洗手间设施，以至于引发一系列卫生问题，所以需要与相关部门协商，从沿线附近地区获取可靠的水源；三是，在对地铁排水系统进行设计的时候，要确保生活污水与粪便污水能够单独进行排放，使其能够充分地满足国家相关的标准，但对消防废水与结构渗漏水等要进行合流排放；四是，要加强给排水设备的自动化与智能化建设，使其智能化与自动化水平得以有效地提升；五是，需要采用耐腐蚀、耐压等特性的高质量金属材料，以确保地铁金属给排水管道及相关设备的质量，规范设备的操作和维护，使其得以正常使用。

1.生产、生活给水系统

车站和生产、生活给水系统的交叉设计需要综合考虑车站的用水需求、排水系统、给水设施与生产、生活用水系统的有效衔接，以确保水资源的高效利用、节水、环保和安全。车站内的生产、生活给水系统主要是供给站内工作人员的生活用水、冷却循环系统补充水、站台层、站厅层，以及泵房等处的清扫用水。车站给水系统的设计需要与生产、生活用水系统的设计进行充分的协同与交叉检查，确保各个系统协调一致、安全可靠。在设计过程中需要对车站的用水需求进行系统评估，包括洗手间、清洁、消防、绿化灌溉等方面的用水需求。用水需求评估会直接影响到给水系统的设计容量。评估时，要考虑车站的应急供水系统，保障在紧急情况下仍能有稳定的供水，确保生产、生活和消防等基本需求。给水系统设计，需确保生活用水和消防系统的合理衔接，使生活用水不受消防用水的影响，并保证消防系统能随时稳定供水。

车站内生产、生活给水用水量的标准，按以下项目计算：车站工作人员的生活用水为每班每人50升，时变化系数2.5；冷却水系统补充水量为冷却循环水量的

2.0%，冷却水补水按系统水容积的1%；车站冲洗用水量为每次每平方米2升，每次按1小时计，每天冲一次；不可预见水量按生产、生活总用水量的10%计。

给水接驳设计工作既是室外给水设计的重要部分，还涉及消防验收等后续工作。给水接驳的设计工作需要根据管网布局、规范标准和不同用水点的需求进行定制化设计，不同的用水点在供水设备、水流量、水压和水质等方面有着不同的要求，需要设计者充分考虑多样性需求，在满足用水点需求的同时确保供水系统的可靠性和可持续性。在实施单位上，给水接驳点的位置由自来水公司确定，给水接驳管由机电安装单位实施。其他的设计注意事项，具体如下：

首先，设计人员要充分了解当地自来水公司的规定，并且严格遵循国家或地方的供水工程设计规范和标准，保证设计方案的合法合规和质量。

其次，在遵循规范的基础上，设计人员可以进行创新和优化，以适应特定项目的需求，提高设计方案的效率、经济性和环保性。根据车站附近市政给水管管网的布局情况，充分考虑用水点的位置、管道的长度、管径等因素，合理设计给水管道和车站外部的接驳方案。当市政给水管分布在车站上下两侧，应该考虑采用从车站两侧接管，或者从车站的出入口或风亭接入给水管，进而避免跨路接管的情况发生。当市政给水管受城市市政影响无法避免跨路接管时，则需要各单位设计人员及时沟通或交底，采取特定的措施确保给水系统正常运行和安全，减少二次破路接管。

2.排水系统

车站和排水系统之间的交叉设计需要确保车站区域内排水畅通、防止积水、保障车站运行安全。排水系统包括雨水、污水和废水三个排水系统，主要功能包括排水排雨、污水处理、废水排放、保护地下和地上基础设施、保障交通安全、保护环境质量等，对于城市的交通和安全起着重要作用。

排水系统的排水量标准制定是为了保障资源合理利用以及社会发展，这些标准有助于提高城市排洪抗涝的能力，保证人民的安全。一般工作人员、乘客生活用水排水量按用水量95%计算；冲洗及消防废水排水量和用水量相同；生产用水排水量按生产工艺的要求确定；洞口、露天出入口、敞口风亭排雨水量按地方50年一遇的最大暴雨强度计算。

车站污废水和车站敞口风亭的雨水，应分别就近接入道路市政污水管网和市政雨水系统中，但是在出入口集水坑的排水，需要根据当地市政排水管理部门的要求，设计其接入的是市政雨水还是污水管网。设计者必须熟悉当地管理部门的要求和当地市政建设条件，从而选择最合适的管网接口方式。

地铁车站室外排水构筑物一般有雨水口、排水沟、雨棚、压力检查井、普通排水检查井、化粪池等。设计时要在车站建设的基础上进行，结合室外建筑总图的竖向标高和覆土情况，使其不突出地面能够正常施工，保持与周围环境的和谐，不破坏周围建筑的美观效果。

化粪池的设置需要遵循当地排水管理部门的安排，很多城市都要求设置化粪池，但在上海、广州等地市政污水管网比较完善的地区，为了节省地下空间采用格栅沉砂池取代化粪池，污废水经过格栅沉砂池处理达到排放标准后便被排入市政污水管道。如果需要设置化粪池，化粪池的设计位置应该满足以下几个方面的要求：

（1）化粪池的位置应该便于化粪车清掏，以减少清理时对周围环境和交通的影响。尽量设置在人行道或绿地内以避免占用道路，与建筑物距离要大于5米，从而确保建筑内居民的健康和舒适。

（2）地铁车站室外化粪池通常采用4号化粪池，这种化粪池最小高度为3.05米，这样可以确保化粪池有足够深度降低排放有害气体的可能，不影响污水处理效果。如果车站附属部分的覆土不满足要求，应将化粪池设置于附属范围外，可以避免化粪池对车站结构的影响。

（3）为保证空气质量和通风系统的正常，化粪池距离新风井应不小于5米，并应适当远离活塞风井，可以降低通风设施被腐蚀的风险，延长设备寿命。

车站排水接驳是室外排水的主要部分，如果排水接驳设计没做好，将会危害车站人群和设备的安全、影响周边地区安全和市民的出行，还会影响市容市貌并且提升车站的运行和管理费用。而且，地方政府一般规定道路开挖恢复后的3～5年内道路不允许挖掘施工，以此来保证车站排水设计工作的严谨性。为了从源头杜绝接驳设计的问题，需要尽早让设计单位与管线迁改单位对接，管线迁改单位的出图必须经过车站给排水设计人员会签，管线迁改单位需预留接驳井，并提供接驳井的标高。

车站设计的雨污水管道其管径、标高及坡度要综合考虑多方面因素，包括雨水和污水的产生量、流速、排放标准、管道长度、土壤条件、排水系统连接等。管道的管径需要根据当地城市的市政标准以及具体的污水产量和使用人数等进行确定，并考虑当地的土壤条件、地形、地质情况等，根据实地勘测和分析，确定合适的管道标高和坡度保证污水顺利流向污水处理设施。管道不满足管道覆土要求或车行道下排水管均需要设置防护套管，保护排水管不受损坏。

第三节 市政工程与公交站场的交叉设计

一、公交站站点和行人的设计

在公交站点区域，人们更倾向于选择步行、骑自行车或乘坐公交车作为日常出行方式。因此，对于这种区域，城市的整体规划和布局应该更多地考虑通过步行和骑乘出行的人群，而不是仅仅针对小型汽车用户。为了满足这一需求，城市公交必须要有足够数量的公共空间来容纳公共交通系统所需要的用地。这为站点内的土地使用设置了更高的标准，确保更多的土地与人行道和自行车道紧密相连。在规划和设计过程中，首要目的是创造一个舒适的步行环境，如使用较小的转弯直径以降低车辆速度，并减少行人在交叉口的步行时长；在进行土地布局时，应优先考虑使用方格网状结构，缩短街区的长度；在交通设计时应该考虑到城市中各种不同性质车辆之间的相互关系。

二、公交站点与周围土地的交叉设计

公交站点应当被作为其周围土地的核心进行开发，而不是孤立地进行发展。从经济学角度分析，公交站点在一定条件下是一种有效的城市功能组织方式。这是因为它在城市中扮演着重要的角色，串联了城市的交通网络，成为交通流动的重要节点，还集中了大量乘客，是一个社会互动和信息传播的场所。此外，公交站点周围往往有商业、文化、教育等服务设施，成为服务功能节点，这些站点附近的设施能够满足乘客日常需求，形成集散效应。

其附近的区域能够为公交车站、商业娱乐中心和公共设施服务提供相当大的客流；此外，它还能为绿色公园、工业设施的建设以及仓储土地提供丰富的土地资源。

三、公交站点和建筑景观的交叉设计

在公共交通站场的景观规划中，需要考虑多方面的因素，以确保设计符合城市的整体愿景、乘客需求、生态环境和城市规划。例如进出口广场的建筑、停车区、公交车站设施和植物绿化的空间布局。同时，也应该对标志系统和灯光照明系统等公共环境设备进行合理的配置。

大型公交车站的设计布局，例如大型公交换乘中心和轨道交通换乘站等，都是支撑这座建筑的关键要素。随着社会经济发展，人们对出行要求越来越高，而这些设施都需要通过一定方式才能完成。公交站场的建筑空间景观化与传统的建筑、城市和景观设计有所不同，它强调将景观要素融入公交站场的建筑空间，需要更多的空间预留给城市空间，这样可以更好地实现景观和建筑之间的融合。

以综合性的视角审视城市或建筑项目，制定全面的规划和设计方案。综合考虑景观、建筑和城市之间的配置，确立明确的设计目标和原则。在建筑设计的初期就将景观考虑在内，将建筑物与周围环境融为一体，考虑建筑和城市的外观、材料、色彩等与自然环境的协调。可以称为"三层次"的设计手法，在大众的视觉体验中，不仅要将三种不同的空间完美地结合在一起，还需要在空间和场地的设计上给予大众这样的体验，这就要求对城市和建筑有充分的认识，并能从二者结合上进行研究。城市、建筑和景观在地形上形成了紧密的交织和组合，打破了它们之间的明确边界，进而在这三者之间构建了一种相互补充的新型关系，形成了一种全新的空间秩序。通过对"城市"这一概念的重新界定，提出以"景观化的城市"为核心的设计理念。景观化建筑和城市的核心思想是：将景观设计与建筑、城市的规划和设计相融合，以创造和谐美观、舒适和可持续的城市空间。

城市与建筑不能舍弃其原有的景观而独立存在，更不能让自然形成的景观变得孤立，使其成为一个独立的自然存在。

四、公交站点和道路景观的交叉设计

道路景观在生态上的设计旨在通过合理的规划和布局，最大限度地保留、恢复或提高道路周围的生态系统，以实现道路和自然环境之间的和谐共生。而公交站点和道路景观的交叉设计是城市规划和景观设计中的重要环节，它旨在将公交站点与周围的道路景观有机结合，创造美观、舒适、功能完善的交通环境。

随着科技的持续发展，应该更加注重对待自然环境，把可持续发展作为行动指南，城市和科技的发展需要尊重自然界的生态。城市道路作为城市建设中最重要的组成部分之一，是联系外界与人们日常生活的纽带。在城市区域，那些车流密集的道路主要由混凝土和沥青构成，这不仅给行人带来了单调和乏味的体验，还会大量反射热量，从而对附近的居住环境产生不良影响。所以要想使城市建设与自然环境和谐相处，就需要将其融入城市规划中去，并通过合理有效的规划设计来提升城市绿化覆盖率。在绿地上大规模种植树木和培育花草不仅美观，还可以改善城市气候和空气、保护当地水土和维持生态稳定，此外，还可以为人们提供休闲活动的场所，促进人们身心健康以及吸引游客。因此，大规模种植树木和培育花草对城市和社区的发展具有重要的积极作用，是一种可持续的城市绿化和景观改善方式。

位于深圳市区的海滨大道作为深圳西部海岸的一个重要绿色区域，其中包括滨水公园、湿地景观区、休闲娱乐中心、大型文体广场等一系列具有代表性的特色园林建筑群。它作为一条重要的交通干道，起到连接城市不同区域的桥梁作用，有助于缓解交通拥堵。作为沿海风光道路，海滨大道为市民和游客提供了欣赏大海、游览沿海美景的机会，人们可以在这条大道上悠闲散步、骑自行车、跑步或者进行休闲活动，感受海风和自然风光。海滨大道沿线有许多旅游景点、休闲娱乐设施和餐饮服务，吸引了大量游客。它连接了多个著名的旅游景点，如深圳湾公园、世界之窗等，成为深圳市的旅游观光线路之一。海滨大道提升了区域的形象、吸引了游客、推动了周边的可持续发展[①]。此外，海滨大道沿线也会定期举办文化艺术展览、户外演出和文化活动，为市民和游客提供了欣赏文化艺术的机会，丰富了市民的文化生活。

---

① 李帅.城市公共交通站场景观化设计[D].天津科技大学，2016.

第九章

华山北片区道路市政工程一体化设计案例

第一节　工程建设背景

一、华山北片区概况

华山北片区位于济南市主城区北端，黄河南岸，紧邻华山片区，与济南新旧动能转换先行区仅一河之隔。片区处于黄河堤顶路与济广高速交接腹地，规划黄河大桥跨河通道南北穿越，交通条件优越。片区南侧紧邻济青高速公路，目前通过零点立交与高速公路衔接。片区内主要城市道路只有大桥路与主城连接，且过境交通量较大，交通较为拥堵。片区总用地约11.47平方公里，其中，城市建设用地约449公顷，占城市总用地的39.1%，而建设用地中工业、仓储比重较大，物流用地约160公顷，占城市建设用地57.4%，工业用地约67公顷，占24.1%。现状建筑以3层以下的低层建筑为主，大部分为村庄住宅及工业物流等。

2017年底，济南三桥一隧跨河通道启动建设，2018年1月，国务院批准建设济南新旧动能转换先行区。华山北片区作为承接城市北跨的桥头堡，片区现状市政设施建设滞后，市政设施体系薄弱，难以支撑片区的高标准建设，亟须紧抓发展机遇，研究区域综合交通体系组织方案，落实交通设施布局方案。在此基础上规划的华山北片区范围为：北至黄河大坝，南至济广高速与二环北路，西至黄河大坝/历山北路，东至黄河大坝与济广高速交接处，如图9-1所示。

1.用地现状

片区总用地约11.47平方公里，常住人口约5.9万人。其中，城市建设用地约449公顷，占城市总用地的39.1%。

建设用地中：工业、仓储比重较大，物流用地约160公顷，占城市建设用地

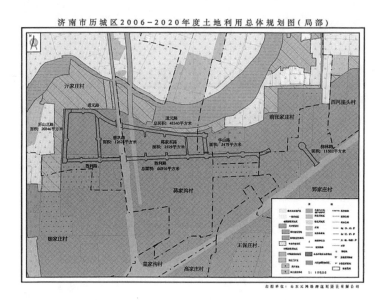

图9-1 华山北片区规划图

57.4%，工业用地约67公顷，占24.1%。现状建筑以3层以下的低层建筑为主，大部分村庄住宅及工业建筑已经基本全部拆迁。局部有4～6层居住建筑以及高层办公建筑，分布于大桥路西侧，新建高层住宅为安置一区位于大桥路东临。

2.道路交通现状

片区南侧紧邻济青高速公路，高速路现状为双向4车道，通过零点立交与高速公路衔接。黄河、华山湖、济广高速，多重屏障，对外联络通道仅大桥路、胜利路；片区内主要城市道路只有大桥路与主城连接，且过境交通量较大，交通较拥堵；片区内有4条小型道路，通过涵洞与南侧华山南片区相连接。济广高速东段拓宽工程在建；沿大桥路共途经4条公交线路和3处公交站点，片区现状公交线路主要分布在大桥路，3个普通公交站，分别是姬家庄、亓家和黄河大桥南。

3.市政设施现状

燃气门站（华山门站和路家庄门站）现状长输管线有济青一线、中济青线和安济线，高压管线有华山门站和遥墙门站联络线，另外有次高压和中压管线穿过片区，现状110千伏盖家沟变电站，服务大桥路周边物流仓储企业和安置区。供水、供电、供气、供热、通信等均已纳入城市市政体系，但系统尚不完善，片区缺少污水设施，排水系统尚未建立。

4.片区发展定位

对接新旧动能转换战略，聚焦携河高品质发展，立足产城融合，打造成为新旧动能转换先导协作基地和携河北跨新创服务生态门户，其定位内涵包括新旧动能转换文化科技创新园区、济南北跨战略发展示范区和华山片区生态门户新城。

二、工程自然条件

1.气象条件

济南属于暖温带大陆性季风气候区，四季分明，日照充分。最冷月1月平均气温-0.4℃，最热月7月平均气温27.3℃，年极端最低气温-22.7℃。

2.地形

拟建场地地貌单元属黄河冲积平原。华山北片区南北高，中间低，西高东低，地势平坦低洼，北部黄河大坝高于大坝内地面10米以上；南部华山南片区现状地面高程24～26米；北部现状地面高程仅22～25米，相对低洼，而且现状坡度较小，整体地势平坦，排水和竖向有一定的困难。赵王河河道宽约2.5～5.0米，河道深约3.5～4.5米，水深约0.2～10米，主要用于排洪和排污。

3.地下水

勘区地下水类型为第四系孔隙潜水。主要含水层为粉土、粉砂层，其富水性一般。主要通过大气降水入渗以及地表水径流侧向作为补给来源，人工开采、径流排泄与蒸发是主要的排泄方式。勘探期间在箱孔中测得地下水静止水位埋深为1.34～3.55米，相应标高21.7～23.33米，地下水位季节性变化幅度2.00～3.00米。

4.地质结构

场地内第四系地层主要由黄河冲积成因的黏性土、粉土、砂土组成。在钻探深度范围内按地层成因类型及岩土性质不同，可分为7个主层及其亚层，自上而下分述如下：

（1）填土（Q_4^{2ml}）：该填土堆积年代约3～10年左右，均匀性差，该层以杂填土为主，素填土局部分布。其中，杂填土呈杂色，稍密，稍湿，含砖块、碎石、灰渣等建筑垃圾。局部有水泥路面，素填土呈黄色，可塑，稍湿，松散，主要由黏性土组成，含少量粉砂和物根系，土质不均。一般层厚0.50～3.50米。

（2）粉质黏土夹粉土、黏土（Q_4^{al}）：该层以粉质黏土为主、粉土、黏土呈薄层状或透镜体状分布。其中，粉质黏土呈褐黄色，可塑，局部软塑，湿，刀切面较光滑，含氧化铁，偶见贝壳碎片，该层呈普遍分布；粉土呈褐黄色，稍密—中密，很湿，摇振反应迅速，含氧化铁，云母片，含少量细砂，该亚层呈夹层状分布；

黏土呈黄褐—褐黄色，可塑，刀切面光滑，含氧化铁，该亚层呈夹层状分布。层厚0.50～6.80米，层底深度4.30～8.30米，层底标高16.66～20.52米。

（3）黏土（Q_4^{al}）：褐黄色，局部浅灰色，可塑，局部软塑，刀切面光滑，含少量贝壳碎屑等有机质，该层呈普遍分布。层厚0.50～3.90米，层底深度6.00～10.50米，层底标高14.52～18.39米。

（4）粉土（Q_4^{al}）：灰—灰黄色，稍密—中密，很湿，摇振反应迅速，含氧化铁，云母片，含少量细砂，该层呈普遍分布。层厚0.60～3.50米，层底深度8.20～13.00米，层底标高12.31～16.49米。

（5）粉质黏土夹粉土、黏土（Q_4^{al}）：该层以粉质黏土为主，粉土，黏土呈薄层状或透镜体状分布。其中，粉质黏土呈浅灰—灰色，可塑，局部软塑，刀切面较光滑，含少量贝壳碎屑等有机质，该层呈普遍分布；粉土呈浅灰色，稍密—中密，很湿，摇振反应迅速，含氧化铁，云母片，含少量细砂，该亚层呈薄层状或透镜体状分布；黏土呈浅灰—灰色，局部灰黑色，可塑，局部软塑，刀切面光滑，含少量贝壳碎屑等有机质，该亚层呈薄层状或透镜体状分布。层厚0.50～5.50米，层底深度12.30～15.10米，层底标高9.81～12.66米。

（6）粉质黏土夹粉土、黏土、粉砂（Q_4^{al+pl}）：该层以粉质黏土为主，夹粉土、黏土、粉砂，呈薄层状或透镜体状分布。其中，粉质黏土呈灰黄色，可塑，局部硬塑，刀切面较光滑，含少量有机质，偶见姜石，局部渐变为黏土，该层呈普遍分布；粉土呈灰黄色，中密—密实，湿，刀切面粗糙，摇震反应迅速，含氧化铁斑点，该亚层呈薄层状或透镜体状分布；黏土呈灰黄色，可硬塑，刀切面光滑，含铁锰氧化物及其结核，该亚层呈透镜体状分布；粉砂呈灰黄色，中密，很湿，矿物成分为石英、长石，含少量粉土。

（7）黏土夹粉质黏土、姜石、胶结砂（Q_3^{al+pl}）：该层以黏土为主，粉质黏土、姜石、胶结砂呈透镜体或层状分布。其中，黏土呈灰黄—浅棕黄色，硬塑，局部可塑，刀切面光滑，含铁锰结核及其氧化物，含姜石，含量约10%～20%，偶见碎石，该层呈普遍分布；粉质黏土呈灰黄—浅棕黄色，硬塑，刀切面较光滑，含铁锰结核及其氧化物，含姜石，含量约10%～20%，偶见碎石，该亚层呈透镜体或层状分布；姜石呈姜黄色，稍密，姜石含量约50%～60%，直径2～5厘米，充填灰黄色黏性土，该亚层仅在Q4号钻孔附近呈透镜体状分布；胶结砂杂色，中砂泥、钙质胶结，岩芯呈碎块状或短柱状，柱长2～15厘米，岩芯采取率20%～40%，钻探进尺缓慢，该亚层仅在钻孔附近呈透镜体状分布；层厚

10.50～17.60米，层底深度40.00～44.50米，层底标高-19.47～-15.43米。

5.不良地质作用

场地内无崩塌、滑坡、泥石流、地下采空区等不良地质作用，未发现影响场地稳定性的其他不良地质作用；场地内存在液化土层，液化等级为轻微液化；建筑场地属于建筑抗震的不利地段，属稳定性差的建筑场地，工程建设适宜性差。

6.特殊性岩土评价

场地内揭示的特殊性岩土主要为填土，主要是杂填土，部分为素填土，分布在场地上部，其沉积年代较近，结构松散，均匀性、压缩性及密实度较差，未经处理不宜作为天然地基持力层。

7.抗腐蚀性评价

综合评价拟建场区土腐蚀性等级为：场地土对钢筋混凝土结构中的钢筋和混凝土结构均具弱腐蚀性。

8.地勘报告结论及建议

（1）拟建场地地貌单元属于黄河冲积平原，地形较平坦，地势较低，场地内无泥石流、滑坡、地下采空区等不良地质作用，未发现其他影响场地稳定性的不良地质作用。场地内饱和粉（砂）液化等级为轻微液化，场地土类型为中软场地土，建筑场地类别为Ⅲ类，建筑场地属于建筑抗震的不利地段，工程建设适宜性差，属稳定性差的建筑场地。

（2）地下水为第四系孔隙潜水类型，地下水水位埋深勘探期间，在钻孔中测得地下水静止水位埋深为1.34～3.55米左右，相应标高21.7～23.33米，下水位季节性变化幅度2.00～3.00米，建议常年最高水位标高为24.00米。

三、工程建设需求

华山北片区是城市市政设施体系的重构区。片区位于城市边缘地带，城市市政设施体系未能完全覆盖；同时又地处城市发展热点的东部地区，水、热等资源较为紧张，污水等出路有待研究。因此必须从城市区域统筹的角度，系统研究该地区的市政供给与排出，同时，随着片区的转型升级，需要构建与之相匹配的高标准、现代化的城市市政设施体系。华山北片区是济南北跨发展战略的先行先导区、两岸携河发展战略的示范桥头堡、城市经济轴线的交会中继站，是城市亟待发展的新区。该片区作为济南市北跨桥头堡、携河发展的门户，片区现状市政设施建设滞后，市政设施体系薄弱，难以支撑片区的高标准建设。

1.项目建设是济南市总体规划的一部分，是城市交通发展的需要

随着济南社会经济的发展，构筑"便捷、安全、高效、生态、多元"的一体化城市综合交通体系成为亟待解决的问题。为促进城市可持续发展，需要创造良好的交通环境，调整和优化城市空间布局，重点完善城市道路交通网络，加大城市路网密度，贯通中心城近郊卫星城镇之间交通联系。结合道路建设，同时改造市区和县域的管网系统，加强维护管理，确保管网运行通畅，为把济南市建成功能完善、适应经济和社会发展需要的现代化城市打好坚实的基础。该项目的建设为片区内重要交通道路、为华山北片区建成实施提供交通疏解通道。随着片区交通网络的逐渐完善和华山北片区的建设，未来还会产生大量新增交通量，势必导致交通拥堵。项目建设既满足城市整体规划的要求，又可以优化区域的路网结构，提升道路通行能力，完善区域内的生活配套设施，方便周边居民的日常生活。

2.形成市政配套设施主要通道的需要

城市道路是市政管线的重要载体，给水、燃气、热力、供电等管网的敷设需要借助贯通性较好的道路。本道路建设可以给市政配套设施提供路由，提高周边地块服务水平，满足片区内给水、燃气、热力、供电、电信等设施的需求。安置一区已经开工建设，胜利路、道元路、蒋家西路、后张路作为安置一区的主要进出道路和主要管线载体，具有十分紧迫的建设需求。目前片区内总出行量为34.16万人次/日，高峰期内出行总量约占26%，早高峰片区出行总量为8.9万人次/日，全日内部出行总量约占总出行量的30.3%，早高峰内部出行总量约占期间总出行量的26.5%。基础设施的薄弱制约了当地经济的发展，为确保济南华山北片区建设顺利进行，加快改善居民住房条件，基于对济广高改快暂未实现，黄河大桥改扩建工程已建成通车的基础条件考虑，结合片区道路的建设条件和一期拟立项道路计划，重点解决华山北片区安置房和一期开发项目进出交通问题，拟实施胜利路、道元路等9条道路建设（见图9-2）。项目建成后能改善片区内居民的生产、生活条件，进一步提升幸福指数，保障安置区居民出行和生活配套，济南华山北片区的建设也能为居民提供更多的就业岗位和发展机遇。

另外，片区目前无集中供水，需由鹊华大道经桥下道路穿济青高速向片区供水，同时，片区集中供热也需由鹊华大道经桥下道路穿济青高速向片区供应。虽然土地已进入熟化阶段，但仍难以支撑片区的高标准建设，是待发展的城市新区。因此，为支撑和保障片区的开发建设，亟须对项目周边的竖向及市政配套设施进行梳

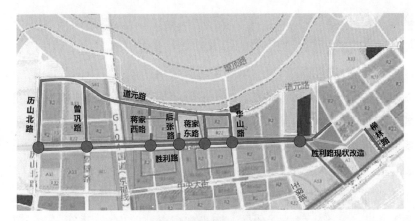

图9-2　道路位置示意图

注：红色为新建道路；黄色为现状改造道路；蓝圈为新建桥梁

理和近远期统筹规划，并确定合理的建设时序和配置要求，保证项目的顺利实施。

3.项目建设保障慢行交通功能的需要

随着城市机动化进程的快速发展，机动车增长与城市道路系统资源紧缺之间矛盾越来越大，城市交通逐渐向"以人为本"的建设思路转变，倡导绿色、低碳出行。本次项目建设可以在安置区内形成完整慢行空间，保障行人、非机动车路权，提高慢行交通通行效率。

第二节　华山北片区道路工程一体化设计过程与方法

一、工程一体化的构想

要充分考虑相邻片区间的统筹、区域统筹、城市统筹，构建与济南城市发展相协调的片区市政设施体系。片区位于城市边缘地带，城市市政设施体系未能完全覆盖，因此必须从城市区域统筹的角度考虑市政设施的衔接。片区紧邻华山南片区，从资源共享、集约节约的角度，重点考虑市政设施的共享共建。

首先，对道路规划进行研究。道路规划的前提是考虑路网结构，需对道路的历史演变、现状和道路在未来发展与扩展以及未来的需求进行合理的判断和预测。另外，在研究路网结构时，需要分析土地和路网结构之间的协调性，在研究各个区域层次的道路节点的交通形式时，为保证横断面设计的最终效果，需要把生态环境、各个交通节点的交通流量、地下空间以及景观环境等因素充分考虑在内[①]。其次，对道路交通工程进行设计。在设计过程中，要合理确定车行道、非机动车道、公交车道和人行道等区域的宽度和位置，对不同的车道类型进行设计时，要根据不同道路类型和车流量进行合理的设计。

系统研究该地区的市政供给与排出，重点研究防洪排涝及竖向问题，将两者有机结合，保证片区排水安全。竖向规划与防洪排涝有机结合，保证片区的排涝安全，由于华山北片区整体地势较为平坦，需要人为地制造相对高点和低点。本区域共划分为3个排水分区：赵王河分区，中央大街以北及中海三路以东区域排入赵王河；中央大街以南，姬家安置以北区域排入规划河道；南部分区排入华山南管网，实现区域竖向填挖方平衡。

该片区地处城市发展热点的东部地区，水、热等资源较为紧张，应统筹电、气、热、水等能源供给，考虑远近期管线布局，构建清洁、安全、高效的能源供应体系。污水经处理后达到中水回用的水质标准，部分回用作为市政、绿化用水，剩余部分排入片区河道，作为景观用水，初步实现污水资源化。综合考虑各市政道路上规划市政管线的布置及道路建设时序，根据规划，中央大街（赵王河以西段）工程管线密集，在中央大街（赵王河以西段）建设综合管廊。入廊管线包括给水、通信、电力、热力、中水等（见图9-3）。管线工程要同时考虑近期建设规划和远期发展，但要重视近期的规划；按照各专业管线拟建要求统一规划，合理布置，充分利用城市地上、地下空间；充分结合道路红线及各种设施位置进行设置；管线尽量地下敷设；优先考虑现状工程管线，在考虑到现有管线无法满足需求的情况下，需要进行综合技术和经济比较，合理取舍；当工程管线竖向位置发生矛盾时，建议避免使用重力自流管道；对不允许采用弯管的管道应采取一定措施以防止其发生共振现象；对于管道的弯曲程度较高的情况，建议避免使用难以弯曲的管道；针对分支管线，建议避开主干管线以确保管线的安全稳定运行；对于管道直径较小的情况，建议避免使用较大的管道直径。

根据项目所在城市道路网中的地位和作用，在调查项目区域内及受影响的区域内机动车的交通流量、流向情况的基础上，同时考虑区域内综合交通规划和经济发展规划情况，进行远景交通量预测。

---

① 蔺筱敏.城市道路规划及交通工程一体化设计的探讨[J].智能城市，2020，（3）：141-142.

图9-3　综合管廊规划图

道路的平面设计充分考虑空间线形特点，平面线形与纵断面线形结合设计，使之满足行车安全、舒适的要求，并与沿线环境、景观相协调；纵断面设计结合河道、桥梁净空、桥梁跨径、桥梁景观及现状道路要求综合考虑，道路及场地规划标高应满足排水要求，跨河桥应满足泄洪要求，满足敷设各种管线包括管线综合的工程需要。

道路景观设计主要结合绿地系统规划，道路交通专项规划对道路绿化景观的要求，突出城市门户形象及自然风貌特征，重点塑造沿线城市绿地景观，将华山北片区打造成黄河南岸的生态景观片区。从整体入手，打造统一又各具特色的道路景观形象。

二、工程一体化设计的主要指标

1.交通量

交通量的预测应充分考虑走廊带范围内远期社会、经济的发展和综合运输体系的影响。根据项目在城市道路网中的地位和作用，综合考虑区域内综合交通规划和经济发展规划情况，对项目所在区域内机动车的交通流量等情况进行综合分析，以预测未来的交通量。根据交通量的生成机制，远景交通量包括趋势交通量、诱增交通量和转移交通量三类。就本项目而言，其远景交通量主要来源于地面道路的趋势交通量、通行条件改善后产生的诱增交通量和转移交通量。因此，由于项目对区域经济发展的影响所带来的相关道路的正常趋势交通量的增长、诱增交通量和转移交通量应是本项目未来交通量的主要组成部分。

交通需求的规模是由经济活动、社会活动等本源性需求的变化所决定的，而未来交通流的增长则与区域社会经济的发展息息相关。因此，通过对经济和社会活动的演变规律以及与交通运输的相互作用进行深入剖析，以便能够精准地把握交通需求的变化趋势和规律。随着区域经济的发展和城市规模的扩大，未来出行的绝对数必将迅速增加。在分析经济发展的基础上，根据交通需求的变化规律以及相关道路网的变化，进行交通分布预测，得到区域趋势发展机动车OD矩阵，得到趋势交通量，然后根据交通路网和其他交通设施的变化，分析项目的诱增、转移交通量。参照《济南市综合交通规划》中交通方式结构，结合周边区域交通流量调查数据制定区域交通方式结构，然后再根据Logit模型进行微观定量预测。

道路网规划立足于满足轨道交通走廊和中运量公交走廊需求，通过与用地布局协调，结合已批复项目情况，充分衔接片区周边相关片区规划，如华山片区、先行区等。围绕片区内河流，构建华山北片区主要道路框架，在此基础上，以适合步行的小街区为尺度，布局一系列次支路。围绕轨道、公交站点和公园绿地规划片区绿色街道，提供便捷的步行环境，利用沿河道开敞空间规划休闲自行车道，沿主要中运量走廊规划自行车专用道，空间在道路横断面中予以保障。

2.路基填料及压实度

地基、路堤冲压质量以压实度作为最终控制标准。考虑到片区内路网较密，大多为支路等级的道路，片区为新建片区，道路建成后片区建设时施工车辆较多，优化了管道基础及回填材料。土基设计回弹模量应不小于30兆帕，不能满足要求时须采取措施提高土基强度。

在考虑管线时，管线位于快车道时采用3%水泥石屑回填至管顶以上50厘米，管线位于非机动车道、人行道及绿化带时，采用中粗砂、石粉回填，以上采用素土回填至路床底。道路机动车道采用沥青路面，路面结构计算采用均布荷作用下的弹性层状体系论、电算程序《城镇道路路面设计程序系统》(URPDS2012)电算，计算中交通流量按断面最大通过能力计算。其中，机动车道（城市次干道）设计使用年限内一个车道累计标准轴载次数为1.15×10^7次，设计弯沉值h=25.55<0.01mm>，机动车道路基回填模量为30兆帕；机动车道（城市支路）设计使用年限内一个车道累计标准轴载次数为 3.9×106 次，设计弯沉值 h=34.6<0.01mm>，路基回填模量均为25兆帕；非机动车道设计使用年限内一个车道累计标准轴载次数为 1.15×106 次，设计弯沉值44.18<0.01mm>，路基回填模量为20兆帕。

主要道路与次要道路相交时，交叉口施工范围线内机动车道路面结构均采用主要道路机动车道路面结构，设计道路与现状沥青路面道路均应进行路面搭接处理。

3.汇水面积及水力

汇水范围划分原则：一是根据用地规划及总体竖向设计并结合现状地形。二是根据区内规划河道位置结合竖向确定接入每条河道的范围。三是根据地块规划出让条件中的地块划分，并结合竖向确定每个地块的流水方向，再接入临近市政雨水系统或河道。

径流系数的值因地面坡度、地面覆盖情况、地貌、路面铺砌、建筑密度的分布等情况不同而不同。本设计中，考虑综合径流系数作为指标。随着城市化的发展，城市不透水面积相应增加，因此，在设计时为适应这种变化带来的影响，本项目设计采用较大的径流系数值ψ，本工程道路范围采用综合径流系数0.62。为解决本片区的排水问题，结合片区道路建设配套完善雨水管网系统、现状水系城市的竖向规划以及现状地势等，合理划分排水流域和汇水面积。

通过片区统筹竖向、排水、景观等多专业需求，结合片区规划布局，保留现状赵王河，在片区南部增加一条规划河道，增加片区排水能力，同时降低竖向填方。将华山北片区和南片区的水系连通，即将赵王河与华山沟、山头店沟连通，使涝水能够就近排入华山湖，增加排水、调蓄能力。

4.横断面设计

在道路横断面设计上，尤其是生活性道路，要摒弃小汽车交通占主导地位的错误观念，注重人行道、公交专用车道和自行车道等的设计，并与沿线环境、景观相协调。具体在横断面设计时考虑的一体化内容如下：

（1）根据济南市各类道路断面的实际运行情况，制定科学合理、适合片区交通需求的横断面方案；

（2）在空间线形特点的基础上，结合平面线形与纵断面线形进行设计，从而达到行车安全以及舒适性的要求。为满足不同的交通需求，必须合理、和谐地分配道路资源，包括机动车、非机动车和行人，同时确保道路宽度指标的适宜性；

（3）在保证交通安全和道路资源满足的前提下，断面布置应尽可能地采用非机动车与行人分离；

（4）路横断面要结合整体景观效果，尽可能满足道路绿化率的要求；

（5）为确保管线布置的便利性，道路横断面要符合地下管线布置要求。

5.纵断面设计

道路纵断面设计的目的是确定道路路面控制标高，使其在符合强制性控制因素且经济可行的情况下，同时满足道路几何线形、安全和美观方面的要求。道路中线处的路面标高为设计标高，道路路面标高设计中考虑的因素主要包括：用地控制高程、沿线地形地物、洪水水位和地下水位、敷设地下管线、构造物和附属设施净空、排水纵坡、道路纵坡要求等。此外，还要满足区域内已建成地块及周边区域规划道路标高的要求，并符合道路交叉车辆通行、地下管线敷设等要求。

纵断面设计是整个道路设计中的重点和难点。在纵断面设计过程中为保证设计的安全性，需要考虑道路标高与地面排水、地下管线以及两侧建筑物之间的协调性，要反复并认真逐个计算道路特殊点的高程。

三、一体化设计过程

首先，需要对城市的路网结构进行深入分析。通过对城市道路的历史演变、道路现状以及交通协助管理的分析，确定城市道路目前的定位和远期发展方向。除此之外，由于道路设计还具有区域性的特点，所以在道路规划时还应把整个城市的交通运输情况考虑在内。由于这个阶段是交通工程一体化的重要节点，所以不仅要制定合理的施工前期的道路规划目标，同时要提出合理意见以正确指导施工图纸的设计。规划"三横九纵"骨架路网，把北边界道路定位为旅游功能，中部为客流交通主走廊、外围为机动车交通走廊，打造"小格网+密路网"，路网密度约9.4km/km²，均衡到发交通。在设计阶段分析并协调各个设计方案。在方案设计的最初阶段，明确一体化的设计思想，强调工程整体、系统发展的重要性，通过分析各单项设计之间的制约因素，消除各单项之间的设计不协调的因素。在设计过程之中，若存在各单项设计之间的结合点，应尽快提出合理的解决方案，落实一体化的设计行动[①]。在所有道路工程规划设计中，横断面设计是一项基本的任务。虽然大多数设计团队只考虑了交通方面的问题，但实际上，除了确保交通安全外，还需要避免周边其他建筑物和道路工程的干扰。因此，在施工尺度上，必须进行合理规划，以满足整个

---

① 蔺筱敏.城市道路规划及交通工程一体化设计的探讨[J].智能城市，2020，（3）：141-142.

城市道路设计规范的要求。华山北片区在未来的发展中机动车辆和非机动车辆以及行人的数量也会逐渐增多，为了确保城市道路交通的良好发展和人们的交通安全，应该在对整体的道路情况进行分析的基础上，分析统一各个专业之间的交叉点，完成较为完善的一体化设计。通过BIM技术发现设计中的问题，及时协调相关设计单位及各个参与单位，以最快的时间解决问题。

其次，在工程施工阶段统一调整优化设计方案。施工阶段如果发现问题，及时协调各单位以最快的速度讨论并重新设计。通过以上几个方面，在工程的全过程中充分落实一体化的设计思想。

最后，各个单位的组织和协调是一体化设计的保障。各单项工程均由不同的勘察设计单位负责设计，项目的专业涉及很多参与单位，各单项工程之间平面、竖向交叉复杂，各专业之间能否开展一体化设计对于片区道路的实施至关重要。不仅要各专业设计单位高质量地完成设计，更要各专业设计成果之间协同以实现价值增值，因此，为确保市政道路工程整体综合指标最优，需要统筹协调各单项设计单位和参与单位的协同工作，以实现各单项工程设计过程的无缝衔接。

四、一体化设计方法

1.上下衔接

该方法是指，从平面空间、竖向空间设计出发，将规划、建筑、景观、技术、基础设施、道路交通等方面有效地统一起来。在项目设计的各个阶段和专业之间建立紧密的联系，确保良好的逻辑和清晰的交付流程，同时实现各阶段专业和内部任务之间的高效协同，确保一体化理念和总体目标的全面实现。

从平面空间来看，考虑各个专业之间的前后衔接。比如管线综合、景观和雨水工程的衔接，将各种灰色基础设施通过地下管线串联起来，将地下水、地表径流等通过可渗透性穿孔管与景观绿地排水系统、城市市政管网系统有机结合起来，从而构建一个高效的雨洪处理系统。污水经处理后达到中水回用的水质标准，部分回用作为市政、绿化用水，剩余部分排入片区河道，作为景观用水，初步实现污水资源化。市政管线往往最先建设的专业，大部分暗埋地下，如各类管线修缮（给水、燃气、排水），暗埋时考虑乔木中心线距离各类管线的距离，避开行道树的种植位置。

从竖向空间上来看，考虑上下的协调与统一。比如道路的照明与绿化，要根据道路的自身特点和风格，进行统一性设计，在保证照明质量的前提下，注重街道照明的整体规划，以实现城市界面完整性；路灯可以选择传统双侧对称式，这样可以给人行道、车行道和非机动车道都带来更优质的服务。在设计道路交通标志的结构和版面时，注重视觉效果和美学要求，力求营造出庄重、大方、美观的外观。将道路空间进行减法处理和整合，将不同专业的要素重新设计调整，释放出新的公共空间；对于散乱的电杆进行整合实现多杆合一，从而释放出道路空间；对于市政电缆线尽量采用埋地处理，以释放天际线。

2. 分层设计

绿化设计时，考虑到快速路车辆的行驶速度在40～60千米/时之间，道路绿化考虑到机动车尺度及车速。要求视野开阔，具有明确的方向感，适用于长途驾驶，强调其独特的个性特征，同时又不影响交通安全，在保证交通畅通条件下尽量保持城市环境整洁美观，使城市道路具有较好的生态功能。在绿化设计中，注重景观和视线的引导，同时兼顾指示性功能，以达到合理化的设计目的。在道路交叉口处，考虑到要满足驾驶员安全视距的要求，在路口视距三角形范围内种植小于0.8米的低矮灌木或地被。

照明设计时不同的道路在设计路灯时采用不同的设计方案，比如，在次干路的道路两侧绿化带内采用双臂路灯双侧对称布置，灯高9米；在支路的单侧绿化带内采用单臂路灯布置，灯高10米。根据道路功能等级、性质和道路周边环境的不同，对规划范围内的道路进行景观特色等级分类，并对不同的景观等级道路提出绿化设计控制和引导（见表9-1）。

3. 空间预留

交通设计应满足片区近远期道路建设的计划，并结合近期实施计划进行设计。以规划路网为依据，根据交警部门意见，对远期主要道路路口及相关交通设施基础进行预留。

电力管线设计时，在柳林路为港华现状DN600中压管线预留管位，为远期管线随规划路建设的迁改作准备。污水管线设计时预留事故排出管，经华山南片区与水质净化三厂连通。

考虑速生树种与慢生树种相结合以及近远期相结合的原则，在尽快实现绿荫效果的同时，需考虑远期绿化目标的要求以及道路的拓宽对现状植被的破坏影响，栽植满足需求的行道树进行绿化点缀。

道路绿化分区控制　　　　　　　　　　　　　　　　表9-1

序号	分区	绿化功能及景观要求	绿化规划控制
1	商业区	装饰、衬托商业氛围，柔化建筑线条，绿化精细，遮阴效果好，方便行人活动和商业经营，处处见绿	控制性原则 绿化采用通透式配置，增加交流空间，以乔木为主 乔木枝下高3.0米以上，保证不遮挡后侧商铺牌匾 建筑主要入口位置不要形成封闭式种植 引导性原则 增加花卉、地被植物的应用，烘托商业氛围 乔木可进行修剪，形成几何造型，减少对建筑空间的影响
2	居住区	防尘、减噪、安全防护，成为居住区内外绿地的过渡以及居民放松游憩的场所。绿化层次分明，视线通透，疏密有致	控制性原则 绿化乔、灌比7:3；常绿与落叶树数量比为1:3 不种植有毒、有刺激、有飞絮等对人体健康不利的植物 有步道通过的位置，乔木及大灌木枝下高不得低于2.5米 引导性原则 有步道穿过及活动空间的位置一侧种植以通透形式为主，保证人身安全 人流密集的位置绿化配置考虑传统文化寓意，形成具有人文特色的绿化景观
3	滨河带	防护，营造水体景观，提供休闲空间，生态效果突出，打造滨水植物景观特色，不对水体景观形成过密的遮挡	控制性原则 绿化乔、灌、草比7:2:1；常绿与落叶树数量比为1:3 满足行人休闲娱乐空间的安全性，枝下高不低于2.3米，有广场的位置保证通透的视线 引导性原则 增加垂柳及水生植物的种植，丰富滨水景观 水边增加灌木种植，适当留出透景线

第三节　工程一体化设计方案

一、工程设计方案详细解释

1.道路市政工程与片区规划的衔接

完善了市政规划和片区规划的衔接。管线需求与管线专项规划一致，因建设时序问题，规划道路近期不能实施，为保证地块需求，作为管网主路由的胜利路、华山路、道元路部分专业管线管径调整，其他均与规划保持一致，且与规划部门进行了对接。片区位于城市边缘地带，城市市政设施体系未能完全覆盖；同时又地处城市发展热点的东部地区，水、热等资源较紧张，排污能力有待重新规划；同时，随着片区的转型升级，需要构建与之相匹配的高标准、现代化的城市市政设施体系。因此必须从城市区域统筹的角度，系统研究该地区的市政供给与排出。根据统筹竖向、排水、景观等多专业需求，结合片区规划布局，保留现状赵王河，在片区南部增加一条规划河道，增加片区排水能力，同时降低竖向填方。将华山北片区和南片区的水系连通，即将赵王河与华山沟、山头店沟连通，使涝水能够就近排入华山湖，增加排水、调蓄能力。

道路用地根据《济南市历城区2006—2020年度土地利用总体规划图》（见图9-1），道元路范围内全部为建设用地，且距离黄河保护范围存在一定距离，与黄河管理部门对接，满足管理部门的要求。道元路与大桥路交口附近线位距北侧堤坝坝脚较近，考虑堤坝将来加高的可能性、防浪林预留空间对堤坝的影响，局部压缩道元路北侧道路红线，不占压坝底线。道路竖向设计参照片区规划，考虑到片区防洪需求需抬高片区内竖向，在满足防洪需求的基础上尽量减少填方。填方总量由194468立方米调整为151849立方米；挖方总量由63948立方米调整为81723立方米。另外，片区紧邻华山南片区，从资源共享、集约节约的角度，重点考虑了市政设施的共享共建。

2. 道路与桥梁的协调

道路设计按照顺接现状大桥路设计，采用平面交叉信号控制方式与大桥路顺接。本工程桥梁均跨越中小河道，常用的桥型有简支梁桥、箱涵、拱桥等。对于历山北路桥、曾巩路桥、蒋家西路桥、后张路桥、蒋家东路桥、华山路桥、柳林路桥，根据竖向规划特点，道路竖向规划标高富余量均较小，考虑防洪水位以及道路竖向情况，尽量控制结构高度；根据片区内城市总体规划理念，桥梁不凸显桥梁的存在；片区内地质条件较差，拱桥对地质条件要求高，代价较高，这些路桥均采用空心板桥；而对于胜利路与规划赵王河上游河道相交处桥梁工程特点：斜交角较大，为46.6度；胜利路与河道均位于曲线段；桥梁紧邻胜利路与规划路丁字路口；减小采用异形桥梁的施工难度，因此胜利路桥采用箱涵方案。

3. 道路与管线的协调

对非机动车道以及人行道进行设计时涉及道路与管线的协调，需要充分考虑管线性质、管径大小与需要布置的道路位置等内容，从而进一步确保道路设计的合理性以及科学性。

重视近期建设规划，并考虑远景发展的需要，优化管线综合平面及管线道路横断面方案布局，东西向、南北向道路市政管线布局尽可能保持一致，根据地块开发时序与需求，电力单位提出以大桥路为界，东西两侧电力位置有所不同，但东西两侧各自保持一致。按照各专业管线拟建要求统一规划，合理布置；充分利用城市地上、地下空间；充分结合道路红线及各种设施位置进行设置；管线尽量地下敷设；充分利用现状工程管线。

对于污水管线，考虑污水管与赵王河北岸污水干管的衔接关系，本次污水管设计在道路范围内均预留了赵王河北岸污水干管接口，且已甩至道路红线外2米处，最终接入华山北片区污水处理厂。后期该污水干管按规划形成时，顺接本工程沿河段污水管即可，无须破除现状道路。排水管线因检查井相对较多且多为同槽敷设，根据济南市相关规定，新建道路排水管线需布置在非机动车道内，原则上不再布置在快车道内。

对于照明管线，除分隔带宽度较小的道路照明+设施管线布置在非机动车道内，其他原则上均为同槽敷设。污水根据规划道路等级与宽度及用地性质采用双侧布置，因沿线商业用房较多，存在增加及调整的情况，为降低调整时对道路的影响，次干道及以上道路采用双侧布置。

片区供热主要由柳林路、历山北路DN800供热管道将来自黄台电厂的热网引入片区。远期随华山燃气电厂建成，由鹊华大道沿柳林路将热网引入片区。

4.道路与交通的协调

道路路网与交通的协调是设计一体化的重要方面。在设计时考虑了各区域间交通量的大小设计道路的性质和能力，考虑交通的性质和道路的功能能力相协调，考虑不同功能的交通流与不同运输系统和道路系统的协调等。在路网整体功能进行分析和设计的基础上，对高架道路系统和地面道路系统的功能进行协调，以实现相关道路的合理利用，从而实现网络分流；不同净高要求的道路间的衔接过渡区域，设置了指示诱导标志及防撞等设施。协调地面系统与高架系统的功能衔接，根据相连地面系统的疏散能力，合理设置匝道，在不同车道的横断面设计过程中，要防止非机动车道有过多的机动车辆涌入。在设计行车道宽度时，必须考虑到城市道路的交通流量以及公交专用道的使用情况，以确保交通的畅通和公共交通的高效。

5.道路交通与绿化的协调

在考虑市政道路的性质、功能和等级的基础上，采用科学的规划设计方法，将绿化与街道景观有机结合，以充分发挥其在功能和景观方面的重要作用。在横断面设计中，设置的中央分隔带布置绿化，选择整齐的简洁绿植以避免对驾驶员造成视觉障碍。快速路的机动车道绿化应考虑机动车的尺度和车速，要求视线开阔、有方向感。人行道的绿化为确保行人安全尽量避免落果植物的布置。为了确保驾驶员在道路交叉口处的安全视距，在视距三角形的范围内种植低矮的灌木或地被，其高度应不超过0.8米。植物种类的选择上与市政道路性质、功能等有机结合，同时有所变化，增加花灌木种类，做到三季有花赏，从灌木到花灌木到乔木形成立体层次感，使绿化起到道路延伸，提升道路品质的作用。

在隔离带的设计中，必须以确保道路的安全为首要目标，并在此基础上进行合理的道路景观环境布置，同时注重预留路口渠化的空间，以确保绿化景观种植的有效距离。因此，道路景观绿化在美化环境的同时，也能够满足交叉口交通组织的需求，从而有效避免对道路线路造成任何破坏。

6. 交通与管线的协调

对于交通流量大的道路，不同单位直埋管线维修时需反复开挖路面，对交通影响很大。因此对于交通流量大的道路考虑建设综合管廊，统筹安置各类管线，避免维修时对交通频繁产生影响，同时保证维修人员人身安全。太白大街管线需求多，需要将雨水、电力、热力等大型管道设置在机动车道下，影响行车舒适度。采用综合管廊后，能够解决上述问题，同时为未来地下空间开发利用创造了有利条件。

二、一体化设计主要参数

1. 交通产生量和吸引量

在该区域道路交通设计时，通过对社会经济活动的变化规律以及与交通运输的关系，可以准确地掌握交通需求的变化规律。随着区域经济的发展和城市规模的扩大，未来出行的绝对数必将迅速增加，同时远距离出行大幅度增加，平均出行时间延长，预计居民出行弹性系数将保持下降的趋势。机动化出行方式与机动车增长率呈明显正相关。

本项目考虑了远期交通流量以及周边区域的交通流，根据机动车OD矩阵分布交通量，利用软件进行路网交通量的分配，从而得到项目特征年趋势交通量。再结合诱增/转移型交通流量比例，计算得出建设项目的路段交通流量（见表9-2）。

2. 路基填料与压实度

考虑道路建设提前于周边地块开发，在路基两侧设置临时边坡，填、挖方路基边坡坡率均采用1:1.5，仅现状胜利路改造路面边缘外侧设置宽0.75米路肩，压实度不小于90%。本工程含多座桥梁且各道路均设多种配套管线，在路基处理合格

路段单向高峰小时交通量预测结果（pcu/h）

表9-2

序号	路段名称	2020年	2025年	2030年	2035年
1	道元路	1093	1148	1205	1265
2	胜利路	760	879	943	1234
3	历山北路	1954	2052	2155	2262
4	曾巩路	1172	1232	1293	1357
5	蒋家西路	437	459	482	506
6	后张路	450	472	496	521

后，方可进行桥梁及管线施工。道路路基范围应处于干燥或中湿状态，次干路机动车道路基顶面回弹模量大于等于30兆帕，支路机动车道路基顶面回弹模量大于等于25兆帕，非机动车道、人行道路基顶面弹模量均大于等于20兆帕（见表9-3、表9-4）。华山北片区场区内广泛分布填层，根据《华山北片区市政道路建设工程岩工程勘察报告》，该工路基处设计采用强、冲两种处理方法。根据现场探勘情况，大桥路以西部分距黄河大堤较远，构造物较少，以强处理为主，局部采用冲击碾压。

路基填料压实度和最小强度要求表（城市次干道）

表9-3

填挖类型	路基顶面以下深度（米）	压实度		填料最小强度（CBR）（%）	
		机动车道	非机动车道及人行道	机动车道	非机动车道及人行道
填方路段	0～0.30	≥95	≥92	6	5
	0.30～0.80	≥95	≥92	4	3
	0.80～1.50	≥93	≥92	4	3
	＞1.50	≥92	≥92	3	3
零填及挖方路段	0～0.30	≥95	≥92	6	5
	0.30～0.80	≥93	—	4	3

路基填料压实度和最小强度要求表（城市支路）

表9-4

填挖类型	路基顶面以下深度（米）	压实度		填料最小强度（CBR）（%）	
		机动车道	非机动车道及人行道	机动车道	非机动车道及人行道
填方路段	0～0.30	≥94	≥92	5	5
	0.30～0.80	≥92	≥92	3	3
	0.80～1.50	≥92	≥92	3	3
	＞1.50	≥92	≥92	3	3
零填及挖方路段	0～0.30	≥94	≥92	5	5
	0.30～0.80	—	—	3	3

大桥路以东部分距黄河大堤较近，华山北安置房已基本封顶，且现状胜利路敷设燃气管线，未能拆除的构造物较多，以冲击碾压为主（见表9-5）。

各路路基处理方式 　　表9-5

处理方式	路名	处理范围	备注
强夯处理	道元路	DYKO+000-DYKO+475	历山北路LSK0+190—桥梁范围填土层较薄，清表及整场地即可满足要求 最终处理方式及各处理参数根据各试验段并结合现状情况确定
	胜利路	SLK0+000-SLK0+360	
	历山北路	LSK0+000-LSK0+190	
	曾巩路	全路段	
冲击碾压	道元路	DYKO+475-DYKO+550、DYKO+580-DYK1+417.87	
	胜利路	SLK0+360-SLK1+960	
	蒋家东路	全路段	
	华山路		
	柳林路		

3. 汇水面积及水力

由于建筑密度的分布、地面覆盖情况、地形地貌、坡度以及路面铺砌等因素的差异，导致径流系数的数值存在差异。在本项目道路设计中，采用综合径流系数作为指标。随着城市化进程的加快，城市中不透水面积也随之增加，为满足这种变化对径流系数值所带来的影响，本设计采用了较高的径流系数值 ψ，本工程道路范围采用综合径流系数0.62。

华山北片区南北高，中间低，西高东低，地势平坦低洼，北部黄河大坝高于大坝内地面10米以上；南部华山南片区现状地面高程24～26米；北部现状地面高程22～25米，相对低洼，而且现状坡度较小，整体地势平坦，排水和竖向有一定的困难。片区内有唯一排水河道赵王河贯穿园区，为片区内雨水排放出路。赵王河现状为沟渠，沟形明显，沟深介于1.5～3.5米，局部段遭占压。地区均为无序排水，雨水自然散排进入沟渠河道。现状排水标准低，不足10年一遇；由西向东于济青高速桥下1.2公里处接入小清河。小清河防洪水位较高，为23.53米，对赵王河形成顶托。

通过片区统筹竖向、排水、景观等多专业需求，结合片区规划布局，保留现状赵王河，在片区南部增加一条规划河道，增加片区排水能力，同时降低竖向填方（见表9-6）。将华山北片区和南片区的水系连通，即将赵王河与华山沟、山头店沟连通，使涝水能够就近排入华山湖，增加排水、调蓄能力。

河道排涝流量　　　　　　　　　　　　　　　　表9-6

河道名称	排涝流量 Q(m³/s)	河道底宽 b(m)	河道上口宽度 B(m)	河道蓝线控制宽度（m）	水深 h(m)	河道深度 H(m)	平均流速 V(m/s)
赵王河	38.5	12.5	23	35	3	3.5	0.75
赵王河上游	14.9	6	15	35	2.5	3.0	0.62
规划河道	20.2	5.5	16	30	3	3.5	0.67
规划河道上游	11.1	3	10	10	3	3.5	0.60

　　根据济南市排水管道"宽备窄用"的原则，污水管起点管径D500，雨水管起点管径D800。沿非机动车道、车行道路缘石设置预制混凝土装配式偏沟式双箅雨水口，间距20～25米；在道路最低点处设置预制混凝土装配式偏沟式四箅雨水口。

　　为了确保管道的正常运行，必须在管网起端保留一定的余量，因为水量的分配是根据规划用地性质以及城市用水和排水现状进行的，这与未来的实际情况存在一定的偏差。由于上游支管，其未确定性较大，计算时采取小的充满度，适当放大管径。同时为便于管道的维护管理，道路下敷设的最小管径采用D500。见表9-7、表9-8。

雨水流量表　　　　　　　　　　　　　　　　表9-7

管段编号	距离	暴雨强度	降雨历时（分）		降雨重现期	设计流量	汇水面积	径流系数
	m	L/S·ha	汇流时间 m	t²	p	L/S	(ha)	—
历山北路东侧	550	261.111	15.00	1 5.946	3	1563.53	9.98	0.60
历山北路西侧	550	251.127	15.00	1 7.791	3	248.62	1.65	0.60
曾巩路东侧	530	262.350	15.00	1 5.730	3	1057.80	6.72	0.60
曾巩路西侧	530	252.595	15.00	1 7.508	3	481.95	3.18	0.60
蒋家西路	150	285.564	15.00	1 2.125	3	272.43	1.59	0.60
后张路	140	288.599	15.00	1 1.709	3	1092.64	6.31	0.60
蒋家东路	260	278.262	15.00	1 3.174	3	338.92	2.03	0.60
华山路东侧	270	273.973	15.00	1 3.825	3	259.73	1.58	0.60
华山路西侧	270	273.973	15.00	1 3.825	3	266.30	1.62	0.60
柳林路东侧	270	282.788	15.00	1 2.515	3	1947.84	11.48	0.60
柳林路西侧	270	273.973	15.00	1 3.825	3	473.42	2.88	0.60

雨水水力计算表　　　　　　　　　　　　　　　表 9-8

管段编号	设计流量（L/S）	流量校核（L/S）	管长（m）	断面尺寸（m）B	断面尺寸（m）H(D)	坡度（i）	n	流速（m/s）
历山北路东侧	1563.535	1743.565	550.000	—	1.2	0.0020	0.013	1.542
历山北路西侧	248.616	591.373	550.000	—	0.8	0.0020	0.013	1.176
曾巩路东侧	1057.796	1743.565	530.000	—	1.2	0.0020	0.013	1.542
曾巩路西侧	481.951	591.373	530.000	—	0.8	0.0020	0.013	1.176
蒋家西路	272.428	591.373	150.000	—	0.8	0.0020	0.013	1.176
后张路	1092.637	1072.231	140.000	—	1	0.0020	0.013	1.365
蒋家东路	338.924	1072.231	260.000	—	1	0.0020	0.013	1.365
华山路东侧	259.726	591.373	270.000	—	0.8	0.0020	0.013	1.176
华山路西侧	266.302	591.373	270.000	—	0.8	0.0020	0.013	1.176
柳林路东侧	1947.844	3161.294	270.000	—	1.5	0.0020	0.013	1.789
柳林路西侧	473.425	591.373	270.000	—	0.8	0.0020	0.013	1.176

4.横断面设计

本项目根据路网规划以及每个路段线性特点和周边环境，每个路段的红线宽度设置了一定的区分度，同时，设置了不同的车行道横坡和人行道横坡。其中，道元路道路红线宽35米；腊山北路—大桥路段红线宽35米；大桥路—华山路段红线宽30米；历山北路、华山路、柳林路道路红线宽35米；胜利路、曾巩路道路红线宽30米；蒋家西路、后张路、蒋家东路道路红线宽15米；胜利路现状改造道路红线宽10米（见图9-4～图9-7）。

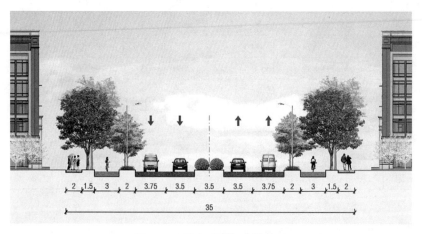

图9-4　红线宽35米标准横断面

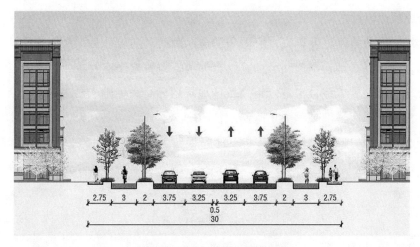

图9-5　红线宽30米标准横断面

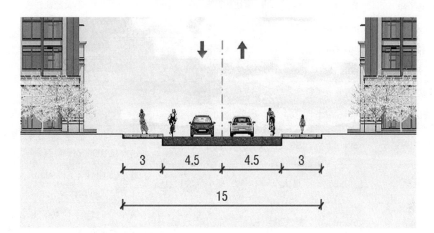

图9-6　红线宽15米横断面

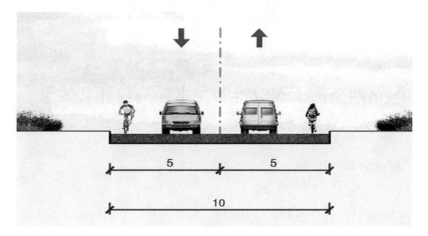

图9-7　红线宽10米横断面

5. 纵断面设计

本片区内的路网密度较高，有两条河道，因此竖向设计必须从路网系统及地块高程综合考虑，合理选择道路竖向，结合河道、对桥梁净空要求、桥梁跨径、桥梁景观及现状道路要求综合考虑。道路及场地规划标高满足排水要求，跨河桥满足泄洪要求，沿河道路最低高程大于除涝水位+0.5米，道路纵坡0.3%～3%，困难路段不小于0.2%；与现状高速相交道路下穿时保留7米净空。另外，满足沿线场区和小区的排水需求和敷设各种管线包括管线综合的工程需要。各个道路设计参数如下表9-9所示。

道路纵断面设计参数　　　　　　　　　　　　　　　表9-9

道路	设计车速	纵坡	曲线半径
历山北路	50km/h	全线0.24%	不设竖曲线
曾巩路	50km/h	全线0.23%	不设竖曲线
蒋家西路	40km/h	全线纵坡0.23%	不设竖曲线
后张路	40km/h	全线纵坡0.2%	不设竖曲线
蒋家东路	40km/h	全线纵坡0.32%	不设竖曲线
华山路	50km/h	全线纵坡0.2%	不设竖曲线
胜利路	50km/h	最大纵坡1.5%，最小纵坡0.2%	最小凸曲线半径10000m，最小凹曲线半径10000m
道元路	50km/h	最大纵坡1.5%，最小纵坡0.21%	最小凸曲线半径8500m，最小凹曲线半径9500m
柳林路	50km/h	最大纵坡1.54%，最小纵坡0.27%	最小凸曲线半径4000m，最小凹曲线半径9500m
胜利路现状改造	30km/h	最大纵坡3.65%，最小纵坡0.87%	最小凸曲线半径1500m，最小凹曲线半径5300m

第四节　工程取得的技术经济与社会效果

一、技术效果

建设标准的适应性分析主要指拥挤度、行车速度是否满足相应等级服务水平的要求。城市干道服务水平根据饱和度、平均行驶速度度量。其判定标准见表9-10。

城市道路服务水平参照表　　　　　　　　表9-10

服务水平	饱和度（V/C）	运行特征
A级	<0.35	自由运行的交通流（畅通）
B级	0.35～0.55	合理的自由交通流（稀有延误）
C级	0.55～0.75	稳定的交通流（能接受的延误）
D级	0.75～0.90	接近不稳定的交通流（能忍受的延误）
E级	0.90～1.00	极不稳定的交通流（拥挤、不能忍受的延误）
F级	>1.00	强制性车流或堵塞车辆（堵塞）

根据路段预测交通量和设计通行能力，可以求得饱和度（V/C），从而判断其服务水平，对片区各道路的年饱和度计算如表9-11所示。

道路年饱和度计算　　　　　　　　表9-11

路段名称	2020年		2025年		2030年		2035年	
道元街	0.51	B	0.53	B	0.56	C	0.59	C
胜利街	0.35	B	0.41	B	0.44	B	0.57	C
历山北路	0.78	D	0.82	D	0.87	D	0.91	E
曾巩路	0.47	B	0.50	B	0.52	B	0.54	B
蒋家西路	0.4	B	0.42	B	0.45	B	0.47	B
后张路	0.42	B	0.44	B	0.46	B	0.48	B
蒋家东路	0.43	B	0.45	B	0.48	B	0.50	B
柳林路	0.51	B	0.61	C	0.63	C	0.66	C
华山路	0.53	B	0.60	C	0.61	C	0.66	C

分析表明，按照历山北路、华山路、柳林路、道元街、胜利街、曾巩路为双向4车道；蒋家西路、后张路、蒋家东路、胜利路现状改造为双向2车道的道路横断面设计方案，在评价期末2035年至少可以提供三级服务水平。

二、社会效果

1.项目的城市宜居效果

建设项目所在区域的交通需求量非常大，当前的道路通行能力无法满足交通要求，区域内的居民出行难度大，影响了当地居民的出行成本和通勤时间。项目建成后区域内居民的出行条件大大改善，节约了交通时间，生活条件也得到了逐步的改善和提升，人民的幸福指数也随之提升。该项目的建设将有助于改善人民的居住环境，提升居民的生活品质，预计城镇居民的人均可支配收入将以年均10%以上的速度递增，同时沿线城镇居民的住宅建筑面积也将随之增加。

与此同时，运输服务质量的提升，周边环境的改善也引导区域土地的合理利用和开发。随着机动车行驶速度的提高，降低汽车尾气的排放，加大道路和区域的绿化面积，减少其对大气环境的污染，该区域实现了宜居的目标，为当地居民提供了安居乐业的环境。

2.提高了道路运输质量

我国所面临的道路安全问题异常严峻，而交通事故是导致意外死亡的第二大原因在于城市中混合交通和车辆的路段较多，容易导致交通事故频繁发生。本项目的建设进行了交通分流、道路设计等合理的交通规划，通过有效的改善区域内混合交通的状况，极大地提升了区域运输条件，降低了交通事故的发生率，并使道路运输的质量得到了显著的提升。

3.增加了就业机会，促进社会综合事业发展

随着东部片区的蓬勃发展和多元化产业的崛起，为社会创造了更多的就业机会，为区域内居民和低收入者等创造更多的就业条件和更好的就业环境，发挥更大的经济和社会效益。另外，沿线对基础设施的需求的增加，同时也会促进社会综合事业，如通信、体育、文教卫生等事业的发展，从而满足社会需求。

三、经济效果

对于道路工程来说，经济效果体现在：道路晋级产生的效益；出行者节约在途时间所产生的效益；新路里程缩短产生的效益；货物节约在途时间和节约损耗产生的效益；减少道路拥挤所带来的效益，同时降低交通事故的发生率节约的费用。由于本项目位于城市内为非收费道路没有直接的现金流入，所以测算只能按照节约的收益来衡量，但是该项目投资大、交通量较难预测，不易定量计算，仅定性分析如下：

1.出行者节约在途时间价值的效益

本项目建成后，出行方式有了更多选择，道路更加顺畅，出行居民节约了在途时间，可以有更多的时间用于从事再生产活动，或更好地丰富物质文化生活，由此创造了更多的社会财富，产生了相关的经济效益。

2.货物节约在途时间和在途损耗产生的效益

对于本项目来说，由于交通的便捷性，货物节约了在途时间，加快货物的流转，从而加快资金的周转获得的收益属于本项效益。

3.减少道路拥挤所带来的效益

由于本项目的建设，其他相关道路的交通流因交通分流和道路的规范设计而分流，从而缓解了原有道路的交通拥堵状况，减少了其他道路上车辆行驶的运输成本。同时，由于交通条件的改善，减少了交通事故的发生，由此产生了经济效益。

4.道路的副产品带来的经济收益

由于本项目的引导作用，区域的土地利用将更加合理和有效。大型商业综合体的引进增加该区域的经济收入来源，为该区域的经济发展注入新的活力。

第十章

凤凰路市政工程一体化设计案例

凤凰路工程作为新东站片区的主干道，对于城市交通的缓解和对于地铁站附近交通的缓解起着非常重要的作用。而地铁站附近的道路设计和建设如何疏导地铁站口附近的交通压力，如何妥善处理道路建设和运营过程中各个专业工程之间的关系，如何运用一体化设计理念和思路实现整个交通体系高效运转并提升城市的运营效率是项目面临的最大挑战。

此外，道路规划设计是个非常复杂的系统工程，涉及道路的规划、设计、建设到运行管理的全过程，涉及交通、绿化、管道等多个专业。因此在设计过程中需要这些部门参与其中，需要各个专业之间相互协同。但是，在实际工作中往往出现很多各职能部门各自为政，从而造成各个专业、各个部门之间信息割裂。而满足城市交通运输要求、城市景观绿化要求、管线布置等要求的道路交通一体化设计方法是一种新的城市道路设计模式。

本案例是济南新东站综合交通枢纽集散道路凤凰路路段的设计一体化。

第一节　工程建设背景

一、所在片区概况

1.片区地理位置

本项目所属地区为王舍人镇（新东站）片区，新东站片区位于济南市中心城东北部，北通遥墙国际机场，南连奥体中心，毗邻华山、小清河，坐拥白泉、韩仓河等自然要素，具有独特的地理位置和景观资源。总用地约46.5平方公里。整个规划区域东西向（大辛河至绕城高速）长约10公里，南北向（胶济铁路至济青高速）长约5公里，场地形态为东西带状。随着新东站启动建设，该区域将成为济南未来经济发展的增长极和空间扩展的战略性地区，拥有完善的城际新门户、产业新高地、城市副中心和枢纽新城区，并按照"高铁、空港一体化"的发展思路不断推进。

2. 片区规划情况

从新东站片区控制性详细规划来看，片区内将形成"一轴、两带"的城市空间结构体系。一轴：即以新东站及枢纽区为核心引出的南北向公共服务轴线。两带：即联通白泉景区与华山景区的城市绿带和沿工业北路两侧形成城市公共服务带。

新东站片区的规划设计强调集中的开发密度、公交导向式开发、标志性的开放空间体系、绿色街道网格、适合步行的小街区、邻里公园和配套设施，充分体现新城市主义原则，很好地践行"新城市主义"低碳城市与可持续发展的理念，构建以白泉—华山绿廊为骨架的景观格局和慢行系统，塑造具有传统风貌特色的站前核心区，突出密集的街道网络、高质量的公共交通服务、功能混合的邻里社区。

根据《济南市综合交通体系规划》，新东站片区将建成5条南北对外通道，实现与华山、遥墙、贤文片区的顺畅搭接；东西形成2条对外通道，实现与华山、郭店片区的顺畅搭接。新东站周围规划形成"东绕城高速+工业北路+二环东路+济青高速"的高快速路环。

新东站片区轨道交通线路主要有R3、M1、M4和R2线，其中R3线与M1线经过新东站，并在新东站形成轨道换乘站。R3线由机场通往南部山区，目前处于施工状态；M1线穿过老城区通往西客站片区；M4线绕行至华山片区终到舜耕路二环南路附近；R2线通往西客站南部片区。

3. 工程沿线周边地区的社会、经济发展

新东站片区位于我市中心城东北部，北通遥墙国际机场，南连奥体中心，毗邻华山、小清河，坐拥白泉、韩仓河等自然要素，具有独特的地理位置和景观资源。济南新东站综合交通枢纽是济南铁路枢纽"三主一辅"客运站三主之一，是服务省会城市群的现代化区域性综合交通枢纽。新东站为济青高铁和济南至滨州、济南至莱芜城际铁路、济南至泰安的主要停靠站，胶济客专辅助停靠站。而济南站为胶济客专、郑济客专、济南至聊城城际铁路、胶济铁路主要停靠站。济南西站则为京沪高铁主要停靠站、胶济客专辅助停靠站。济南新东站综合交通枢纽是济青高铁、石济客专和城际铁路的重要站点，集高速铁路、城际铁路、城市轨道交通、城际高铁、公路客运、社会车辆、出租车、公共交通等多种交通方式于一体的现代化区域性综合交通枢纽。新东站地区规划践行了"新城市主义"低碳城市与可持续发展的理念，进行了全新的交通网络设计和土地规划模式的尝试，包括：优先发展自行车交通；建设步行优先和多功能混合的邻里社区；创建密集的街道网络；提倡短程通勤；将土地开发强度和公共交通承载力相匹配；支持高质量的公共交通服务；建设节能建筑和社区等8项设计导则。

4.本工程在整个片区中的功能定位

本工程为凤凰路道路工程，凤凰路是济南市东部城区一条南北向重要交通干道，其中凤凰路（工业北路—田园大道）于2015年建成通车。随着济南市新东站综合交通枢纽的建设，为作为枢纽周边主要的交通集散通道，本次凤凰路道路建设实施南起田园大道（北幅路），北至新东站综合交通枢纽公交联络道，全长1160.39米，规划红线宽度60米，城市主干路，设计车速60千米/时；凤凰路（潍九路至枢纽西进场路）实施红线宽度52米。凤凰路主路（公交保养基地联络以北）道路两侧新建10米宽辅路，东侧辅路长度332.8米，西侧辅路长度327.56米（见图10-1）。道路建设同步实施排水、管线综合、照明、绿化、交通等市政设施配套建设。

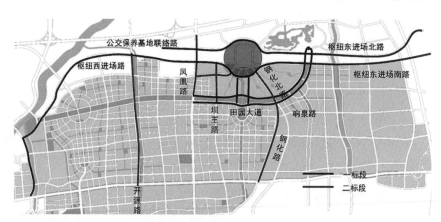

图10-1　凤凰路地理位置图

本项目力图打造为济南对外综合交通枢纽。规划力图实现快速、绿色、和谐、便捷的设计目标。济南新东站是济南市重要对外交通枢纽，交通方案需要确保枢纽交通的快速到达，提升公交服务水平、鼓励公共交通出行等措施，打造一个节能减排的绿色交通系统，减少交通基础设施的投资建设。

5.本工程与其他配套工程的关系

新东站综合交通枢纽工程设置的配套道路，包括枢纽区（环内）配套道路和外围（环外）进出枢纽的主要配套道路。枢纽区配套道路包括：北环路、站北路、南环路、站南路、站西路和站东路，道路总长度约3.95千米；外围集散道路包括：枢纽西进场路、凤凰路、公交保养基地联络道、枢纽东进场北路、枢纽东进场南路、钢化北路、龙西路、龙东路、坝王路、滩九路、田园道路、钢化路、开源路等，道路总长度约36.22千米，这些配套工程都是为满足济南新东站集散需要。

6.片区的经济、社会、人文

王舍人镇物阜民丰，人杰地灵。王舍人镇是济南市20世纪50年代起确立的工业基地，镇内济南钢铁集团、炼油厂、黄台电厂等40余家中央及省市大中型企业云集，位于东部城区的黄金地带。济青高速、工业南路、胶济铁路、工业北路穿镇而过，交通方便快捷，四通八达，镇东北2公里有济南国际机场，济南新东站也落户王舍人镇。近年来，镇党委牢固树立科学发展观，确立了"商贸并举、立足双赢、诚信为本、服务至上"的发展理念，围绕财政增长、农民增收，建起的千亩万头奶牛基地，成为全国奶牛养殖示范小区，王舍人现代化奶牛饲养基地服务配套设施完善，奶产业成长为支柱产业，有效促进了农民增收；第三产业蓬勃发展，每年春秋两季的全国种子交易会已成功举办了23届。悠久的历史文明，深厚的文化底蕴，勤劳善良的人民和优良的发展基础，使这座千年古镇显示出优越的经济、社会、人文环境和强大的发展潜力与空间。

王舍人片区（新东站）是济南市中心城区"十三五"规划的重要发展片区，其规划功能定位为济南市城市次中心，规划以新东站为核心，打造以交通集散、商务办公、商业服务、创意研发、文化旅游、健康服务、生活居住等功能为主的城市综合功能区。目前，片区总用地面积约为4653.98公顷，其中建设用地面积约3462.66公顷，占总用地的74.40%，非建设用地约1191.32公顷，占总用地的25.60%。该片区处于开发初期阶段，还有大量土地是农地、荒地。新东站安置区配套市政道路的实施有助于王舍人片区的快速发展，强力推动王舍人片区优化升级，完善功能，加快形成城市次中心的步伐，对于济南市的经济发展具有不可代替作用，强化对全市发展的引领和带动作用。

二、工程自然条件

1.自然地理

济南地处鲁中南低山丘陵与鲁西北冲积平原交接带地势南高北低、东高西低，地形标高变化显著。拟建线路位于黄河北，属于黄河冲洪积平原区。

2.气象条件

济南市地处中纬度地带，属于暖温带大陆性季风气候区，四季分明，日照充分，春季降雨稀少，夏季酷热多雨，秋季空气清新宜人，而冬季则寒冷干燥。最冷月1月平均气温-0.4℃，最热月7月平均气温27.3℃，年极端最低气温-22.7℃。

3.水文

济南市河流分属黄河、淮河、海河三大水系；湖泊有芽庄湖、大明湖、白云湖等。黄河、玉符河、北沙河、小清河是本地区的主要河流，本项目沿线河流主要有大辛河、龙脊河、韩仓河等。

4.地质条件及区域地壳稳定性

济南地处鲁中南低山丘陵与鲁西北冲积平原交接带，南依泰山，北跨黄河。地层南老北新，南部以古生界石灰岩为主，北部以新生界松散堆积物为主。大地构造位于华北拗陷区的济阳坳陷和鲁中隆起的交接地带，北部为济阳坳陷、淄博—茌平坳陷，南部为鲁中隆起，属向北倾斜的单斜构造。

区域最晚的构造体系应属燕山晚期的产物，以前无明显的大规模活动性断裂发生，因此，区域地壳稳定性常以地震活动来评价。据山东省地震局2021年组织完成的《山东省近期地震危险区判定与研究》课题，济南市东距郯庐断裂165千米，西至聊考断裂80千米，处于地震震中网格的空白部位，不具备强震产生的地质背景。

根据省地震局的有关资料，千佛山断裂、文化桥断裂、东坞断裂为第四纪晚期不活动或弱活动断裂，对于拟建场地的区域稳定性无明显影响，根据相关规范，可不考虑断裂破裂或错动对场地产生的影响。

本次线路主要在枢纽西进场路里程XJDK1+540.00附近，XJDK2+760.00附近，XJDK4+040.00附近，共三处穿越东坞断裂；开源路在里程K2+400附近穿越东坞断裂；公交保养基地联络道（凤凰路以西段）在里程GJK0+660.00附近穿越东坞断裂。

5.沿线地形地貌

该项目场区地貌单元属黄河冲积平原地貌单元，地形较平坦，南高北低，地面标高25.22～27.27米。

三、工程建设需求

1.加快构筑"省会城市群经济圈"，强化济南交通枢纽的重要职能

新东站综合交通枢纽集高速铁路、城市轨道交通、城际铁路、城市公交、公路客运、出租车等多种交通方式于一体，既是石济客运专线的重要站点，也是即将建设的济青高铁的重要站点，是济南连接滨州、淄博、莱芜等地的重要城际铁路交会点。新东站的建设有利于拓展发展空间，扩大经济辐射范围，充分发挥济南优越的空港、铁路枢纽和高速公路系统的优势，加快构筑"省会城市群经济圈"，强化济南在区域中的客、货运枢纽的地位。

本项目作为新东站市政集散道路工程的建设，公共交通与新东站客流集散紧密结合起来，为城市发展创造优质的交通环境，满足《济南新东站地TOD规划》的要求。新东站正处于创新快速发展时期，急需构建和完善基础设施体系，支撑和引领新东站格局的构建和项目的落地。

2.构建一城两区的中心城空间结构，满足城市发展需求

依据济南市城市总体规划（2011—2020年），位于北部黄河和南部山区之间的区域是中心城建设用地的集中区域，在现状城区用地的基础上，中心城区主要向东、向西两翼拓展。中心城空间结构为"一城两区"。"一城"为主城区，而"两区"则包括西部和东部城区，城市的发展轴则以经十路为中心，向东和西两侧延伸（详见图10-2）。主城区包括旧城片区、燕山新区、腊山新区、王舍人片区、党家片区和贤文片区。

图10-2　片区规划图

王舍人片区位于主城区东北部，以济南新东站综合交通枢纽为依托，以现代服务业和战略性新兴产业为主导产业，建设成现代化城市新区，以推动东部城区经济的发展，实现一城两区的中心城空间结构的目标和规划，满足城市发展的需求。

3.王舍人片区发展的迫切需求

王舍人片区是济南市中心城区"十三五"规划的重要发展片区，其规划功能定位为济南市城市次中心，规划为以新东站为核心，打造以商务办公、交通集散、商业服务等功能为主的综合功能城区。王舍人（新东站）片区控制性详细规划从新东站片区来看，片区内将形成"一轴、两带"的城市空间结构体系。一轴：即以新东站及枢纽区为核心引出的南北向公共服务轴线。两带：即联通白泉景区与华山景区的城市绿带；沿工业北路两侧形成城市公共服务带。新东站安置区配套市政道路的实施有助于王舍人片区的快速发展，对于济南市的经济发展具有不可代替作用。新东站安置区配套市政道路的建设，将强力推动王舍人片区优化升级，完善功能，加快形成城市次中心的步伐，强化对全市发展的引领和带动作用。

4.城市规模不断扩大，济南市居民的出行方式结构发生改变，机动化水平显著提高

济南市城市化进程的不断推进，济南市总体经济水平仍将呈现高速发展态势，居民生活水平也将随之提高，家庭小汽车保有量尚有增长的趋势，济南市交通量增加趋势显著，道路网络建设需求空间较大。

5.济南新东站综合交通枢纽集散道路的建设符合《济南新东站地TOD规划》，尽快实现新东站地区规划

济南市完成新东站地区TOD规划及核心区城市设计。本次规划涵盖三个层面，包括区域战略研究165平方公里、TOD规划30平方公里、核心区城市设计6平方公里。为体现城市特色，将交通枢纽设计与济南独特的泉水资源紧密结合，以传承城市文化。规划特色与创新主要体现在以下五个方面，一是区域连通——构建连接城市名山与名泉之间的景观格局；二是混合利用——建立以公交为导向的混合利用开发模式；三是人性尺度——创建密集的街道网络、形成人性化尺度小街区；四是绿道网络——创造适合步行、慢行的绿道系统；五是文脉传承——保护白泉、塑造传统风貌特色的站前核心区。

济南新东站综合交通枢纽集散道路位于济南市新东站片区交通枢纽核心区域，为新东站旅客进出疏散重要通道。本案例涉及凤凰路及相关工程的建设。凤凰路是济南市东部城区一条南北向重要交通干道，其中凤凰路（工业北路—田园大道）于

2015年建成通车，随着济南市新东站综合交通枢纽的建设，为作为枢纽周边主要的交通集散通道，承担了串联龙洞片区、汉峪片区、王舍人片区等区域的任务。凤凰路多次打通肠梗阻来改善交通状况，但随着沿线入住率提高，凤凰路的通勤任务与日俱增。本次凤凰路道路（北段）建设实施南起田园大道（北幅路），北至在建石济客专箱涵，全长1160.39米，为城市主干路，为新东站旅客进出疏散重要通道，是新东站配套市政道路的建设内容之一。作为城市的主干路将打通"断头"路。断头路的打通不仅为新东站疏散旅客而且为后续的机场出行带来很大的便利性，未来凤凰路将成为通往济南新东站和今后跨越黄河规划的重要通道。另外，凤凰路下穿胶济铁路立交桥工程是凤凰路南北贯通的瓶颈，为铁路恢复常速运行提供了条件。依据AASHTO 2011、2017年出版的绿皮书，道路承担的主要交通功能有：易行性（Mobility），使车辆可快速往目的地方向行进的特性；可及性（Accessibility），使车辆可方便接近且能抵达目的地的特性。本工程中北自滩九路南到田园大道部分实现可及性，而南起滩九路北至石济客专箱涵路段实现易行性的功能。同时承担王舍人片区内中短距离的交通联系，并服务沿线地块的交通集散。在实现道路主要功能的同时，考虑与已建成凤凰路和城市干道网的有机结合，考虑管线、绿化照明等配套工程相结合，实现设计一体化。设计内容涵盖：道路工程、排水工程、管线工程、综合管廊工程、照明工程、交通工程、绿化工程和中水工程等。

第二节　凤凰路工程一体化设计过程与方法

一体化设计是绿色低碳的可持续设计，是经过综合考虑，从全生命周期角度，将不同的设计内容、专业或设计流程结合在一起进行整合，实现跨学科合作的整体性设计方法，其核心在于形成有机整体。

一、工程一体化设计的构想

凤凰北路一体化设计贯彻"生态、绿色、低碳、智慧"的设计理念，将城市规划、道路交通、各种管线、城市景观等各个专业有机地协调统一，在各分项设计成果基础上，围绕城市规划、交通服务、景观绿化、市政公用功能等，以城市空间综合利用为核心，综合考虑凤凰北路众多的复杂要素，考虑平面空间和竖向空间的结合，考虑远近期结合，以实现凤凰北路市政道路工程一体化设计。一体化设计原则立足于在满足各专项设计原则要求的基础上，从总体设计角度对专项设计原则进行深化、补充和统一。在综合考虑功能需求、远近期结合、专业间的界面等因素，对各专项方案提出技术上可行和经济上合理的建议，以实现市政道路整体功能和效益的最优化。考虑到近期工程建设的经济合理性和未来城市建设发展的前瞻性需求，需要从远近期的设计分界与预留出发，以及空间结合等多个方面进行一体化设计。

一体化设计不仅要做好与项目外部的沟通，还要做好内部各专业之间的沟通协调。在内部各专业之间的协调中，需要特别关注道路与交通、管线、绿化、桥梁、照明等专业领域之间的相互配合与协调。在道路设计过程中，必须仔细考虑平面、纵断面和横断面的设计，每一个调整都会引起其他专业的相应调整，受其他专业影响的需与其他专业沟通，并且满足各个专业的设计要求，以满足总体设计方案更加科学合理的目标。城市道路工程一体化设计贯穿于设计的全过程，对各专业的专业设计影响较大，进行一体化设计需收集详细的基础资料，加强与外部的衔接，做好专业内部之间的沟通协调，征求相关部门对一体化设计方案的意见和建议，确保总体设计与各专业设计均合理可行。

本项目为济南市新东站配套建设的第一批项目，项目位于新东站对外疏解的核心区域，是新东站进出必经通道，也是新东站市政管网配套必经通道，项目的建成，为新东站投入使用提供了必要条件。本设计在一体化设计原则的基础上，计划分为三个阶段进行。

第一阶段，在对济南市路网结构和现状道路分析的基础上对凤凰路进行规划。首先，通过研究凤凰路的现状与交通协调性分析以及当前在新东站综合交通枢纽中的地位，确定其功能定位和交通发展模式，论证是否延长凤凰路北段。其次，分析所在区路网，确定本路段功能定位。城市道路规划研究时，不仅要对整个城市的路面及路网进行分析，还需要了解该城市的道路历史，对现状进行分析，以此来了解城市道路的定位以及用途，从而明确其发展方向。道路存在于网络当中，对路网的分析是建设该路段的依据。在考虑了交通规划与土地利用规划存在共生性这一特点的基础上，通过对土地利用与路网结构的协调性分析，为凤凰路的后续规划设计确定科学依据，从而合理设计道路。在路网规划的基础上对本路段进行功能定位。道路功能的定位不应该仅仅由交通专业的工程师确定，而是应该由土地规划、景观园林、城市设计等多专业人员共同参与，在考虑了周边用地、区域内其他道路的整体情况的基础上，提出道路在城市发展、交通、景观等各个方面应承担的功能。最后，在明确道路功能基础上，从区域层面考虑凤凰北路的重要节点交通形式，以道路交通功能为核心，综合考虑交通流量、地下空间、生态、景观等因素，确定道路横断面、红线宽度、设计速度、行人过街通道布局、交叉口控制方式、路边停车、公交车站布局和地块机动车出入口等交通控制要素，最终确定凤凰北路的道路红线，形成后续设计的"法定蓝图"。

第二阶段，凤凰北路一体化设计。现代城市道路已不再仅仅是为了满足交通功能，更重要的是承担和发挥城市发展中的美化环境、管线埋设等其他重要功能。首先分析各单项设计之间的制约条件，详细分析各专业之间的交叉点和影响点，消除各专业之间有明显干涉的问题，提出合理的解决方案。强调各单项工程之间平衡、系统发展的重要性，协调和组织各单项设计单位，明确一体化的设计思想，并考虑交通的组织和道路功能设计的一体化。由于机动车、非机动车、公交车以及步行的各自特点，其交通组织有不同的重点，因此，根据不同地区的不同情况，在对路网特征分析的基础上，结合道路的功能及服务范围对各交叉口进行交通组织，控制路段机动车开口位置，并制定交叉口和各路段的交通组织方案；公交专用道、公交站点的交通组织根据道路的功能等提出详细的交通布局方案；慢行交通涵盖了非机动车和步行，在交通规划中应综合考虑慢行系统的功能、构成、布局和评价指标，并制定非机动车和行人在道路和交叉口的过街方案。其次，考虑道路与管线设计的一体化，设计时考虑每个路段管线的铺设位置等要素。再次，考虑道路与景观绿化的协调一致性，道路不仅是满足交通功能，同时也彰显着一个城市发展的形象，因此，道路建设和绿化要协调一致。最后，交通与绿化、照明等的协调也是一体化考虑的重要因素，绿化是否会影响交通安全、照明度对交通和绿化是否有影响，这些都是设计一体化要考虑的因素。因此，在本阶段的工作重点是，在对凤凰北路进行整体意象、环境气氛分析的基础上，结合空间环境和环境心理，对道路的铺装、绿化、交叉口、附属设施等进行详细设计，最终使该道路成为功能、形态的有机统一体。

第三阶段，在上述两阶段完成的规划设计指导下对凤凰北路进行施工图设计。在完成了初步规划设计方案后，及时协调相关设计单位，主动与地方规划建设部门、市政设计部门、交通管理部门进行有效沟通，充分倾听他们的意见并根据其建议对规划设计方案进行调整，随后再次与这些部门进行沟通，并对方案进行进一步修改，以巩固一体化的设计成果。

通过上述三个方面，在凤凰北路工程的整个设计过程中充分贯彻一体化的设计理念，确保工程项目的质量、进度、成本、安全实现总体最优。在设计过程中，明确各个专业之间的界面，以及利用系统思维协调专业衔接关系尤其重要。

二、工程一体化设计的主要指标

1.交通量

通过对重点影响区内道路路段和交叉口调查数据分析，道路网内交通整体特征分析如下：路段交通量为866当量标准小客车/小时。根据现场调研可得，受片区路网尚未形成的影响，凤凰路南北向车辆较少，左右转车辆较少。

交通方式划分的目的是将各小区间的出行分布量划分为各种交通方式的分布量。参照《济南市城市综合交通规划》中交通方式结构，结合周边区域交通流量调查数据制定区域交通方式结构（见表10-1），然后再根据Logit模型进行微观定量预测。

<table>
<tr><td colspan="6" style="text-align:center">2020年区域交通方式结构比例　　　　　　　　　表10-1</td></tr>
<tr><td>交通方式</td><td>机动车</td><td>公交</td><td>自行车（含电动车、摩托）</td><td>步行</td><td>合计</td></tr>
<tr><td>比例</td><td>35%</td><td>20%</td><td>25%</td><td>20%</td><td>100%</td></tr>
</table>

2.机动车车道通行能力

路段服务水平采用V/C（饱和度）来评价，其中通行能力的计算采用2016版的《城市道路工程设计规范》CJJ 37—2012中介绍的方法，如式（10-1）所示。

$$N_a = N_0 \cdot \eta \cdot \theta \cdot \alpha \cdot \gamma \cdot c \qquad (10-1)$$

式中 N_a：单向机动车道设计通行能力；

N_0：一条车道理论通行能力；

η：车道宽度修正系数；

θ：车道数修正系数；

α：道路分类修正系数；

γ：自行车修正系数；

c：交叉口影响系数。

通过上式计算单向机动车车道设计通行能力，预计设计单条车道通行能力取值1152当量标准小客车/小时。

3. 路基及路面结构

根据沿线地形、地貌、地质、水文、气象等自然条件，结合总体设计、路线走向、桥梁、地库、环保等专业的要求，防治路基病害，确保路基密实、均匀、稳定，做到路基设计与周边环境协调统一。路面结构应保证土基和垫层的稳定，其中，基层有足够的强度，而垫层有抗变形、较高抗疲劳和抗滑能力等要求。

4. 排水及排污能力

根据《济南市城市排水（雨水）防涝综合规划（2015—2020年）》相关内容，凤凰路地区雨水重现期取4年一遇，依据地势分别排入枢纽西进场路、公交保养基地联络道新建雨水系统中。雨水管径计算采用济南市暴雨强度公式，依据4年降雨重现期及道路两侧不同地块的径流系数，以满流计算雨水管径大小。雨水设计流量计算公式如式（10-2）所示：

$$Q = q\psi F (L/s) \tag{10-2}$$

雨水管设计重现期采用4年，道路两侧为建筑较密集区，以教育、住宅、商务用地为主，路段区域内经加权平均确定径流系数取为0.65，本项目对不同路段结合地块类型选取不同径流系数。根据《海绵城市建设技术指南》中针对道路交通系统建设指出，为保证道路排水安全，管道排水能力计算仍按传统计取。同时道路面积相对于道路两侧汇水区域较小，道路海绵设施仅有人行道透水砖对径流系数有影响，因此道路海绵城市建设对道路排水影响较低，设计采用济南市暴雨强度公式计算流量。

该暴雨强度公式（10-3）为：

$$q = \frac{1421.481 \times (1 + 0.9321 \lg P)}{(t + 7.347)^{0.617}} \quad (\text{升}/\text{秒}/\text{公顷}) \tag{10-3}$$

其中：q 为暴雨强度（L/(s·ha)）；

Ψ 为径流系数；

F 为汇水面积（ha）；

P 为重现期（年），4年；

t 为降雨历时（分钟）。

田园大道向北至枢纽西进场路（东段），汇水面积4.5～21.8公顷，管径DN120—DN2000，管道埋深2.5～3.85米，自北向南接入公交保养基地联络道（东段）雨水管道，最终排龙脊河。枢纽西进场路（东段）向北至凤凰路现状箱涵，汇水面积0.87～1.87公顷，管径DN600—DN800，埋深1.6～2.2米，自北向南接枢纽西进场路（东段）雨水管道，最终排龙脊河。

田园大道向北至枢纽西进场路（东段），汇水面积25.4公顷，管径DN500，埋深3.8～4.7米，南向北接枢纽西进场路（东段）污水管。枢纽西进场路（东段）向北至公交保养基地联络道，设置DN400压力污水管，管径DN400，埋深2.0米，自北向南接枢纽西进场路（东段）污水管。

5.横断面设计

横断面设计是道路规划设计的基础内容，通常不仅仅从交通方面考虑问题，在保证交通安全、便捷的基础上，应避免管线、各种构筑物、绿化、照明以及人防工程等相互干扰，应与沿街建筑体量和谐，满足道路绿化设计规范等[①]。

在凤凰北路的横断面设计中，确保公交专用道的专用路权，同时满足交通流量的要求，以保证行车道宽度的合理性；对非机动车通道采用隔离设施与人行道结合设置，以确保行人过街顺畅；同时，对非机动车及人行道的设计考虑了道路尺度、地下空间以及工程管线等因素后综合得出的。在确保道路安全和行车视线不受影响的前提下，隔离带的设计考虑了道路景观的布置，并为路口渠化预留了空间，以满足交叉口交通组织的需求，保证绿植的有效种植距离，既美化了环境，又缓解了驾驶员疲劳问题，同时，既保证了充足的步行空间，又不会破坏道路线型。

6.纵断面设计

道路纵断面设计，是以片区道路竖向规划为依据，以起点现状凤凰路和石济客专铁路箱涵高程为控制点。在纵断面设计过程中考虑了区域内周边建筑以及相交道路的高程，铁路箱涵路段埋设管线，慢行道进行抬高处理，满足人行道净空≥3.5米，箱涵两侧人行道和非机动车道采用25%纵坡顺接交叉口非机动车道和人行道，非机动车道与凤凰路主路之间设置采用挡土墙并安装护栏。

三、一体化设计过程

1.本工程与相邻工程的衔接

凤凰路建设场址位于济南市历城区，隶属济南市新东站片区，根据《济南新东站地区交通组织规划》，新东站片区车行系统分为对外交通性干道、对外交通性道

---

① 戴继锋，张国华，翟宁等.城市道路交通工程设计技术方法的完善及实践[J].城市交通，2011，（1）：46-52.

路及一般交通性道路，本次二标段涉及道路中凤凰路、开源路、钢化北路为对外交通性道路；坝王路、滩九路、钢化路为一般交通性道路，周边路网工程如表10-2所示。新东站片区公交走廊分为轨道交通、BRT走廊、公交专用道、普通公交路由四类。其中二标段道路中凤凰路、滩九路、钢化北路为BRT走廊；开源路为公交专用道；根据最新公交走廊规划，凤凰路为中运量公交走廊需建设BRT走廊。平均站距750米，岛式中央站台，向北通过滩九路，可达新东站，向南接经十东路，可达汉峪金谷，向西联通工业南路、高新区，可达CBD，实现轨道交通的衔接换乘。本次设计道路中，公交站点布置均与公交公司进行对接，满足公交停靠使用要求。凤凰路主干路的实施，对片区内的交通流形成极大的分流作用，有助于进一步完善路网结构，提高道路的服务水平。

周边路网表
表10-2

序号	路名	规划宽度（m）	道路性质	备注
1	凤凰路（现状）	60	主干路	现状路
2	田园大道	20	次干路	规划路
3	白菜路	24	次干路	现状路
4	滩九路	42	主干路	规划路
5	枢纽西进场路	40	主干路	规划路
6	公交保养基地联络道	40	主干路	规划路

凤凰路连接工业北路和济青高速连接线，其中工业北路至田园大道北侧路段已建成，本次项目实施位于田园大道北侧至高速连接线路段。凤凰路西侧为万象新天居住区，东侧为现状坝王路，项目终点处为济南新东站与公交保养基地。凤凰路北段与现状坝王路重合，道路全长1.47千米，规划红线宽度60米，为城市主干路，主要相交道路为现状坝王路、白菜路和现状滩九路。已建成段凤凰路标准段宽度60米，部分路口进行渠化，路面状况良好，尚未正式通车运行；现状道路交通设施完善，但尚未运行。通过对重点影响区内道路路段和交叉口调查数据分析，道路网内交通整体特征分析如下：路段交通量为866当量标准小客车/小时。根据现场调研可得，受片区路网尚未形成的影响，凤凰路南北向车辆较少，左右转车辆较少。

道路纵断面设计标高主要根据现有道路标高、周边单位及建筑小区出入口、相交道路及沿路范围内地面水的排除来确定。参考现状凤凰路高程、现状白菜路和滩九路、王舍人实验中学出入口、现状铁路箱涵标高来确定。

道路横断面按规划宽度60米形成，实施道路宽度52～60米，横断面以满足交通需求为主，合理分配路权，保证交通参与者的权益。

本项目经与公交公司对接，共布设6处公交站台。为方便盲人通行，人行道全线设置盲道，盲道宽度为50厘米。盲道铺装结构采用不透水人行道结构，6厘米人行道砖+3厘米水泥砂浆+20厘米C20混凝土。小路口、单位出入口、直行道有过路需求段及交叉路口转弯处均应设置无障碍坡道。

另外，本工程为新东站旅客进出疏散的重要通道，是新东站配套市政道路的建设内容之一。因此，该项目所面临的最大挑战在于，如何运用一体化的设计理念和思路，实现整个道路交通体系的高效运转，同时提升城市景观的品质。

2.道路工程与桥梁工程的协调

桥梁一般设置在跨河、跨沟、跨铁路及跨越现状道路位置处，设计时需考虑现状道路、泄洪及铁路的净高要求。道路工程与桥梁工程之间的协调主要体现在道路的纵断面设计和横断面设计中。在道路纵断面设计中，首先需确定桥面的设计高程，以满足泄洪或净高要求，桥面设计高程确定后再进行桥梁两端的道路纵断面设计。因此，在进行总体方案设计时为确定出合理的纵断面需要道路和桥梁专业及时协调、沟通。在横断面设计中，桥梁对道路的影响主要体现在桥面的车道路幅宽度与衔接地面的路幅宽度的一致性、地面辅道加高架道路、所采用的桥墩型式及桥墩尺寸等，在布置和设计横断面方案时，道路专业应与桥梁专业共同协商确定。本路段主要涉及石济客专铁路箱涵，在横断面设计和纵断面设计时考虑铁路箱涵的标高和箱涵的横断面。

3.道路与管线的协调

城市管线一般包括给水、雨水、污水、电力、热力、通信、燃气等。管线的平面设计和竖向设计均应按照城市统一的高程基准和坐标系统完成。工程管线一般敷设在道路下面，道路的平面、横断面、纵断面设计影响着管线的平面位置和竖向设计。为了满足排水和地下管线的敷设要求，道路纵断面的设计必须考虑不同的横断面布置形式，以制定相应的管线横向布置方案。因此，在道路总体方案的设计过程中，充分考虑了管线相关专业的因素，以确保方案的协调性和有效性。

4.道路与交通的协调

在我国城市道路规划设计过程中，道路规划和交通工程的有效结合是非常重要的，在实践中往往存在两者之间没有进行一体化设计，对道路的规划仅仅从市政部门的角度进行考虑，对交通等因素缺少考虑，导致交通管理部门在道路规划以及设计过程中的参与性较低，部门与部门之间的协调较少，道路规划与城市交通之间存在的问题不能及时被发现，最终影响城市道路规划的质量，导致道路交通功能设计不合理、道路运行不通畅等问题。

本工程在设计过程中采用了一体化设计的方法，运用BIM技术等，在早期通过一体化设计平台各个专业部门、交通和市政道路等部门及时沟通协调，对道路的功能、交通流量、行车速度等进行设计、分析，通过分析交通流量和评估服务水平，以确定道路所需的车道数量，并结合设计速度来确定机动车道的路面宽度，对交通组织交叉路口进行分析论证，分析影响公交停靠站的合理布置的因素。在交通需求不断增长的情况下，通过不同的断面类型，如分隔带、非机动车道和人行道，设计满足机动车道需求的道路，以实现对道路和交通的系统性分析和设计。

5.道路照明与绿化的协调

道路照明工程设计主要依据包括道路等级、设计速度、道路专业提供的平面图、横断面图等主要技术指标。道路照明设计还要考虑与绿化专业的协调，景观绿化要考虑是否会影响照明度，照明度的大小受哪些植物类型的影响等等。在一体化设计过程中，道路专业和景观绿化专业之间的协调过程主要指，道路专业提供平面和横断面布置图给景观绿化专业，以便就需要绿化的部分进行沟通和协调，以实现更好的景观效果。同时，绿化专业也将绿化方案给道路照明进行专业交底，使其明白景观绿化对照明度的影响。

四、一体化设计方法

1.上下衔接

设计的过程一体化是指，将工程全寿命周期的各个阶段作为一个整体来考虑，专业之间和阶段之间的配合从整体角度出发，以避免因为分割而产生的问题，实现专业之间和阶段内部任务的协同，从而形成一个集成管理系统[①]。在本工程项目中，规划、设计、建设、实施四个阶段的工作相互补充、相互依赖，各个阶段之间紧密衔接，具有严密的逻辑和明确的交付流程，各个阶段的专业和任务之间协同配合，全面确保一体化理念和总体目标的实现，确保规划意图得以有效实施。规划图纸的移交并不意味着规划工作的结束，而是需要在施工图设计阶段、建设阶段和工程验

---

① 李凌岚，张国华，戴继锋.道路交通一体化设计方法与实践探讨—以苏州人民北路为例[J].国外城市规划，2006，21（4）：104-108.

收阶段进行全程跟踪、监督和审查，以确保所有设施的建设都符合规划的思路和意图，并全面贯彻规划的总体想法。在本道路工程设计的专项规划中，对于电缆沟的铺设，结合变电站布局即负荷点分布，规划电缆通道，电缆通道规模按远期规模预留，体现了设计过程的一体化。

管线综合设计时，结合远期规划要求，为各管线的远期发展需要预留位置，避免道路二次开挖；充分考虑已形成路网预埋的各专业管线预留井位置和现状管线情况，保证新建管线的顺接，减少管线交叉；各专业管线横穿支管结合道路两侧片区、相关专业管线单位的需求进行预留。

绿色设计时充分考虑苗木选择和栽植考虑地上地下空间的安全距离。如表10-3～表10-5所示。

树木与架空电力线路导线的最小垂直距离　　　　表10-3

电压（kV）	1～10	35～110	154～220	330
最小垂直距离（m）	1.5	3.0	3.5	4.5

树木与地下管线外缘最小水平距离　　　　表10-4

管线名称	距乔木中心距离（m）	距灌木中心距离（m）
电力电缆	1.0	1.0
电信电缆（直埋）	1.0	1.0
电信电缆（管道）	1.0	1.0
给水管道	1.5	—
雨水管道	1.5	—
污水管道	1.5	—
燃气管道	1.2	1.2
热力管道	1.5	1.5
排水盲沟	1.0	—

树木与其他设施的最小水平距离　　　　表10-5

设施名称	距乔木中心距离（m）	距灌木中心距离（m）
低于2m的围墙	1.0	—
挡土墙	1.0	—
路灯杆柱	2.0	—
电力电信杆柱	1.5	1.0
消防龙头	1.5	1.0
测量水准点	2.0	2.0

2. 分层设计

分层设计从内容上将任务分成若干层，每一层只解决一部分问题，但是每一层的设计又要考虑上下层的因素，从而实现整体的目标；从空间上考虑上下协调一致。在本道路工程项目中，在充分尊重上位的交通规划与土地利用规划的基础上，为凤凰北路的后续规划进行合理设计。对凤凰北路的重要节点交通形式进行分析和比选，综合考虑交通流量、生态、景观、地下空间等因素，设计出符合要求的横断面，并最终确定凤凰北路的道路红线，形成后续设计的"法定蓝图"。凤凰路为区域内一条重要的南北向道路，规划道路等级为城市主干路。为提高西进场路交通的通行效率，本节点枢纽西进场路主线下穿凤凰路，凤凰路以西段地道采用整体断面形式；由于东端出口距离接客落客平台的高架道路较近，为了避免车辆交织，影响道路通行效率，凤凰路以东段地道采用分幅的断面形式，西向东方向地道向南侧偏移出一个车道，供上高架道路的车辆使用。

由于凤凰路段涉及铁路箱涵段和新东站片区枢纽道路，在管线设计时需分段分层考虑管线设计。枢纽西进场路下穿地道顶板高程21.9米，凤凰路在该处地面高程26.70米。凤凰路弱电、路灯、给水、热力、电力、原水、中水、燃气等管线均从枢纽西进场路地道顶板上敷设过地道。保留箱涵西侧现状DN2400原水管线，距箱涵约9米。箱涵西侧非机动车道涵洞管线依次为弱电12×DN100弱电管束、路灯及交通设施管线8×DN100管束，给水DN600、热力2×DN1000；箱涵西侧机动车道涵洞管线燃气DN400；箱涵东侧机动车道涵洞管线给水DN300、中水DN300；箱涵东侧非机动车道涵洞管线依次为电力沟2.3×2.4+2.3×24+2.0×2.4米、路灯及交通设管线8×DN100管束。

管线设计时，除排水管线、路灯、公交及交通设施管线外，新建管线覆土要求不小于1.5米，在保证管道最小覆土要求前提下，确保分支管线能够从其他管线上部穿过，减少管道频繁变线及竖向冲突，管线间垂直净距必须满足国家标准规范《城市工程管线综合规划规范》GB 50289—2016。对高程冲突不能保证垂直净距的交叉管线由专业管线设计单位采取局部特殊处理措施。鉴于路灯与交通设施管线埋深较浅且管道易变形，为避让其他管线，满足施工灵活性原则，不单独重点设计竖向节点。

道路景观的设计，与周边环境相互融合，考虑绿地层次、扩大绿色空间，做到高低起伏、错落有致。

3. 空间预留

交通设计应满足片区近远期道路建设的计划，并与在建项目做好凤凰北路交通设计，还要结合新东站片区道路规划及近期实施计划。以规划路网为依据，根据交警部门意见，对远期主要道路路口及相关交通设施基础进行预留，同时与近期计划建设望华北街、望花南街、舜城大街和白泉南街做好衔接。

绿化设计时考虑本工程道路交叉口较多，本次道路交叉口视距三角形范围以安全停车视距50米计算，绿化设计时已充分考虑视距三角形范围内的绿化避让，在距离路面0.9～30米范围内保证视线通透。

道路路灯管线与周边道路路灯管线进行有效连接，原接电支路重新接电恢复照明，周边支路无路灯的，管线预留至施工红线处，并制作检查井预留。

第三节　工程一体化设计方案

一、总体方案

（1）平面设计以规划为指导，道路中心线按规划形成。

（2）道路纵断面设计标高主要根据现有道路标高、周边单位及建筑小区出入口、相交道路及沿路范围内地面水的排除来确定。参考现状凤凰路高程、现状白菜路和滩九路、王舍人实验中学出入口、现状铁路箱涵标高来确定。

（3）道路横断面按规划宽度60米形成，实施道路宽度52～60米，横断面以满足交通需求为主，合理分配路权，保证交通参与者的权益。

（4）综合管线地下管线现状，结合城市道路、轨道交通、给水、雨水、再生水、污水、天然气、通信热力等专项规划及地下管线综合规划确定。

（5）重点强化沿线点景组团的植物精细化配置和路口节点、重点区域的景观效果，着力打造自然、生态、大气、美观的主干通道。

二、详细方案

1.道路交通设计一体化

合理的交通组织方案既能保证交通的通畅，指导详细交通设计，又能确保道路功能的实现。首先要在道路功能定位的前提下明确整体交通组织策略，制定各种交通方式组织的原则如快速交通、公共交通、慢行交通、机动车交通、静态交通等，如何协调各交通方式、如何分配各道路的交通资源以高效地实现道路交通功能。根据对节点交通需求、现状以及规划条件分析，本节点工程方案不仅需要满足近期路网沟通功能，还需预留远期与绕城高速形成快捷转换的条件，近远期应合理衔接，减少废弃工程。另外，本节点方案尽可能利用既有设施，减小工程造价、增加工程的经济性。

根据路网特征，该路段的车行道为对外交通性道路，是为了缓解新东站城市交通堵塞的压力，在当地居民出行中占绝对主体地位，因此首先明确交通设计的基本原则。由于该路段属于主干路，设计时速为50千米/时。在慢行交通的平面设计时，对于自行车和步行道采用不同的铺装；为确保交叉口行人过街安全，在交叉口慢行交通通道端部设置阻车石，以避免机动车对行人和骑行环境造成影响；为保障慢行交通的安全，降低交叉口路缘石半径以限制机动车的速度。在公交车站设置上，将公交车站尽量靠近交叉口，方便了乘客换乘。交通设计时考虑了不同道路路段的交通量、景观和生态环境等因素来规划交通工程设计方案。具体方案如下：

（1）道路横断面设计一体化，减少雨水口及雨水口连接管工程量

对于特殊道路横断面的设计不仅要考虑道路红线范围以内的因素，更要考虑周边用地、城市景观、管线等其他相关因素，使该道路与排水、周边地块、景观更好地衔接。

新东站片区为新开发片区，外侧既有建筑较少，在传统道路四块板断面基础上对横断面进行优化，将专用非机动车道抬高，形成非机动车道、机动车道、人行道依次抬升断面设置，人行道与非机动车道均采用内向横坡。考虑道路两侧地势，保证路面排水通畅，机动车道和非机动车道道路横坡采用2%，机动车道路拱为直线接抛物线型路拱；人行道横坡采用直线横坡，坡度为1.5%，均坡向道路内侧，坡向机非隔离带，通过机非隔离带门洞路缘石，实现道路排水，从而减少非机动车道边缘的雨水口及雨水口连接管工程量，减少雨水连接管与慢车道其他管线交叉，同时也降低了管线施工回填难度，提高工程质量。

（2）交通内部标志设施优化整合，实现交通道路管理一体化

规划中与用地布局规划结合，通过设置交通引导标志和指路标志保证必要的行车安全，使道路发挥最大的作用。通过设置交通标志，旨在引导驾驶员适时、准确地行驶，从而最大限度地保障道路的安全、高效和舒适。本路交通标志设计的目标用户是那些对道路和周围路网系统不太熟悉的司机，它的作用是在适当的时间和适

度的程度上提供交通信息，使司机能够准确选择路线及方向，顺利、快捷地抵达目的地。新东站片区为济南市第一个实现交通内部杆件、外部杆件多杆合一的片区。一方面将交通内部杆件进行整合，如路与分道标志整合、分道与电警监控整合、信号灯与路口确认标志整合以及人、非信号灯与机动车道信号灯整合；另一方面，将交通与路灯杆件整合。通过整合，有效减少杆件34根，大小标志143面，从而减少了工程费用。这种整合结合济南城市智能交通系统管理平台实现了交通信号控制、视频监控、多功能电子警察、综合传输和设备供电等子系统的设计，实现了交通道路管理一体化。

（3）平面设计一体化

采用分离式分道标志，正对车道进口道上方设置，减少驾驶员对车道位置判断时间，提升道路通行效率及行车安全。新东站片区为济南市东部对外展示的新窗口，设计中在进口处正对每个车道设置分离式分道标志，与传统路侧式一块板分道标志相比，减少了驾驶员对车道位置判断时间，提升道路通行效率及行车安全，同时，可有效避免树木枝叶对分道标志板的遮挡。曲线段道路展宽，多线控制，提升道路线形指标。对于曲线段交叉口展宽以及小半径段道路加宽设计，道路各路缘石分别控制线形指标，从而提升各车道线形指标，提升驾驶体验，同时也可有效避免畸形渠化的产生。

2. 交通景观设计一体化

交通设计时不仅要考虑交通的便捷性，同时也要考虑道路周边绿化对交通的影响。设计道路绿化时应注意树干高度对大型车辆的影响，为避免影响驾驶员的视线，在路段和交叉口都留出安全视距。在人行道和非机动车道之间种植一排高大的绿化乔木，为行人遮阴避雨；在机动车道和非机动车道之间种植低矮的灌木，能够有效地阻止行人随意穿越，并且不会遮挡交通标志牌或信号灯。中间分车绿带端部应采取通透式配置，其植物配置形式简洁、排列整齐以阻挡对面行驶车辆的远光。在距相邻机动车道路面高度0.6～1.5米的范围内，种植植物的株距小于等于冠幅的5倍，乔木树干中心至机动车道路缘石外侧距离不小于0.75米（见图10-3）。中央分隔带的设置不仅可以用作过街安全岛而且也丰富了城市景观。对于红线范围较大的道路，机动车道和非机动车道之间设置宽阔的隔离带，这样既可以用于建设方便停靠的港湾式公交站，也可以用于规划停车场。在人行道和非机动车道之间，可以利用树穴设计非机动车停车位，同时也避免了占用通行道路的情况发生。

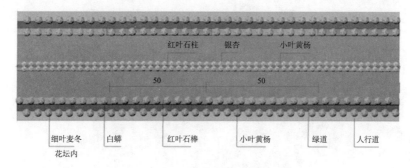

图10-3 凤凰路种植平面图

3.景观排水设计一体化

结合海绵城市设计，设计为透水人行道，雨水口设置在绿化带外侧机动车道边缘，有效提高道路排水安全及道路景观。

该项目位于龙脊河下游分区，年径流总量控制率为75%，设计降雨量为27.7毫米。根据项目条件，该道路将人行道建设为透水人行道，铺装面积为8993平方米，第一层采用6厘米厚透水混凝土砖，第二层采用3厘米厚的干硬性水泥砂浆，第三层采用16厘米厚的C20透水混凝土，第四层采用20厘米厚的开级配碎石。

与传统海绵城市将雨水口设置在机非隔离带相比，本项目将雨水口设置在下沉绿化带外侧机动车道边缘。一方面，采用下沉式树池带，在宽度大于等于4米的人行道设置1.5米宽下沉式树池带，收集人行道和非机动车道雨水，将雨水通过下游门型路缘石溢流至雨水口，可避免绿化带绿篱及落叶等堵塞下沉树池带排水通道，导致道路排水不畅等问题；另一方面，采用下沉式绿化带，避免土建施工与绿化施工之间衔接不畅，导致绿化带填土过高造成的雨水口无法收水，而且也可避免雨水口在绿化带内，导致绿化景观不连续带来的"斑秃"，提升道路景观效果。通过门型路缘石收集机动车道雨水，将雨水通过下游门型路缘石溢流至雨水口，机非分隔带中布设阻水坎，种植面较机动车道路面下沉15厘米，下沉式中央分隔带需确保中央分隔带内雨水不外排，种植面较标准路缘石顶部下沉5厘米。

4.管线设计一体化

新东站核心区域建设综合管廊（见图10-4），有效节约道路地下空间，为城市发展预留条件，同时也可方便管线维护检修，避免城市"拉链"。在进行管线一体化设计时遵循以下原则：根据不同专业管线的拟建要求，进行统一规划和合理布局；充分考虑到道路红线和各种设施位置的因素，进行合理的设置；根据远期规划的要求，为各管线预留位置以满足其未来发展的需求，避免道路二次开挖；充

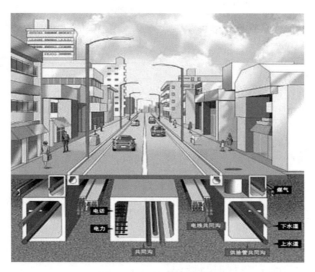

图10-4　综合管廊示意图

分考虑已形成路网预埋的各专业管线预留井位置和现状管线情况，保证新建管线的顺接，减少管线交叉；各专业管线横穿支管结合道路两侧片区、相关专业管线单位的需求进行预留；新建排水管线采用雨污分流，就近排放。

三、一体化设计参数

1.交通产生量和吸引量

片区处于济南市东部，现状公交线网密度较低。预计2030年以后，随着公交网的完善，区域公共交通出行比例会进一步得到提升，公交出行比例可提高至30%以上。

根据历年区域周边流量调查结果（见表10-6），确定道路影响范围内高峰小时系数为20%。

特征年主路交通量预测结果（pcu/h）　　　　　　　　　　　　　　表10-6

项目	2019年	2024年	2029年	2034年
南向北交通量	1503	2011	2567	3123
北向南交通量	1427	1910	2438	2967

对于城市道路来说，衡量交通服务水平的最主要指标为路段的饱和度（V/C），其次是车速或延误。根据路段预测交通量和设计通行能力，可以求得饱和度V/C=0.68，

从而判断其服务水平基本可以提供 C 级以上服务水平，处于稳定流状态。

2. 路基压实度

路基压实按重型击实标准，机动车道的压实度及路基填料强度要求如表 10-7 所示。

机动车道的压实度及路基填料强度　　　　表 10-7

填挖类型	填方类型	深度范围（cm）	压实度（%）	填料最小强度 CBR（%）
填方	上路床	0～30	≥95	8
	下路床	30～80	≥95	5
	上路堤	80～150	≥93	4
	下路堤	＞150	≥92	3
零填及挖方	上路床	0～30	≥95	8
	下路床	30～80	≥93	5

非机动车道及人行道压实度及路基填料强度要求如表 10-8 所示，透水人行道压实度应小于 93%。

非机动车道及人行道的压实度及路基填料强度　　　　表 10-8

填挖类型	填方类型	深度范围（cm）	压实度（%）	填料最小强度 CBR（%）
填方	上路床	0～30	≥92	5
	下路床	30～80	≥92	3
	上路堤	80～150	≥91	3
	下路堤	＞150	≥90	2
零填及挖方	上路床	0～30	≥92	5

3. 汇水面积

雨水工程中，根据现状场地地势设计管道方向，整体南高北低，东西向东高西低，设计区域内规划雨水汇水主管道为南北向主管，本设计道路汇水区域考虑道路西侧 100～120 米至道路东侧 100～150 米范围汇水区域。汇水面积约 40 公顷，考虑现状新建凤凰路的雨水转输以及新建滩九路部分雨水的转输，本设计排水管道为区域汇水主管。

雨水设计重现期采用 4 年，根据汇水范围内的用地性质，道路两侧为建筑较密集区，以教育、住宅、商务用地为主，路段区域内经加权平均确定径流系数取为 0.65。

污水工程中，凤凰路为新建污水管道系统，现状场地地势整体南高北低，东西向东高西低，凤凰路两侧为居住、教育、商务用地，设计区域内规划及现状污水汇水主管道为东西向主管，本设计道路汇水面积约88公顷，设计污水管道为汇水次干管，以现状白菜路污水主干管为分界线，白菜路以南顺接现状凤凰路污水管道流量。白菜路以北考虑转输的滩九路污水流量，本工程采用面积比流量进行设计流量计算。按照规划片区人口密度250～300人/公顷考虑，综合污水排放定额200升/人·天进行核算，设计路段的污水面积比流量q为0.69升/公顷·秒，污水收集系数k取0.9，采用公式Q=kqF计算设计流量。考虑远期开发使用需要及后期维护管理方便，污水管计算时采取小的充满度，适当放大管径。

4.横断面设计

道路的横断面设计根据分段设计的方法，具体设计如下：（1）K0+000-K0+466.36道路标准横断面为四幅路形式，对称布置，红线宽度为60米，由中央向两侧依次为：5米中央分隔带+14.75米车行道+3.5米侧分带+4米非机动车道+5.25米人行道，人行道设置宽1.5米下沉式树池带。（2）K0+466.36-K0+837.8道路标准横断面为四幅路形式，对称布置，红线宽度为52米，由中央向两侧依次为：5米中央分隔带+14.75米车行道+2米侧分带+3.75米非机动车道+3米人行道，人行道设置宽1.3×1.5米树池。该路段按物理中心线实施，设计中心线为规划路中线，物理中线位于设计中心线西侧4米。渠化段道路横断面（自西向东）：2.5米人行道+3米非机动车道+1.5米机非分隔带+19.75米机动车道+1.75米中央分隔带+14.75米机动车道+2米机非分隔带+3.75米非机动车道+3米人行道。（3）石济客专铁路箱涵段道路横断面根据预留箱涵尺寸进行设计，铁路箱涵路段横断面由中央向两侧依次为：1.9米中央分隔带+14米车行道+2.4米侧分带+5米非机动车道+4米人行道。慢行车道位于铁路箱涵外侧预留孔洞，箱涵两侧填方路段各设置1米宽路肩，坡度3%，坡向同机动车道。

5.纵断面设计

道路纵断面设计以片区道路竖向规划为依据，以起点现状凤凰路和石济客专铁路箱涵高程为控制点，同时兼顾道路两侧现状建筑及相交道路高程，进行纵断面设计。道路最大纵坡0.3%，受现状铁路箱涵影响，最小纵坡0.2%；竖曲线半径25000，最小竖曲线半径6000。纵断面控制点如表10-9所示。

铁路箱涵路段为埋设管线，慢行道进行抬高处理，满足人行道净空≥3.5米，箱涵两侧人行道和非机动车道采用2.5%纵坡顺接交叉口非机动车道和人行道，非机动车道与凤凰路主路之间设置挡土墙并安装护栏。

相交道路纵断面控制点　表10-9

相交道路	桩号	规划/现状标高（m）	设计标高（m）
田园大道（北幅）	K0+000	26.943/26.943	26.95
白菜路	K0+281.40	27.45/27.45	27.59
滩九路	K0+466.36	26.26/27.151	27.21
枢纽西进场路	K0+837.80	26.43/26.43	26.47
公交保养基地联络道	K1+160.39	25.847/25.847	25.829
济青高速连接道路	K1+200	26.20/26.20	——

第四节　工程取得的技术经济与社会效果

一、技术效果

市政工程一体化设计减少了道路频繁开挖对路面质量及环境的影响。如果由于设计的不协调导致道路反复开挖使得新旧路面不一致，致使行车质量和道路景观效果下降，而一体化的设计可以有效避免因此带来的问题，增加道路的使用寿命和美观性。

综合管廊的建设为后期新区的市政管线增加或更换提供了极大的便利。对于直埋管线来说，需要重新挖掘道路并敷设管道，而在综合管廊内只需进行拆除和安装，从而降低了成本。综合管廊规划设计为未来地下空间开发利用创造了有利条件，合理布置和规划各类市政工程管线，不仅能够大面积节约城市土地资源，还能够为市政工程合理设计奠定良好基础。

二、经济效果

工程的一体化设计是经过了各方反复的沟通、协调工作，以做到设计的统一，把所有潜在的风险减少到最低限度，避免了二次返工，进一步提高设计质量和效果，减少工程建设中的资源浪费问题。该项目的一体化设计大大地实现了工程的节约。

三、社会效果

1.有效缓解了交通压力

凤凰北路通车后，形成峏滩片区、江东北路、凤凰北路、城东片区的城区外围循环，有效缓解了交通压力。

近年来，随着济南市"东拓、西进、南控、北跨、中优"城市发展战略的实施，济南市"一城两区"的发展格局已经拉开，东部地区城市建设发展较快，主要集中在贤文组团和王舍人组团，是济南城市发展的高地。其中，以奥体运动中心、龙奥政务中心、文博会展中心为亮点的奥体文博片区生机勃勃，周边一系列住宅、商业、生活配套正在逐渐完善，已成为济南政治文化的新标地；远期发展角度，凤凰北路是济南CBD格局中的动脉节点。

2.推动"绿色出行、公交优先"，助推城市的可持续发展

新东站综合交通枢纽形成铁路客运、公路客运（长短途班线客运、旅游客运、公交客运、出租客运）、轨道交通等几种运输方式无缝衔接的"大交通"格局，成为一个"紧凑、立体、零换乘"的空间系统；按照客运站场集成化、设施布局人本化、接驳公交高端化、信息建设一体化、枢纽城市门户化的原则，实现几种客运方式规划协调、建设同步、标识完善、公交快捷、功能齐全、零换乘的理念。把济南新东站综合交通枢纽建成一个集铁路客流、长短途客运、城市公交、出租客运、轨道交通等多种运输方式零换乘的综合交通枢纽区。本项目的建设可推动城市核心区"绿色出行、公交优先"等先进城市建设理念的实现，降低居民对小汽车出行的依赖程度，从而促进济南城市可持续发展。

3.很大程度上降低了对当地居民干扰的时间

一体化设计减少了道路的二次开挖，从而减少了对沿线居民影响的时间。同时一体化设计中的海绵城市的设计内容已经使沿线人民直接受益。日常居民生活和出行需求，景观设计的一体化给沿线居民带来了更加舒适的生活环境。

4.对规划设计业发展的促进

该项目的一体化设计对本市其他工程提供了良好的先例，为工程的优化提供了很好的思路。

第十一章

张马片区市政工程一体化设计案例

第一节　工程建设背景

一、片区概况

1.片区地理位置

济南是位于我国环渤海南部的金融中心城市，作为副省级城市，它是国家的关键政治、军事和文化中心，同时也是国家的历史文化名城、中国的软件名城、中国的创新城市，以及国家的主要交通和物流枢纽。

济南市新东站片区位于济南市历城区，济南市主城区东北部，距市中心区约15公里。规划范围北起济青高速，南至胶济铁路，西起大辛河，东至绕城高速公路，规划总面积约46.5平方公里。规划范围涉及王舍人和鲍山两个办事处（见图11-1）。济南新东站综合交通枢纽是济南市三个铁路枢纽主客站之一，是济青高铁、石济客

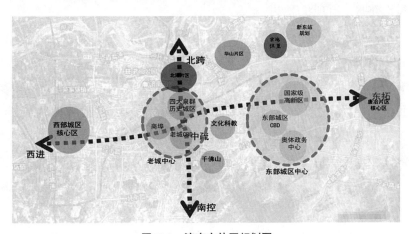

图11-1　济南市片区规划图

专和城际铁路的重要站点，是集公路客运、公共交通、轨道交通、出租车、社会车辆等多种交通方式于一体，服务省会城市群的现代化区域性综合交通枢纽。

2.片区在本工程建设之时的规划情况

济南新东站片区有地铁2号线和3号线两条轨道线的建设计划。其中，R2线在片区规划了2个站点；R3线在片区规划了4个站点；远期预留轨道线规划4个站点。地铁3号线沿工业北路布设与张马片区相联系，张马片区穿过工业北路，经奥体中路可与地铁2号线相通。

济南新东站片区市政设施具体现状如下：

（1）供水状况：新东站片区内现有宿家、白泉、中李3处地下水水源地，目前该区域内小区居民用水均来自以地下水为水源的东郊水厂（供水规模4万 m^3/d），区域内农村村民用水来自各家自备井。

（2）供电状况：新东站片区内变电站有现状220千伏历城站、现状110千伏田园站、35千伏王舍人站，仅在坝王路、凤凰路及开源路敷设部分电缆沟。片区内分布大量的架空线路，是济南东北部的主要高压架空线路走廊通道。供电路网设计不能适应现代化城市发展的需求。

（3）供热状况：新东站片区供暖由城市集中供热管网供给，热源来自章丘电厂或济钢。除坝王路、凤凰路及开源路敷设部分热力管道外，其余均无集中供热系统。

（4）供气状况：新东站片区燃气由城市中压燃气管网供给，气源来自华山门站和董家门站。工业北路现状DN400—DN500中压燃气管道，凤凰路、开源路、坝王路等部分路段现状DN100—DN150燃气管道。

（5）通信状况：新东站片区通信由城市工业北路现状24孔通信管沟引出，坝王路、凤凰路敷设有现状管线。

（6）雨水状况：新东站片区雨水管道配套较为落后，现状雨水管沟长度仅为63千米，且大部分存在淤积堵塞情况，区域内防洪除涝河道主要有大辛河、小汉峪沟、龙脊河、韩仓河及支流河道，最终汇入小清河。2010年实施了河流综合治理工程，目前龙脊河下游（工业南路以北）通过综合整治已打通行洪除涝通道，区域排水能力得到提升，其余河道被占压填埋情况仍较为严重，造成下游雨水无出路、道路行洪，积水内涝情况较为严重。除近几年随工业北路、凤凰路等道路建设敷设的雨水管线外，片区内排水基础设施非常薄弱，雨水多为土明沟或地面排放，雨污合流，雨水管道较少且不成系统。

（7）污水状况：根据污水专项规划，新东站片区属于污水分区的大辛河分区，其系统为王舍人污水系统，现状污水处理厂为水质净化三厂，处理规模20万 m³/d。

王舍人系统现状污水干管，包括工业北路至幸福柳路污水干管，奥体中路污水干管，凤凰路污水干管，凤鸣路—凤歧路—飞跃大道—工业南路污水干管，白菜路污水干管，区域内污水管网的框架已基本形成，收集的污水进入水质净化三厂处理。

片区东部基本无污水管线，济钢生产和生活废水自行处理，其他部分企业生产污水和村庄生活污水均通过明沟暗渠就近排入河道，片区内水体环境和土壤环境受到部分污染。

（8）再生水（中水）状况：沿大辛河东岸及工业北路现状有DN700再生水管线，为水质净化三厂向黄台电厂的专用管线，输水能力4.0万 m³/d。

目前，随幸福柳路道路建设以及工业北路快速路综合管廊建设，设计DN600–DN1000再生水管线，用于区域绿地浇洒以及河道景观补水。

（9）其他市政设施状况：片区内现状还存在临济原油管道、航空煤油管道以及济钢消防站。

3. 张马片区基本情况

（1）张马片区位置

张马片区位于济南中心城东北部，距老城约8千米，距CBD约6千米，处于奥体中路城市发展轴北端。属历城区王舍人街道管辖，同时也隶属于济南新东站片区，位于济南新东站片区西部，济南主城区东北部，南至工业北路，西至大辛河，东至开源路，北至华山—白泉景观廊道（见图11-2）。该片区是济南市城市发展的

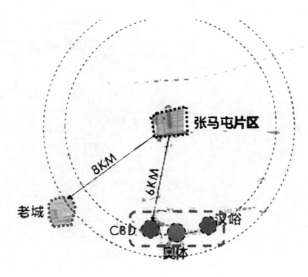

图11-2　张马片区位置图

关键城市节点，发展潜力巨大。

　　张马片区总用地面积545公顷（约8174亩）（见图11-3），在济南市土地利用总体规划中，张马片区用地全部为城市建设用地，用地性质多为居住用地。土地建设容积率1.2～5.0，属于高强度区域。

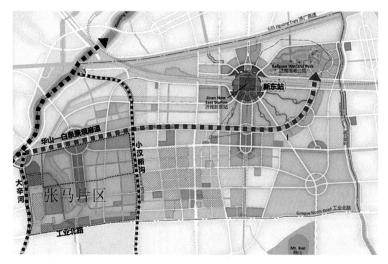

图11-3　张马片区形状图

　　项目建设之时的用地主要为村庄农田，内部道路多为村庄小道，城市道路不完善，对外联系不方便，且基本没有敷设市政管线，仅在片区北侧有DN1200污水干管（见图11-4）。结合调查分析可知，片区现有供水、供电、供热、供气、通信、

图11-4　张马片区现状图

雨水、污水、再生水及其他市政设施不完善、不合理，主要表现为无集中供应系统、管道管线布设杂乱不成系统，无法满足片区规划目标的实现及居民的使用需求。

在济南市发展规划上，张马片区交通是TOD导向，围绕轨道站点布局高强度商业用地和商住混合用地，形成"T"型主轴，沿奥体中路及工业北路BRT走廊布局高强度商住混合用地。街区是小格网街区，街区中100～200米间距的街道网络增强社区归属感，布置了绿道网络，创造适合步行、慢行的绿道网络，串联各景观节点、周边景观资源及社区；将中小学、幼儿园、公共服务设施等沿绿道均衡布置，提供便捷安全的步行环境。张马片区的概念规划是：最高建筑沿着北部东西向华山—白泉景观廊道及南部门户商业节点布置，总体形成中间高两侧低的城市天际线；停车配比在公交服务水平高的地方降低，距离公交站点5分钟步行范围之内的地区停车配比最低；允许路边停车；禁止35米及以上道路设置地下停车出入口；连通小街区布局地下车库（见图11-5）。

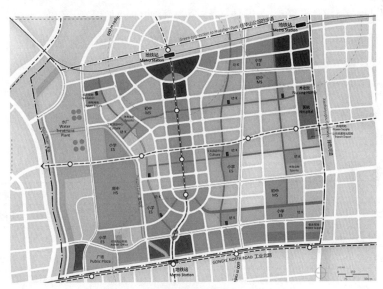

图11-5　张马片区概念规划

项目建设之时，片区主要通过工业北路、奥体中路、凤凰路、工业南路和凤鸣路等道路联系郭店、高新、奥体文博以及旧城区。坝王路、开源南路、白菜路、建委路、钢化路等城市道路和部分村镇道路承担片区内部交通联系。片区内共计划修建6条道路，包括奥体中路、开源中路、张马大街、响泉路、杨家路及安置一区规划路。其中，奥体中路为原奥体中路往北的延伸工程，其余道路为原村间小路的改建道路。

（2）片区已经开发项目的基本情况

片区现已开发住宅项目有碧桂园凤凰首府、都荟府碧桂园时代公馆、银丰御玺、时代景园、正荣天宸、正荣悦棠府、魅力之城、锦悦府、璟樾、绿城、金茂悦家园、张马新府、城投瑞玛国风及中建蔚蓝等。片区暂无大型商场、写字楼，现有山东电工电气集团新能科技有限公司、汽车销售服务公司、普里斯水世界及山东铁信建设集团有限公司等。

（3）本工程在整个片区中的功能定位

济南在发展战略上，原规划实施"东拓、西进、南控、北跨、中优"的城市空间发展战略。张马片区将成为济南首个由新城市主义理念打造的片区，它的规划延续了TOD理念，整个片区是以公交为导向的，围绕快速公交站点和R3线来做高强度开发。张马片区功能定位是以TOD为导向，以生活居住功能为主导，公交步行优先，社区景观丰富，配套体系完善的居住区。整个片区总体形成100～120米建筑的小格网街区；建筑高度由奥体中路公交中轴向两侧逐渐降低；建筑布局以院落围合式为主，同时注重街道界面的连续性；鼓励步行和自行车出行，通过慢行绿道串联各景观节点、邻里公园及社区，营造舒适宜人的生活环境。

本工程作为片区的市政配套工程，共计6条规划道路，分别为：响泉路、开源中路、杨家路、安置一区规划路、奥体中路和张马大街。其中拟建道路特征（见表11-1）：

拟建工程特征（道路）　　　　　　表11-1

建（构）筑物名称	道路长宽（长×宽）（米）	路面类型	结构材料
响泉路	1140.56×35	沥青混凝土路面	沥青混凝土半刚性基础
开源中路	2744.14×40	沥青混凝土路面	沥青混凝土半刚性基础
杨家路	1494.92×35	沥青混凝土路面	沥青混凝土半刚性基础
安置一区规划路	1467.99×35	沥青混凝土路面	沥青混凝土半刚性基础
奥体中路	2089.58×25×50	沥青混凝土路面	沥青混凝土半刚性基础
张马大街	2102.77×35	沥青混凝土路面	沥青混凝土半刚性基础

本项目建设对片区发展具有重要的基础性、支撑性、引领性作用，是片区经济和社会发展的载体，直接关系到片区社会公共利益，关系到片区人民群众的生活质量，关系到城市经济和社会的可持续发展。项目建设极大地提升了区域内城市基础设施配套水平，促进了片区发展，为实现济南市的城市发展目标提供了有力保证。

4. 本工程与其他配套工程的关系

本项目在工程一体化设计的过程中，将道路设计与管线设计、路灯照明设计、绿化设计、交通设计等其他配套工程设计同步规划进行，充分发挥了工程一体化设计带来的最大技术效益。

5. 片区的经济、社会与人文

本片区项目属于济南市历城区，历城区位于济南市东、南部近郊，南与泰安市泰山区、岱岳区相邻，北倚济阳区，东接章丘区，西与长清区、市中区、历下区、天桥区相邻，总面积1298.57平方千米。截止到2022年，历城区辖21个街道，城镇化率为88.74%，常住人口总计1125400人。其中，王舍人街道办事处155901人，约占历城区常住人口总量的14%。

自2011年至2022年，历城区始终保持良好的经济发展态势。地区生产总值从634亿元增加到1240.7亿元，连续跨越五个百亿大关；地方公共预算收入从28亿元增加到126.1亿元，十年间翻了两番，连续3年突破百亿大关；固定资产投资年均增速超过20%，累计完成投资6370亿元，总量稳居全市首位。

历城是济南文明的主要源头之一，是济南最具发展活力的主城区之一。早在9000年前这里就有人类生活，历经千百年，在黄河水和小清河水的滋养中，在舜帝和孔孟文化的熏陶下，这里形成历城齐鲁交汇、薪火不绝的文化传承，文化厚重；名士辈出，终军、秦琼、辛弃疾等文成武就、报国忧民。

总体而言，历城区经济地位在不断提升，历史文化源远流长，文化氛围浓厚，发展潜力巨大。

二、工程基本条件

1. 气象状况

济南市地处中纬度地带，为温暖半湿润季风性气候。济南市年平均降水量为669.3毫米，主要以SSW（西南偏南）风向为主，春季干燥少雨，夏季炎热多雨，秋季天高气爽，冬季寒冷干燥。据分析可知，该地区的气象状况对工程建设的影响较小，利于市政基础设施建设。

2. 水文状况

济南地区内河流主要有黄河、玉符河、北沙河、小清河，湖泊有大明湖。本项目附近主要河流为大辛河和张马河，大辛河在开源中路的西侧处。支流河宽约10

米，深约3.0米，河内水深约0.5米，干流河宽约50米，深约6.0米，河内水深约1.5米，是上游工厂排放污水，最后流入小清河。

历城区境内有三大河系小清河河系、黄河玉符河系、海河流域徒骇河系，共有大小河流、河沟32条，主要河流有由西向东的黄河、小清河。新东站片区范围内有7条河流，包括大辛河、小汉峪沟、龙脊河、韩仓河4条防洪河道以及张马河、冷水沟、滩头沟3条排涝河道。7条河流均由南向北汇入小清河。然而，片区位于上述河流的下游区域，属于黄河冲积平原地带，现状河道淤积严重，过水断面不足，容易造成排水不畅。同时小清河作为片区唯一外排河道，设计标准为"能防百年一遇洪水"，其防洪水位较高，对上游河道水位形成顶托，对片区内排水有一定影响。

而张马片区范围内的河道有大辛河、张马河和小汉峪沟。场区地下水类型为第四系孔隙潜水，主要接受大气降水补给。根据场区所取水样水质分析成果资料显示，场地环境类型为Ⅱ类的条件下，地下水对混凝土结构具弱腐蚀性，地下水对钢筋混凝土结构中的钢筋具弱腐蚀性；根据场区所取土样的易溶盐试验成果资料显示，场地环境类型为Ⅱ类的条件下，场地土对混凝土结构和其中的钢筋具微腐蚀性。

3.地质状况

济南地区南依泰山隆起，北临齐河—广饶大断裂。大地构造上处于新华夏第二隆起带的鲁西南隆起与新华夏第二沉降带的鲁西北凹陷的衔接地带，其地质构造在总体上是一个以古生代地层为主体的北倾单斜构造。单斜构造单元中发育许多断裂构造，与工作区较近的断裂有港沟断裂、东坞断裂、孙村断裂。受新华夏及晚期东西向构造的强烈影响，单斜构造的北部有广泛的岩浆岩活动并发育有较多的东西向小型褶曲和断裂。

新东站片区整体地势东南高西北低，地形平坦开阔，片区北部平坦低洼，部分区域坡度不足0.2%，片区南部坡度较理想。

张马片区地貌单元属黄河冲洪积平原地貌单元，地形较平坦，地面标高21.12～30.32米。场区附近无大的活动断裂构造分布，未发现崩塌、滑坡、泥石流等不良地质作用，建筑场地属于建筑抗震的一般地段，属于稳定的建筑场地，适宜进行工程建设。

三、工程建设需求

1.项目建设有助于加快推进东部新城区开发建设

项目建成后，依托新东站、万虹广场、东部世界城、济南绿地智慧生态城、中新国际城、鲁商商贸城、彩石生态旅游产业城等项目，带动了以新东站片区、唐冶新区、旅游路片区为中心的东部新区开发建设，提升了智慧城市内涵，完善了市政配套基础设施，对片区产业发展和城市建设融合聚集发挥着引导作用。在一定程度上推动着新东站片区建成新兴产业繁荣活跃、智慧生态、宜居宜业的现代化新城区，向着实现济南市东部片区的城市发展目标迈出了坚实的步伐。

2.项目的建设是城市道路升级、提升道路通行安全性的迫切需要

奥体中路、开源中路是连接新东站和市区的重要城市主干路，道路沿线连接着多个城市组团和产业核心区域，沿线人口数量以及城市建成区已具有相当规模，出行需求较大。道路周边主要有教育用地、商业用地、居住用地以及工业用地，人群主要为企业员工、社区居民和学生，出行方式以通勤为需要的慢行交通为主。工厂企业附近存在瞬间人流量大，机动车、非机动车、人流混合在一起的情况。加之现状道路沿线违停严重，占用人行道停车、占绿地停车情况突出，进一步挤占道路通行空间。下班高峰期的时候行人占用非机动车道行驶空间，非机动车闯入机动车道，增加各个空间的负担，出现各种拥堵现象，道路通行安全性低。

项目的建设将整体优化道路空间分配，对沿线道路附属设施进行改造提升，新建停车场规范停车，还道路空间；建设独立慢行空间，避免机动车与非机动车、非机动车与行人发生冲突。改善区域交通运行状况，提高道路通行安全性和舒适性，让市民出行更便捷更畅通。慢行交通网络的形成也将进一步构建和谐的城市道路系统，提升城市交通治理能力现代化水平。

3.项目建设有助于完善市政基础设施，优化城市空间结构

项目建设前，整个片区内的道路多以村庄小道为主，且内外部交通缺乏衔接，对外联系不方便。供水、供电、供气及雨水等其他市政设施缺乏集中供应系统、管道管线敷设不合理或缺失等问题突出，不能满足城市发展要求。

项目设计时，道路网规划立足于满足轨道交通走廊和中运量公交走廊需求，通过与用地布局协调，结合已批复项目情况，充分衔接片区周边相关片区规划，如华山片区、郭店片区等。围绕片区内河流，构建新东站片区主要道路框架，在此基础上，以适合步行的小街区为尺度，布局一系列次支路。围绕TOD中心、公交站点和公园绿地规划片区绿色街道，提供便捷的步行环境；利用沿河道开敞空间规划休闲自行车道，沿主要中运量走廊规划自行车专用道，空间在道路横断面中予以保障。

项目建设后，通过修建城市道路、建设现代化综合管廊等工程一体化设计，城市快速交通体系的衔接得到了加强，城市边界的设定和生态隔离也得到了加强，从而缓解了一些"大城市病"的问题，适应了片区经济和社会发展需要，为构筑"便捷、安全、高效、生态、多元"的一体化城市综合交通体系提供了进一步的支持。

4.项目建设是适应城市化进程发展的需要

项目建成前，该片区人口约6526人。项目建成后，随着片区及周围经济发展的持续推进，房地产开发项目会不断增加，预计将承载15万～20万人口，有利于满足城市化进程发展的需要。

总之，本项目的顺利实施是片区快速发展的重要保障，促进了片区发展目标的进一步实现。

第二节　工程一体化设计过程与方法

一、工程一体化的构想

市政配套设施的建设涉及多个部门，包括规划、业主单位、设计单位、施工单位、监理单位以及其他相关部门，从立项到竣工验收的每个阶段都需要多个部门的协作。因此市政设施设计相当复杂，设计工作涉及的专业多，包括道路、交通、桥梁、管线、排水、照明、绿化等。各专业分工不同，在不同设计阶段的侧重点有区别，但各专业不是独立的，是相互关联的，在项目负责的统一协调下完成从方案到施工图的设计工作。

市政配套设施设计还要确立可持续发展的设计理念，从安全、环保、舒适、和谐等先进设计理念出发，坚持以人为本，坚持全面、协调、可持续的科学发展观，提高环保景观设计意识，灵活运用科学合理的设计技术和方法，同时将市政配套设施与地区环境、经济状况、人文景观相协调，实现经济效益与社会效益的统一。在市政配套设计，特别是道路设计中要做到一体化设计，主要体现在以下几个方面：

1.道路要与绿化一体化设计

首先，道路路线的空间曲线要符合实际的地理条件，在保证道路基本功能要求的基础上，讲求线形圆滑平顺，使司机和乘客感到行车线路流畅、舒适安全。道路线形应尽可能与周边环境协调一致，在道路的几何设计时，满足平面、纵断面、横断面的协调一致，以避免造成空间路线扭曲、突兀等缺陷。同时，在道路设计时要合理利用路外多样的景观，并尽可能地设计一些视点和诱导的景物。再者，在设计中除了考虑道路的交通功能，更应着眼于城市道路绿化的能动性，因此，在道路辅助设计中，要提倡以植树、栽花、种草为手段进行道路绿化景观设计。

2.横断面设计中要做到各项功能一体化

市政配套设施，特别是市政道路是交通基础设施，包含了交通运输、防灾保障、视觉景观等多方面内容。在横断面设计时，要尽可能地和道路各项功能相协调。

随着城市规模的不断增加，道路在整个交通路网中的定位、服务对象和用地性质等因素变得尤为重要。道路的定位应该与其他交通设施相互配合，形成一个完整的交通网络，以满足不同交通需求。此外，道路的服务对象也应该被充分考虑，包括行人、自行车、汽车等不同交通参与者的需求。因此，在道路规划和设计过程中，需要综合考虑这些因素，以确保道路的功能和效益最大化。此外，随着城市规模的扩大，道路交通流量也会不断增加，这将对道路主体功能和沿线用地产生一定的影响。因此，在横断面设计过程中，需要考虑未来交通结构的变化，并留有一定的调整余地。

3.优化交通组织，使各种交通形式一体化

要实现交通组织方案的优化，明确道路交通的关系，推进交通设计的合理性。明确慢行交通、公共交通、静态交通以及机动交通的有效组织，协调、衔接，突显道路交通功能，并确定优先交通以及疏解交通。

4.道路工程与其他市政配套工程的一体化设计

项目强化市政基础设施各专业整合、用地功能复合、空间环境融合，规划设计时将道路与交通、道路照明、管线综合、绿化、桥梁等一体化统筹考虑。

5.近期与远期一体化设计

工程设计一体化要在本区域实际的交通状况的基础上，对该区域的人口数量和出行规律进行预测和分析，考虑到城市未来建设中可能出现的问题，做出该片区未来的扩建和老城区改造规划。市政道路的建设要了解张马片区周边的交通情况，还要考虑到新东站片区的建设和城市整体规划。未来济南新东站片区的建设，特别是住宅区的建设，都会增加交通量，因此在张马片区进行市政道路设计，要综合考虑未来的城市发展。

6.张马片区区域设计要结合大的区域范围一体化设计

目前张马片区是济南新东站的一个拆迁安置区，整个新东站片区的开发是一个整体系统工程，片区内有供水系统、排水系统、热源管网、燃气系统等，要综合统筹，采用最适宜的设计方案来进行一体化设计，使张马片区融入整个新东站片区，进而融入整个城区。

7.市政道路与轨道交通的一体化设计

目前张马片区有南北、东西走向的快速公交（BRT），片区南北又分别规划了两条轨道交通，将来共有四条轨道及快速公交交通贯穿片区。因此，市政道路设计要考虑到轨道交通及快速交通走向，根据轨道及快速交通的交通量来设计市政道路。

二、工程一体化设计的主要指标

1.交通量预测

背景交通一般由两部分组成：通过性交通和到达性交通，通过性交通主要取决于区域的区位特点，到达性交通则与区域的建设开发情况直接相关。参考《建设项目交通影响评价技术标准》CJJT 141—2010，结合本次道路改造性质，预测目标年定为项目建设完成后第10年。

背景交通量预测采用年增长率法。预测模型如式（11-1）所示：

$$Q_d = Q_0(1+\kappa)^n \tag{11-1}$$

式中：Q_d 为目标年（2034年）交通量；

Q_0 为基年（2024年）交通量；

κ 为年增长率；

n 为预测目标年相对于基年的年数。

参考张马片区的历史交通调查数据，张马片区的交通量年增长速度在3%～8%之间。

奥体中路两侧用地开发基本完善，现状交通以通过性交通为主，兼顾部分到达性交通，其道路交通量将会有稳定的增长，在此综合确定该道路的交通量年均增长率为4%。

2. 供水量预测

项目用水主要为居民生活用水、商业配套公建用水、工业生产用水、绿化用水、消防用水等。

用水量的估算可以采用不同类别用地用水量指标法估算，根据《城市给水工程规划规范》GB 50282—2016，估算方法如式（11-2）所示：

$$Q=10^{-4}\sum q_i a_i \tag{11-2}$$

式中：Q为需水量（万m^3）；

q_i为不同类别用地用水量指标[$m^3/(hm^2 \cdot d)$]；

a_i为不同类别用地规模（hm^2）。

3. 用电量预测

根据《城市电力规划规范》GB/T 50293—2014，张马片区的用电量预测可以按照规划人均综合用电量指标、规划单位建设用地负荷指标、规划单位建筑面积负荷指标等方法进行估算。根据片区用地性质，本项目采用单位建设用地负荷密度法进行负荷预测，规划单位建设用地电力负荷预测符合表11-2的规定（见表11-2）。

电力负荷预测表　　　　　　　　　　表11-2

用地性质	控规用地面积（公顷）	建筑面积（万平方米）	单位建筑面积负荷（W/m²）	负荷（MW）
居住用地	936.25	1685.25	40	674.1
公共管理与公共服务设施用地	229.8	229.8	70	160.86
商业服务业设施用地	208.34	520.85	70	364.595
工业用地	21.7	26.04	60	15.624
物流仓储	2.51	2.008	10	0.2008
道路与交通	573.69	—	2	11.4738
公用设施用地	42.35	21.175	30	6.3525
绿地广场	327.03	—	2	6.5406
合计	2341.67			520～610

4. 燃气用量预测

根据《城镇燃气规划规范》GB/T 51098—2015，张马片区以及济南新东站未来发展状况，城镇用气水平采用较高值，张马片区预计居民在22万左右，按照人均综合用气量进行估值（见表11-3）。

城镇燃气人均用量 表11-3

指标分级	城镇用气水平	人均综合用气量（MJ/人·a）	
		现状	规划
一	较高	≥10501	35001～52500
二	中上	7001～10500	21001～35000
三	中等	3501～7000	10501～21000
四	较低	≤3500	5250～10500

5.热力预测

张马片区城市热负荷分为建筑供暖（制冷）热负荷、生活热水热负荷和工业热负荷三类。初步策划辖区内居住用地、商业用地及工业用地比例，根据项目定位，来判断需热量，进而进行供热设计。

建筑供暖热负荷预测采用指标法，公式为：

$$Q_h = \sum_{i=1}^{n} q_{hi} \times A_i \times 10^{-3} \qquad (11-3)$$

式中：Q_h 为供暖热负荷（kW）；

q_{hi} 为建筑供暖热指标或综合热指标（W/m^2）；

A_i 为各类型建筑物的建筑面积（m^2）；

i 为建筑类型。

建筑供暖热指标（W/m^2）和工业热负荷指标［t/(h·km^2)］如表11-4和表11-5所示：

建筑供暖热指标 表11-4

类型	低层住宅	多高层住宅	办公	医院托幼	旅馆	商场	学校	影剧院展览馆	大礼堂体育馆
未采取节能措施	63～75	58～64	60～80	65～80	60～70	65～80	60～80	95～115	115～165
采取节能措施	40～55	35～45	40～70	55～70	50～60	55～70	50～70	80～105	100～150

工业热负荷指标 表11-5

工业类型	单位用地面积规划蒸汽用量（t/(h·km^2)）
生物医药产业	55
轻工	125
化工	65

工业类型	单位用地面积规划蒸汽用量（t/(h·km²)）
精密机械及装备制造业	25
电子信息产业	25
现代纺织及新材料产业	35

三、一体化设计过程与方法

所谓一体化设计，是指将道路规划与济南市总体规划、片区交通工程、专业管线工程等进行充分衔接，有效结合，统筹考虑，道路工程除必须满足道路的基本功能——交通功能外，在设计阶段还要统筹考虑规划、交通管理、园林等行政部门和燃气、电力、自来水等企业对项目设计的要求和标准，结合片区和济南市历史文化将道路交通要求同景观要求、历史文化要求综合起来一并考虑。

本项目规划设计时，首先调研片区路网结构、现状道路、管网、交通量情况，分析梳理片区现状及项目需求，结合片区相关规划、相关行政管理部门、企业要求以及道路和管网有关标准规范进行规划设计。

1.本工程与相邻工程的衔接

道路网规划立足于满足轨道交通走廊和中运量公交走廊需求，通过与用地布局协调，结合已批复项目情况，充分衔接片区周边相关片区规划，如华山片区、郭店片区等。围绕片区内河流，构建新东站片区主要道路框架，在此基础上，以适合步行的小街区为尺度，布局一系列次支路。围绕TOD中心、公交站点和公园绿地规划片区绿色街道，提供便捷的步行环境；利用沿河道开敞空间规划休闲自行车道，沿主要中运量走廊规划自行车专用道，空间在道路横断面中予以保障。本工程服从总体规划，以总体规划及道路交通规划为依据，并与沿线地块规划相协调，体现以人为本的理念，满足区域功能要求，为地区经济发展创造有利条件。道路平面布置与区域交通规划、现状地形等相结合，并符合各级道路的技术指标。

2.道路工程的一体化设计

道路工程要结合济南新东站、北园高架、济青高速、世纪大道等城市交通干线进行一体化设计，主干道道路工程要结合次干道道路工程一体化设计，道路工程要结合综合管廊一体化设计。

道路工程规划设计时考虑的因素包括以下几个方面：道路分级、设计速度、道路建筑限界、设计车辆、设计年限、防灾标准及荷载标准等基本规定，并达到一定的通行能力和服务水平。对快速道路的各个部分，如路段、分流和交织区域以及立交桥的匝道，进行了详细的通行能力评估，以确保整条道路的服务质量达到均衡和一致；对于主干道的各个部分以及与主干道和次干道交会的平面交叉口，进行了详细的通行能力和服务质量的分析；对于次干路和支路的各个路段以及它们的平面交叉口，进行了详细的通行能力和服务水平的分析。

（1）横断面

根据道路等级、服务功能、交通特性及各种控制条件等方面的要求对横断面布置、横断面组成及宽度、路坡与横坡、缘石进行设计。

（2）平面和纵断面设计

在满足各级道路技术指标和政策规定的基础上，考虑了城市路网规划、道路功能，土地利用、环境景观、文物保护等因素，确保满足平面和纵断面与地形地物、地下管线、地质水文、排水等的要求，同时与周围环境相协调，线形应连续与均衡。

（3）需要精心设计路线的线形组合，确保所有的技术指标都是适当的、平面设计是流畅的、断面设计是合理、均衡的。同时，各种构筑物的选择和布局也需要合理、经济、实用。

（4）涉及道路与道路交叉、道路与轨道交通线路交叉、行人和非机动车交通、公共交通设施、公共停车场和城市广场、路基和路面、桥梁和隧道及交通安全和管理设施设计的，都根据《城市道路工程设计规范》的规定并结合道路所在区域实际情况进行规划设计。

3.道路照明与绿化设计一体化

道路绿化设计在满足《城市绿化分类标准》《城市道路绿化规划与设计规范》等相关设计规范的基础上，结合该片区的人文特色进行具体设计。依托道路现状，加大绿化面积，提高道路绿化率，道路断面需考虑整体景观效果，在绿化配置上要有层次变化和季节变化，形成良好的道路绿化景观。

4.道路与交通的一体化设计

交通工程设计充分发挥了各级道路的交通功能，提高道路的通行能力，使机动车、非机动车、行人各行其道，保障道路交通安全，体现了以人为本原则的有效方法。合理组织机动车、非机动车和行人三者交通，根据实际建设条件，因地制宜保证线形流畅，尽可能采用技术标准较高的线形指标，以提供良好的道路行车条件，充分依托道路现状，不破坏重要文物，以提供良好的道路行车条件，充分依托道路现状，不破坏重要文物古迹。断面布置应保证交通安全，在道路资源满足时，尽可能采用非机动车与行人分离的断面。道路断面分配满足不同交通需求，做到机动车、非机动车和行人合理和谐分配道路资源，宽度指标适宜。

5.道路管线设计一体化

道路建设充分考虑市政管线的布置，协调好道路建设与市政管线的相互关系，形成有机整体，适度考虑道路建设与市政管线的超前性。道路断面要满足地下管线布置要求，方便管线设置。项目管线配套工程与道路建设同步规划设计，同步完善雨水、污水、给水、直饮水、燃气、热力、电力、城市通信、路灯及交通设施管线等配套工程管线。遵循以下原则：合理选择管道线路走向；按照远近期结合原则，合理预埋管线接入支管；各种管线全部采用地下敷设的方式，地下管线的走向沿道路平行布置。由于道路下管线比较多，根据各种管线之间及管线与将来两侧建筑之间最小距离要求，管线的平面布置采取有组织分散布置。

第三节　工程一体化设计方案

本项目规划设计时将管线配套工程与道路建设同步规划设计，同步完善雨水、污水、给水、直饮水、燃气、热力、电力、城市通信、路灯及交通设施管线等配套工程管线和道路绿化、照明、交通设施等配套工程。具体设计方案如下：

一、道路工程

项目现已建设完成奥体中路、杨家路、开源中路、张马大街、响泉路和安置一区规划路等六条道路，全长11039.96米，道路占地面积约434411.9平方米，具体如表11-6和图11-6所示。

（1）道路横断面设计

1）奥体中路：奥体中路（工业北路—奥体中路东西辅路）路段（见图11-7）：城市主干路，红线宽度50米，南起工业北路，北至奥体中路东西辅路，全长608.29米。横断面形式为四幅路，其中，中央分隔带宽5米，两侧向外依次为机动

道路工程明细表　　　　　　　　表11-6

序号	道路名称	道路等级	起点	止点	红线宽度（m）	长度（m）	占地面积（m²）	备注
1	奥体中路	主干路	工业北路	奥体中路东西辅路	50	608.29	84711.2	—
		主干路	奥体中路东西辅路	田园大街	25	1481.29		—
2	杨家路	次干路	开源路	规划路	35	1494.92	57651	—
3	开源中路	主干路	开源路	枢纽西进场路	40	2744.14	112075	含大辛河桥和张马河桥
4	张马大街	次干路	工业北路	田园大道	35	2102.77	82951.3	—
5	响泉路	次干路	开源路	规划路	35	1140.56	42205.4	—
6	安置一区规划路	次干路	开源路	奥体中路	35	1467.99	54818	—
合计						11039.96	434411.9	—

图11-6　张马片区路网示意图

车道宽14米+1.5米机非分隔带+3.5米非机动车道+3.5米人行道（含树池带）。

奥体中路（奥体中路东西辅路—田园大道北幅路）路段（见图11-8）：单向二分路（参照城市主干路），红线宽度25米，南起奥体中路东西辅路，北至田园大道北幅路，全长1481.29米；横断面形式为两幅路。其中，中央分隔带宽5米，两侧向外依次为6.5米宽车行道+3.5米宽人行道（含树池带）。

图11-7 奥体中路（工业北路—奥体中路东西辅路）横断面

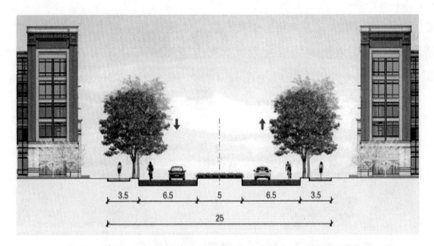

图11-8 奥体中路（奥体中路东西辅路—田园大道北幅路）横断面

2）开源中路：城市主干路，红线宽度40米，东起开源路，西至枢纽西进场路，全长2744.14米。横面形式为四幅路。其中，中央分隔带宽3米，两侧向外依次为10.5米宽机动车道+1.5米宽机非分隔带+3.5米宽非机动车道+3米宽人行道（含树池带）（见图11-9）。

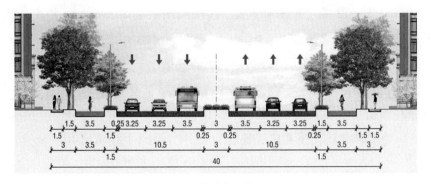

图11-9 开源中路横断面

3）张马大街：城市次干路，红线宽度35米，南起工业北路，北至田园大街，全长2102.77米。

4）响泉路：城市次干路，红线宽度35米，东起开源路，西至规划路，全长1140.56米。

5）杨家路：城市次干路，红线宽度35米，东起开源路，西至规划路，全长1494.92米。

6）安置一区规划路：城市次干路，红线宽度35米，东起开源路，西至奥体中路，全长1467.99米。

张马大街、响泉路、杨家路、安置一区规划路横断面形式为四幅路。其中，中央分隔带宽4.5米，两侧向外依次为机动车道宽7.25米+2米机非分隔带+3米非机动车道+3米人行道（含树池带）（见图11-10）。

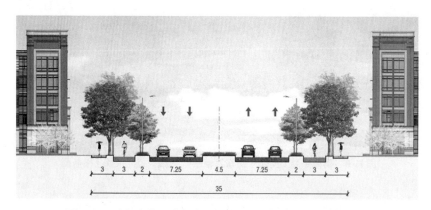

图11-10　张马大街、响泉路、杨家路、安置一区规划路横断面

（2）道路平面设计

1）奥体中路：全线共设置4处折点，圆曲线半径分别为1750米、413.4米、300米和200.4米。设置三处缓和曲线，缓和曲线长度均为45米。道路中线满足50千米/时设计车速要求。

2）开源中路：全线共设置8处折点，圆曲线最小半径为500米。设置两处缓和曲线，缓和曲线最小长度为45米。道路中线满足50千米/时设计车速要求。

3）张马大街：全线共设置3处折点，圆曲线半径分别为400米、700米和800米。设置一处缓和曲线，缓和曲线长度为45米。道路中线满足40千米/时设计车速要求。

4）响泉路：全线共设置3处折点，圆曲线半径分别为750米、9000米和50000

米。全线不设置缓和曲线。道路中线满足40千米/时设计车速要求。

5）杨家路：全线共设置3处折点，圆曲线半径分别为7500米、11000米和42000米。全线不设置缓和曲线。道路中线满足40千米/时设计车速要求。

6）安置一区规划路：全线共设置2处折点，圆曲线半径分别为2300米和30000米。全线不设置缓和曲线。道路中线满足40千米/时设计车速要求。

（3）道路纵断面设计

1）奥体中路：最大纵坡0.65%，最小纵坡0.2%。

2）开源中路：最大纵坡2.1%，最小纵坡0.2%。

3）张马大街：最大纵坡1.09%，最小纵坡0.2%。

4）响泉路：最大纵坡0.29%，最小纵坡0.21%。

5）杨家路：最大纵坡0.27%，最小纵坡0.2%。

6）安置一区规划路：最大纵坡0.43%，最小纵坡0.2%。

小结：本项目道路工程建设基本满足《城市道路工程设计规范》CJJ 37—2012《城市道路路线设计规范》CJJ 193—2012《城市道路交通工程项目规范》GB 55011—2021等相关规范要求，并充分考虑了片区现状和未来交通量、人流量的需求。

二、管线综合设计

设计管线包含给水（直饮水）、雨水、污水、中水、电力、电信、燃气（中压）（1.6兆帕）、热力、路灯+设施、BRT共10种管线。管线水平、垂直净距满足《城市工程管线综合规划规范》GB 50289—2016中的要求，且符合该片区规划实际需求。具体如下：

（1）给水

新东站片区内现有宿家、泉娃及中李3处地下水水源地，目前该区域内小区居民用水均来自以地下水为水源的东郊水厂（供水规模4万立方米/天），区内村民用水来自自备井。由于该片区开发体量大幅增加，可能导致区域内用水量大幅增加，原有东区水厂不能满足市区东部及该片区内的供水要求，为保证济南东部城区及规划片区内用水量稳定，拟在工业北路南侧新建一座东区水厂近期供水规模10万立方米/天，远期供水规模为20万立方米/天。新东站片区现状供水多为自备井，按照未来规划要求逐步取消自备水源，并通过该片区现状东郊水厂（规模4万吨/日）用来供给区内居民生活用水（11万立方米/天），根据需水量预测显示东郊水厂不能完全满足该片区居民生活用水量要求，需要将附近地表水厂水接至片区内补充居民生活用水、工业用水及其他用水量需求，实现片区内地下水、地表水分别采用各自统一供水系统规划建设。同时于区内工业北路南侧规划建设一座东区水厂，对该区域内居民生活供水起到了补充作用。

结合供水方案，制定该片区供水管网规划（见图11-11），沿着主干路、次干路布置相应的主干管及干管，大部分管径由DN200-DN600组成（工业北路、开源路方向主要供给安置一区、二区，工业北路供水干管为DN800-DN1000，凤凰路方向主要供给安置三区，坝王路方向主要供给安置四区，其他规划道路主要起连接、供水作用），片区内供水干管、支管的流量及管径根据片区各地块需水量进行设计，满足片区建设用地的水量、水压需求。具体给水管如下：

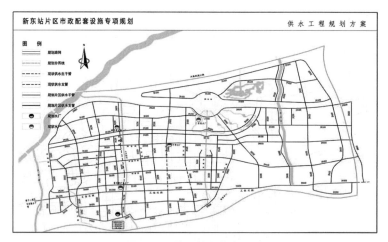

图11-11　片区给水管走向图

1）奥体中路（25米宽）：无。

2）奥体中路（50米宽）：在道路东侧快车道内新建DN600给水管，在道路西侧快车道内新建DN300给水管。

3）开源中路：在位于道路中间绿化带综合管廊里新建DN400给水管，在道路南侧人行道内新建DN300给水管。

4）张马大街：在道路东侧快车道内新建DN300给水管。

5）响泉路：在道路两侧快车道内各新建DN500给水管。

6）杨家路：在道路南侧快车道内新建DN300给水管。

7）安置一区规划路：在道路北侧快车道内新建DN400给水管，在道路南侧快车道内新建DN300给水管。

直饮水：

1）奥体中路（25米宽）：在道路西侧人行道内新建DN100直饮水管。

2）奥体中路（50米宽）：在道路西侧人行道内新建DN100直饮水管。

3）开源中路：在位于道路中间绿化带综合管廊里新建DN200直饮水管。

4）张马大街：在道路东侧快车道内新建DN100直饮水管。

5）响泉路：在道路南侧快车道内新建DN100直饮水管。

6）杨家路：在道路南侧快车道内新建DN100直饮水管。

7）安置一区规划路：在道路南侧快车道内新建DN100直饮水管。

（2）热力

预测供暖热负荷952MW，采用高温热水管道作为区内主要供热介质，设计温度130～70℃，工业北路现状DN1000热水管道充分利用。沿张马大街、冷水路、凤凰路、龙脊河东侧道路、韩仓河西侧道路规划热水干管（见图11-12）。其他道路相应敷设热水支管。

图11-12　片区供热路线图

1）奥体中路（25米宽）：在道路东侧快车道内新建两根DN600热力管。

2）奥体中路（50米宽）：在道路东侧快车道内新建两根DN600热力管。

3）开源中路：在位于道路中间绿化带综合管廊里新建两根DN1000热力管。

4）张马大街：在道路西侧快车道内新建两根DN800热力管。

5）响泉路：在道路北侧快车道内新建两根DN400热力管。

6）杨家路：在道路北侧快车道内新建两根DN400热力管。

7）安置一区规划路：在道路北侧快车道内新建两根DN400热力管。

（3）雨水

片区现状地形南高，北低。规划区域最高点出现在南部偏西位置，标高约41.8米。西北部为规划区域地势最低，标高约24.6米。整体呈现西北部为较为低洼地带，西北侧小清河结合片区内南北向小汉峪沟、龙脊河、韩仓河形成该区域内河流水系，对该片区内雨水的收集排放较为有利。本片区范围内主要有四条河流穿过，自西向东依次分别为张马河（15米宽）、小汉峪沟（40米宽）、龙脊河（30米宽）、韩仓河（80米宽），该片区根据规划地形，将雨水收集排放至上述规划河流中。规划雨水管道充分运用地形地势，主干管为东西走向，收集沿途雨水，排入南北走向的水系中，采用多出口、双侧布管的排水方式，避免出现管径过大（安置1-4区规划雨水管径为DN600-DN800，周围规划道路雨水管径采用DN800-DN1200），埋深过深的情况。雨水管网规划设计敷设坡度主要遵照道路设计坡度，结合现状、道路路幅，合理布置排水管线（如图11-13、图11-14中所示），既便于周围小区雨水纳入，又避免与其他管线发生冲突。具体如下：

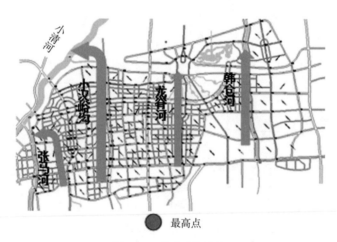

图11-13 排水工程方案

1）奥体中路（25米宽）：在道路两侧快车道内新建DN600-DN1200雨水管。

2）奥体中路（50米宽）：在道路两侧慢车道内新建DN600-DN1000雨水管。

3）开源中路：在道路南侧慢车道内新建DN600-DN3000×2000雨水管沟，在道路北侧快车道内新建DN600-DN800雨水管。

4）张马大街：在道路两侧慢车道内新建DN600-DN1200雨水管。

5）响泉路：在道路南侧慢车道内新建DN600-DN2500×1700雨水管沟，在道

图11-14 雨水管网走向图

路北侧快车道内新建DN600-DN800雨水管。

6）杨家路：在道路南侧慢车道内新建DN600-DN2000×1700雨水管沟，在道路北侧快车道内新建DN600-DN1000雨水管。

7）安置一区规划路：在道路南侧慢车道内新建DN600-DN1500雨水管，在道路北侧快车道内新建DN600雨水管。

（4）污水

新东站片区现状污水由城市现状工业北路、凤凰路、开源路、坝王路等部分路段收集沿途用户污水后排至位于片区西侧水质净化三厂处理。规划污水管网充分利用东高西低的地形优势，沿道路修建东西走向的污水主干管，将沿途收集污水排至片区西侧水质净化三厂。片区主要采用集中收集污水排放方式，避免出现管径过大。结合现状、地块功能、发展需要、道路路幅，合理布置排水管线，既便于周围小区污水接入，又避免与其他管线发生冲突。规划污水主干管（DN800-DN1400），片区内可对主干路先行建设，除方便该区域内建设外，更有利于片区内对污水的综合收集排放（见图11-15）。具体来讲：

1）奥体中路（25米宽）：在道路两侧人行道内新建DN500-DN600污水管。

2）奥体中路（50米宽）：在道路两侧快车道内新建DN600-DN800污水管。

3）开源中路：在道路北侧人行道内新建DN500-DN600污水管，在道路南侧慢车道内新建DN600-DN1200污水管。

4）张马大街：在道路两侧人行道内新建DN500-DN600污水管。

5）响泉路：在道路两侧人行道内新建DN500-DN600污水管。

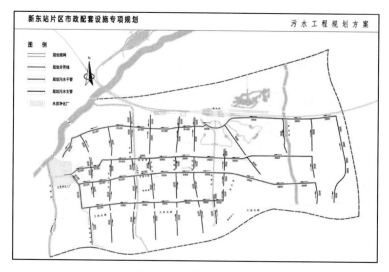

图11-15　污水管网走向图

6）杨家路：在道路两侧人行道内新建 DN500-DN600 污水管。

7）安置一区规划路：在道路两侧人行道内新建 DN500-DN600 污水管。

（5）电力

新东站片区内变电站有现状 220 千伏历城站、现状 110 千伏田园站、35 千伏王舍人站，仅在坝王路、凤凰路及开源路敷设部分电缆沟。片区内分布大量的架空线路，是济南东北部的主要高压架空线路走廊通道。

新东站片区预测最高用电负荷 960 兆瓦。保留现状历城站、韩仓站。规划 220 千伏新东站、规划 220 千伏工业北路站，升压 35 千伏王舍人站，保留现状 110 千伏田园站，新规划 110 千伏变电站 8 处，每座容量 3×63 兆伏特安培。沿济青高速南侧将高压架空线路集中梳理，110 千伏架空线路均入地。

结合 220 千伏站点及 110 千伏站点布局敷设主要电缆沟。220 千伏工业北路站进出线在工业北路。220 千伏新东站变主要出线在冷水路。220 千伏历城变进线在其东部支路。片区电力沟具体如下：

1）奥体中路（25 米宽）：在道路西侧快车道内新建 1400×1900 电力沟。

2）奥体中路（50 米宽）：在道路西侧快车道内新建 1400×1900 电力沟。

3）开源中路：在位于道路中间绿化带综合管廊里新建 2300×5450 电力沟，为 10 千伏 24 回路，110 千伏 4 回路（三根电缆）。

4）张马大街：在道路东侧快车道内新建 1400×1900 电力沟。

5）响泉路：在道路东侧快车道内新建 1400×1900 电力沟。

6）杨家路：在道路东侧快车道内新建2000×2100电力沟。

7）安置一区规划路：在道路东侧快车道内桩号K1+100至开源路段新建电力双沟2300×2400+2000×2400，在桩号K0+000至K1+100段新建1400×1900电力沟。

（6）燃气

该片区居民用户耗热定额按1884兆焦/人·年（45万千卡/人·年）约58立方米/人·年，燃气需求量为2900万m³/年，公建用气按照30%进行规划设计。新东站片区燃气由城市中压燃气管网供给，气源来自华山门站和董家门站。工业北路DN400–DN500中压燃气管道，凤凰路、开源路、坝王路等部分路段DN100–DN150燃气管道（见图11-16）。

图11-16 燃气管网走向图

1）奥体中路（25米宽）：无。

2）奥体中路（50米宽）：在道路东侧快车道内新建DN500（中压）燃气管及DN500（1.6MPa）燃气管。

3）开源中路：在位于道路西侧快车道内新建DN300（中压）燃气管。

4）张马大街：在位于道路西侧快车道内新建DN150（中压）燃气管。

5）响泉路：在位于道路北侧快车道内新建DN150（中压）燃气管。

6）杨家路：在位于道路北侧快车道内新建DN200（中压）燃气管。

7）安置一区规划路：在位于道路北侧快车道内新建DN150（中压）燃气管。

（7）通信

目前，新东站片区通信由城市工业北路现状24孔通信管沟引出，沿坝王路、经凤凰路及规划路接至各用户及安置小区。根据本片区特点统筹规划、条块结合、分层管理、联合建设，高起点、高速度、高效能地加快通信事业发展。在通信建设上要具有完整性、科学性和前瞻性，积极采用新技术、新设备，提高综合通信能力。片区通信管道路径为片区内主干路（开源路、坝王路、凤凰路等规划为18孔）、片区内次干路（冷水路、响泉路、张马大街等规划为15孔）。具体来说（见图11-17）：

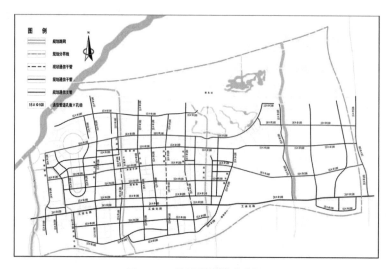

图11-17 片区通信管道路径

1）奥体中路（25米宽）：在位于道路西侧快车道内新建24根φ100通信管。

2）奥体中路（50米宽）：在位于道路西侧快车道内新建24根φ100通信管。

3）开源中路：在位于道路中间绿化带综合管廊里新建24根φ100通信管。

4）张马大街：在道路东侧快车道内新建16根φ100通信管。

5）响泉路：在道路北侧快车道内新建16根φ100通信管。

6）杨家路：在道路北侧快车道内新建12根φ100通信管。

7）安置一区规划路：在道路北侧人行道内新建8根φ100通信管。

（8）路灯＋设施

考虑公安系统、公交系统、广告系统及预留管道等。具体设计如下：

1）奥体中路（25米宽）：在道路两侧机非隔离带内新建12根φ100路灯及设施管线。

2）奥体中路（50米宽）：在道路两侧人行道内新建12根φ100路灯及设施管线。

3）开源中路：在道路两侧慢车道内新建12根φ100路灯及设施管线。

4）张马大街：在道路两侧慢车道内新建12根φ100路灯及设施管线，在道路东侧人行道内新建12根φ100路灯及设施管线。

5）响泉路：在道路两侧慢车道内新建12根φ100路灯及设施管线。

6）杨家路：在道路两侧慢车道内新建12根φ100路灯及设施管线。

7）安置一区规划路：在道路两侧慢车道内新建12根φ100路灯及设施管线。

（9）中水

考虑到片区供排水基本情况，中水管布置如下：

1）奥体中路（25米宽）：无。

2）奥体中路（50米宽）：在道路东侧快车道内新建DN300中水管。

3）开源中路：在位于道路中间绿化带综合管廊里新建DN400中水管。

4）张马大街：在道路西侧快车道内新建DN200中水管。

5）响泉路：在道路南侧快车道内新建DN200中水管。

6）杨家路：在道路南侧快车道内新建DN300中水管。

7）安置一区规划路：在道路北侧快车道内新建DN200中水管。

（10）BRT+设施管线

1）奥体中路（25米宽）：在道路中央绿化带内新建12根φ100BRT及设施管线。

2）奥体中路（50米宽）：在道路中央绿化带内新建12根φ100BRT及设施管线。

三、路灯照明工程

城市主干路机动车道设计的平均照度为30Lx，均匀度为0.4，城市次干路标准，机动车道设计平均照度为20Lx，均匀度0.4；光源、灯具、镇流器及控制器及灯杆均符合应用要求规格，满足《城市道路照明设计标准》CJJ 45—2015的要求。

项目共设灯杆696杆，其中：奥体中路121杆，开源中路184杆，杨家路94杆，张马大街142杆，响泉路74杆，安置一区规划路81杆。

四、道路绿化工程

本项目绿化方案以"多彩植物、林荫绿廊"为设计主题，通过不同的色彩植物搭配，营造景观效果。结合整体路网规划布局，打造规整式绿化布局，每条道路分别选用不同的特色树种，一路一景，既有统一性，又有各具特色的道路绿化效果。项目道路绿化面积为64010平方米，其中：奥体中路绿化面积约16900平方米，杨家路绿化面积约8630平方米，开源中路绿化面积约12882平方米，张马大街绿化面积约10910平方米，响泉路绿化面积约6692平方米，安置一区规划路绿化面积约7996平方米。

五、交通设施工程

交通工程设计充分发挥了各级道路的交通功能，提高道路的通行能力，使机动车、非机动车、行人各行其道，保障道路交通安全，体现了以人为本原则的有效方法。建设的内容主要包含了标线、标志、交通信号灯、电子警察及监控，线路敷设及基础设施施工等。

六、综合管廊

根据深化设计方案，本项目开源中路、张马大街设计综合管廊，总长度为2592米。其中：开源中路管廊尺寸为8400mm×5550mm，长度为2525米；张马大街综合管廊尺寸为8200mm×5300mm，长度为67米。

第四节　工程取得的技术经济与社会效果

本项目的实施，使张马片区的基础设施更加完善，城市环境进一步美化，给人们居住、生活提供一个良好的环境。项目建设后，居民出行增长率约9.8%，交通增长率约3%，极大地方便了市民出行，也降低了出行成本、提高了运输服务质量，引导着区域土地的合理利用和开发。另一方面，项目建设前居住人口约6526人，项目建成后该片区承载人口约为15万～20万人，拆迁村庄用以建设居住小区提高了人口居住密度，改善了片区居民的生活环境，提高了居民的生活质量，为居民创造了更有利于"安居乐业"的良好环境。

项目实施过程中运用了大量的节能环保技术，在施工及运营中做到了与周边自然环境、居民生活和谐相处。且项目建成后，通过道路绿化、配套城市供水、排水及热力管网等设施，极大地减轻了噪声污染、水污染及大气污染，美化了城市环境，有效改善了场址周边环境质量。项目建设产业关联度高，建成后在一定程度上促进了建材等相关行业的发展。本项目的建设直接消耗大量的钢材、水泥、沥青、砂石、能源、劳动力以及使用大量的各种筑路机械。同时，为建设项目国民经济各部门包括农业、工业、建筑业、运输邮电业、商业饮食业及其他非物质生产部门等，都投入大量的生产和服务，从而拉动了这些行业和部门的经济发展。

此外，项目建设标准较高、质量较优，在一定程度上提升了片区和济南市城市整体形象，进一步改善了片区内的投资环境和营商环境。据不完全统计，该项目建设刺激私人投资和企业投资增长约8亿，拉动片区GDP增长约30亿，带动着区域经济实现快速发展，推动了济南市发展战略的实施和发展目标的实现。张马片区市政项目的建设将会拉动济南新东站乃至济南东部片区的经济增长，片区的成熟也会引致大规模项目的投资建设，带动相关产业配套项目跟踪进入，对片区的产业结构优化升级具有重要作用。